Lebesgue 적분

Lebesgue 적분

변 창 호

전남대학교출판부

서 문

Lebesgue적분의 이론은 해석학을 지탱하는 기초로서 이를 학습, 연구하는데 필수적이다. 또 이론의 수려함은 이에 접하는 자를 아주 매료하게 한다. 이 책은 그 이론의 정합된 아름다움을 전달하는 것을 염원하여 서술하였다.

제 1장에서는 적분론 전체 속에서의 Lebesgue적분의 위치를 파악하는 것을 목표로 하였다. 1.4절에서는 Lebesgue측도의 구성을 논하였으나 그것은 물론 이 책을 통하여 언제든지 원래의 의미의 Lebesgue측도, 적분을 쓸 수 있게 한 것과, 더 한 가지는 현대 해석학에서 측도를 구성하기 위한 표준적인 방법을 소개하기 위함이다. 제 1장의 기타 부분은 역사적인 회고 또는 전망이며, 만약 독자 가운데 미지의 부분이 있어도 구애받지 않고 읽어 가면 좋을 것이다.

제 2장, 제 3장이 Lebesgue적분의 이론의 기초적 부분이다. 좁은 의미로는 Lebesgue적분은 수공간에서의 Lebesgue측도에 기초한 적분을 뜻하지만, 넓은 의미로는 Lebesgue에 의해 전개된 방식에 의한 적분이라는 점이다. 이 책의 표제는 이 넓은 의미로의 Lebesgue적분이라는 뜻으로 붙였다. Lebesgue식 적분이라 한 서적들도 있다. 물론 위의 해석학은 실수 공간을 중요한 무대로 하고 있으므로, 특히 실수 공간의 경우에 의논해야할 중요한 내용도 있다. 그것이 2.5절에서 취급하는 Borel집합의 화제지만, 이것은 나중에 돌려도 상관없다. 3.4절 이후에서는 Lebesgue적분의 직접적인 고마움이라 말할 수 있는 내용, 특히 함수공간 등을 소개하였다. 해석학 전체가 Lebesgue적분의 응용이라 해도 과언이 아니지만, 역시 처음에 흥미 있는 예를 보여주는 것이 더욱더 그 매력을 발휘한다고 생각했기 때문이다.

제 4장에서는 Fubini의 정리, 제5장에서는 Radon-Nikodym의 정리를 언급하였다. 이들은 적분론을 활용하는데 있어서 항상 중요한 역할을 하는 것이다. 처음 적분론에 접한 사람은 이와 같이 장의 명칭을 정리의 이름으로 한 것에 대해 기이한 생각을 할 것 같지만 적분론을 터득한 사람에게는 이것으로 거기에 풍기는 내용에 아주 명확한 이미지를 주게 될 것이고, 일부러 이와 같은 형태를 취했다.

제 6장부터 제 9장에서는 수공간에서의 약간 자세한 의논을 하게 된다. 그러나 6.1절에서의 정칙 측도는 위상공간상에서의 측도에 관한 일반적인 화제이며, 부록 D의 Radon측도와 같이 함수해석학에서는 항상 쓰이게 된다. 6.2절, 6.3절의 내용은 단순히 수공간상의 해석학에서만 쓰일 뿐만 아니라 오늘

날에는 일반적인 위상군에서도 전개되고 활용되어 있다. 그러나 이 책에서는 거기까지 발전시켜 의논할 수 없었다. 제 7장의 Stieltjes적분은 확률론, 기타 여러 장면에서 활용된다. 제 8장의 미분법은 아주 정밀한 이론이고 특히 미부적분학의 기본정리에 대해 논하였다. 제 9장은 편미분방정식론을 시야에 둔 이론인 Fourier급수와 Fourier해석에 대해 간단한 사실을 증명하였다.

이 책의 본문 외에 두 세 가지의 보충적인 내용을 부록에서 말하였다.

또한 각 장마다 마지막에 연습문제를 배치하고 그의 간단한 해답을 책의 마지막에 수록하였다.

이상의 이론의 발전으로서 서술하고 싶었던 것은 여러 가지가 있다.

(1) 위상군상의 측도, 조화해석.

(2) 가측변환, Ergodic이론.

(3) Fubini의 정리의 확장으로서 측도의 무한곱.

(4) 수공간의 발전으로서의 무한차원 벡터공간상의 측도

등이다. 그러나 이것들을 포함시키면 방대한 책이 되어버리기 때문에 생략할 수밖에 없었다.

이 책을 통해 독자가 Lebesgue적분의 이론에 친숙해지고, 해석학의 기초로 되어 주기만 하면 저자의 목적이 달성하게 될 것이다.

2007년 8월

변창호

목 차

1. 적분론의 역사적 배경

적분론은 Lebesgue(1875-1941)에 의해 완성되었다.

Lebesgue적분론을 이해하기 위해서는 Lebesgue적분론으로 집대성되기까지의 역사를 돌아보는 것이 유익하다. 여기서는 처음 세 개의 절에서 그것을 설명하였다. 이것은 미분적분학 또는 고급해석학이라 하는 책에서 대개 논해진 내용이며 대체적으로 독자는 알고 있는 것으로 사료된다. 여기서 독자가 많은 시간을 할애하는 것은 필자의 원하는 것이 아니다. 그냥 흘러 읽어주셔도 된다.

1.4절에서는 Lebesgue의 의론을 소개하여 이 책의 주제로의 도입구로 하였다.

Lebesgue의 이론은 100년이나 지난 옛날 것이다. 그것이 오늘날까지 그 상태 그 데로 있을 수 없다. 그 후의 여러 대가들에 의해 발전되어져 변형되어 왔다. 그러한 모습을 §1.5에서 서술하여 이 책의 의론의 전개의 설명으로 하였다.

1.1 초기의 의논

1. 고대부터 수학자의 많은 노력은 곡선으로 둘러싸인 부분의 면적이나 곡선의 길이를 구하는 것에 경주되어 왔다.

Archimedes(287?-212 B.C.)는 그의 수학상의 노작의 대부분을 이 문제에 할애하여 각뿔의 부피, 포물선의 절편의 면적, 삼각형의 중심 등의 문제를 취급하였다. 이들은 모두 적분 $\int x^2 dx$를 구하는 문제에 관련하고 있고, 그것은 어떤 종류의 방법에 의해 결과를 예측하여 그것이 실제로 그렇게 됨을 소위 구적법이라는 방법에 의해 증명한다. 이것은 구하고자 하는 부분을 잘게 분할하여 그 면적 S가 예측된 값 a에 대해, $|S-a|<\frac{c}{n}$ (c는 상수)와 같은 관계에 있음을 보여주고 $S=a$ 이어야 함을 결론짓는 것이다. (여기서 n은 분할의 개수) 여기에 소위 Archimedes의 원리가 쓰인다.

2. Galilei(1564-1642)가 근대 수학, 물리학의 요람기에 큰 족적을 남긴 것

은 잘 알려져 있다. 그는 개개의 물체에 대해 그 중심이나 moment의 계산을 하였다.

그러나 계통적인 적분의 연구라 말할 수 있는 것은 Cavalieri(1598-1647)에 의한 것일 것이다. 1622년에 쓴 것 중

> "두 도형이 있고 하나는 $0 \le x \le a,\ 0 \le y \le f(x)$ 로 둘러싸여 있고 또 하나가 $0 \le x \le a,\ 0 \le y \le g(x)$ 로 둘러싸여 있을 경우, 세로좌표의 합의 비 $\sum_{k=0}^{n-1} f\left(\frac{ka}{n}\right) : \sum_{k=0}^{n-1} g\left(\frac{ka}{n}\right)$ 는 충분히 큰 n에 대해 그 두 면적의 비와 얼마든지 가까운 값이 된다"

와 같은 기술이 있다. 여기서 가로 좌표의 합이란, 그 후의 여러 선각자에 의해 가로 $\frac{a}{n}$인 소직사각형의 합으로 하는 쪽이 바람직하다고 알려져 왔다, 또 Pascal(1623-1662)은 적분 $\int_0^a f(x)dx$ (이와 같이 표현하지 않았지만)는, 곡선의 모든 가로 선분의 합 $\sum_{0 \le k < na} f\left(\frac{k}{n}\right)$의 단위, 즉 n에 대한 비와 같이 파악하고 있었다.

3. 한편 Newton(1642-1727), Leibniz(1646-1716)에 의해 미분적분법이 발견되어 1670년 전후에는 앞서 말한 내용들은 급속한 발전을 이루게 되었다.

> 구간 $[a,b]$에서 정의된 양 값인 함수 $f(x)$에 대해 곡선 $y=f(x)$ 와 x축 및 $x=a$ 인 가로 직선과 x좌표가 x인 가로 직선에 의해 둘러싸인 도형의 면적을 $S(x)$라 할 때
>
> $$\frac{d}{dx}S(x) = f(x)$$
>
> 이다.

라는 꼴로 Newton이 **미분적분법의 기본정리**를 언급한 것은 1665년의 일이다. Leibniz의 경우 이 관계는 명백한 꼴로 표현하고 있지 않으나 그의 연구의 시작부터 이러한 형태로의 생각이 쓰여 있다. Leibniz는 세로 좌표를 무

한히 세분하여 분할할 때의 가로 선분의 합이라는 뜻으로 그의 발명인 기호 $\int y$를 썼는데, 이후 x방향의 분할을 표시하기 위해 dx를 사용하고, $dx\int y$ 또는 $\int ydx$와 같이 썼다. 그리고 드디어 1675년에 이루러 $\int f(x)dx$와 같은 기호를 확립하여 "나는 dx를 빠트리지 않도록 주의할 것을 권장한다."고 말하고 있다. 한편 적분의 상단, 하단을 $\int_a^b f(x)dx$와 같이 상하에 붙여 쓰게 된 것은 Fourier(1768-1830)에 의한 것으로 알려져 있다.

이제 미분적분법의 기본정리에 의해 적분을 고찰하려 하면 우선 원시함수의 존재가 문제로 된다. 그러나 원시함수를 아무리 노력하여도 알려져 있는 꼴로 표현할 수 없는 함수도 있고 (예를 들어 타원적분 등), 또 18세기 후반에는 "임의의 함수"라는 생각이 여태까지의 "해석적인 표시를 가지는 함수"를 넘어서 사람들의 관심으로 되어짐에 따라 적분에 대한 반성도 점차 생기게 되었다.

1.2 Riemann적분

1. 19세기 들어서서 여러 개념을 명확하게 하여 해석학의 기초를 확고하게 하려 한 Cauchy(1789-1857)는 적분에 대해서도 이것을 면적으로써 직관적으로 파악하는 것이 아니라 정확하게 정의되고 그리고 그 존재가 증명되어진 것으로 파악하려 하였다(1820). 그것은 완전히 성공을 볼 수 없었으나 그 방식은 정곡을 찌른 것이었다. 그리고 이러한 방법으로 적분의 명확한 개념을 얻은 사람은 Riemann(1826-1866)이었다(1854).

Riemann은

$$\int_a^b f(x)dx$$

란 무엇을 뜻하는가? 라고 묻고 다음의 오늘날 잘 알려져 있는 **Riemann적분**의 정의를 주었다.

구간 $[a,b]$를 분점 $a=x_0,x_1,\cdots,b=x_n$ 에 의해 세분한다. 이 세분을 Δ라 쓰자 (구간의 끝점의 중복은 걱정할 필요가 없다).

$$\Delta : [a,b]=[x_0,x_1]\cup[x_1,x_2]\cup\cdots\cup[x_{n-1},x_n]$$

그리고 각 소구간 $[x_{k-1},x_k]$안에 한 점 ξ_k를 잡는다.

$$x_{k-1}\le\xi_k\le x_k \qquad (k=1,2,\cdots,n)$$

그리고 다음 합 $S_{\Delta,\xi}$를 생각한다.

$$S_{\Delta,\xi}=f(\xi_1)(x_1-x_0)+\cdots+f(\xi_n)(x_n-x_{n-1}) \tag{1}$$

이 때 분할 Δ 및 각 소구간 안의 점 ξ_k $(k=1,2,\cdots,n)$ 를 어떤 식으로 잡아도 분할의 크기 $|\Delta|$:

$$|\Delta|=\max\{x_k-x_{k-1}:k=1,2,\cdots,n\}$$

가 0으로 가까이 가면 $S_{\Delta,\xi}$가 어떤 일정한 값 A로 가까이 간다고 할 때

$$\int_a^b f(x)dx=A$$

라고 정의한다.

더구나 Riemann은 "어떤 함수가 적분가능인가"라는 것을 문제로 삼았다. 분할 Δ를 하나 고정하면 $S_{\Delta,\xi}$의 값은 ξ_k를 어떻게 잡느냐에 따라 결정된다. 이 값이 최대로 되는 것은 각 소구간에서 $f(x)$의 값이 최대로 되게 잡을 때, 또 최소로 되는 것은 각 소구간에서 $f(x)$의 값이 최소로 되게 잡을 때이다. 지금 각 $k=1,2,\cdots,n$ 에 대해

$$M_k = \sup\{f(x) : x_{k-1} \le x \le x_k\}$$
$$m_k = \inf\{f(x) : x_{k-1} \le x \le x_k\}$$
$$\omega(f : [x_{k-1}, x_k]) = M_k - m_k$$

와 같이 놓으면[1], 이 $S_{\Delta,\xi}$의 최대와 최소의 차는

$$\sum_{k=1}^{n} \omega(f : [x_{k-1}, x_k])(x_k - x_{k-1}) \tag{2}$$

와 같이 된다. 여기서 $|\Delta| \to 0$ 라 할 때 (2)가 0으로 가까이 갈 것이 필요충분조건으로 된다. 이렇게 해서 Riemann은 다음 정리를 얻었다. 이 정리 중 진폭이란 위의 $\omega(f : [x_{k-1}, x_k])$를 뜻한다.

정리 1. (Riemann의 정리) 유계함수 $f(x)$가 구간 $[a,b]$에서 Riemann적분 가능하기 위한 필요충분조건은, 임의의 $\epsilon > 0$, $\delta > 0$ 에 대해 적당한 분할 Δ가 존재하여 Δ를 구성하는 소구간 중 거기서의 $f(x)$의 진폭이 ϵ보다 크게 되는 구간의 길이의 합이 δ보다 작게 되는 것이다. 즉

$$\sum\{(x_k - x_{k-1}) : \omega(f : [x_{k-1}, x_k]) > \epsilon\} < \delta.$$

Riemann은 이러한 성질을 갖는 함수의 예로써 단조함수(증가 또는 감소함수)를 들고 있다(→예 1). 연속함수가 이 성질을 가지는 것을 보이기 위해서는 보통 미분적분학의 교과서에서 취급되는 것과 같이, 연속함수가 평등연속인 것(혹은 Heine-Borel의 정리)가 필요하고, 이것은 Heine에 의해 증명되었으나(1872), 이 점이 Cauchy의 의논에서 불완전한 부분이었다.

예 1. 구간 $[a,b]$에서 정의된 단조증가함수 또는 단조감소함수는 Riemann적분 가능이다. 실제로 $f(x)$가 단조증가이면

$$\omega(f : [x_{k-1}, x_k]) = f(x_k) - f(x_{k-1}).$$

따라서

$$\sum_{k=1}^{n} \omega(f : [x_{k-1}, x_k]) = f(x_n) - f(x_0) = f(b) - f(a)$$

이며 따라서 이 항 중 ϵ보다 큰 항의 개수 l은 $l\epsilon \le f(b) - f(a)$ 부터 $l \le \dfrac{f(b) - f(a)}{\epsilon}$. 고로 Δ를 $[a,b]$를 n등분한 분할이라 하면 각 소구간의 길

---

1) sup, inf는 일반적으로 수의 집합에는 최대 및 최소가 존재하지 않으므로 이것에 대체되는 양이며 실질적으로 최대 또는 최소라 생각하여도 무방하다. 실제 Riemann 등의 옛날 문헌에서는 그런 말이 사용되었다.

이는 $\dfrac{b-a}{n}$이며 따라서 진폭이 ϵ보다 큰 구간의 길이의 합은

$$l \cdot \frac{b-a}{n} \leq \frac{f(b)-f(a)}{n\epsilon}(b-a).$$

우변은 n을 크게 잡으면 δ보다 작게 할 수 있다.

직접 (2)를 계산하여도

$$\sum_{k=1}^{n} \omega(f:[x_{k-1},x_k])(x_k - x_{k-1}) = \sum_{k=1}^{n}(f(x_k)-f(x_{k-1}))(x_k - x_{k-1})$$

$$\leq |\Delta| \sum_{k=1}^{n}(f(x_k)-f(x_{k-1})) = |\Delta|(f(b)-f(a))$$

로 되어 $|\Delta| \to 0$ 일 때 $\to 0$ 로 됨을 안다.

예 2. 유리수 집합 $\mathbb{Q}$의 특성함수 $\chi_{\mathbb{Q}}(x)$ 즉

$$\chi_{\mathbb{Q}}(x) = \begin{cases} 1 & (x \in \mathbb{Q}) \\ 0 & (x \notin \mathbb{Q}) \end{cases}$$

는 어떤 구간 $[a,b]$에 대해서도 $[a,b]$에서 Riemann적분 가능하지 않다. 실제로 임의의 구간 $[x_{k-1},x_k]$에 대해 진폭은 $\omega(\chi_{\mathbb{Q}}:[x_{k-1},x_k])=1$ 이므로 $0<\epsilon<1$ 일 때 진폭이 ϵ보다 큰 소구간의 길이의 합은 항상 $b-a$와 같고 δ보다 작게 할 수는 없다.

2. Darboux는 이 Riemann의 이론에 대해 더욱 정밀한 형태인 이론을 주었다(1875). Riemann은 식(2)와 같은 변동량을 생각하였으나 Darboux는

$$\overline{S}_{\Delta} = \sum_{k=1}^{n} M_k(x_k - x_{k-1}) \tag{3}$$

$$\underline{S}_{\Delta} = \sum_{k=1}^{n} m_k(x_k - x_{k-1}) \tag{4}$$

를 고찰하였다. 그리고

$$\overline{\int_a^b} f(x)dx = \inf \overline{S}_{\Delta}$$

$$\underline{\int_a^b} f(x)dx = \sup \underline{S}_{\Delta}$$

와 같이 둔다. 이것을 각각 **Darboux의 상적분**(upper integral), **하적분**(lower integral)이라 한다.

정리 2. (Darboux의 정리) $f(x)$는 구간 $[a,b]$에서 유계함수라 한다.

(1) $\Delta(1),\Delta(1),\ldots$를 각각 $[a,b]$의 소구간으로의 분할이며 $|\Delta(n)|\to 0$, $(n\to\infty)$ 와 같은 것이라 하면 항상

$$\lim_{n\to\infty}\overline{S}_{\Delta(n)}=\overline{\int_a^b}f(x)dx,\quad \lim_{n\to\infty}\underline{S}_{\Delta(n)}=\underline{\int_a^b}f(x)dx.$$

(2) $f(x)$가 Riemann적분 가능하기 위한 필요충분조건은

$$\overline{\int_a^b}f(x)dx=\underline{\int_a^b}f(x)dx$$

이며, 이 때 $f(x)$의 Riemann적분 값은 이 등식의 값과 같다.

3. 적분의 뜻은 이와 같이 해명되었으나 Riemann적분의 하나의 약점은 적분 가능한 함수가 극한에 관해 좋은 성질을 가지고 있지 않는 것이었다. 이러한 인식과 그 상황을 타개하기 위한 노력이 Lebesgue의 적분론이 성립하게 되었다.

1.3 Jordan측도

1. 이제 다시 도형의 면적을 구한다는 원점으로 돌아가서 생각해 보자.

면적을 정하는데 옛날부터 쓰던 방법은 면적이 쉽게 알 수 있는 도형으로 바깥과 안쪽으로 근사하여, 구하는 도형의 면적은 그 사이에 있다고 하는 것이다. 앞 절에서 말한 적분도 이와 같은 사고방식에 기초하고 있다.

Darboux의 합에 대해 생각해 보자. 지금 그림 1.1과 같이 구간 $[a,b]$를 분할한 것을 밑변으로 하고 기둥을 세우고, 함수의 그래프를 위에서 누른 것을 윗변으로 한 직사각형을 만들고, 그 면적의 합을 생각한다. 이것이 1.2절의 (3)식의 $\overline{S}_\Delta$이다. 다음에 아래부터 누른 것으로 같은 방법으로 합을 만든다. 이것이 $\underline{S}_\Delta$이다. 따라서 역시 바깥쪽과 안쪽부터 근사해 가는 꼴로 되어 있다.

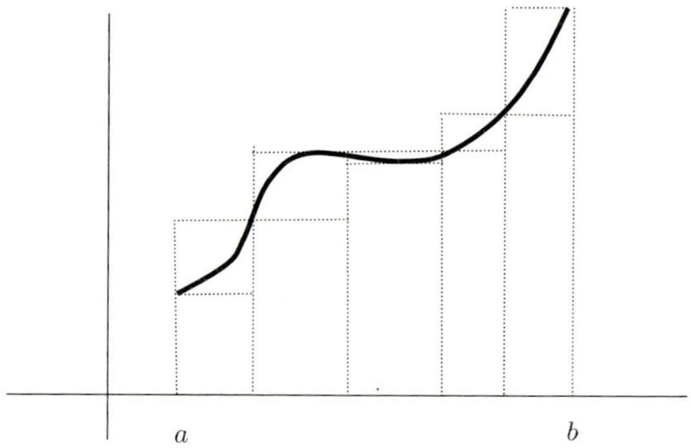

그림 1.1

적분 형태로는 특별한 꼴의 도형--집합--의 면적을 정하였으나 위와 같은 생각으로 일반적인 집합에 대해 "집합의 면적"--측도--를 정의하여 의논하려고 시도되었다. 그것은 Cantor이 시작하여(1883), Stolz(1884)를 거쳐서 Harnack(1885)으로 이어지고 Peano(1887) 및 Jordan(1892)에 이르러 명확하게 형식화되었다. 다음은 이것을 1차원의 도형에 대해 제시해 보자.

2. 지금까지와 마찬가지로 수직선 $\mathbb{R}$상의 고정된 구간 $I=[a,b]$ 에서 생각한다. I의 부분집합 A에 대해 유한개의 구간 $J_1, J_2, \cdots, J_n \subset I$ 로서

$$A \subset J_1 \cup J_2 \cup \cdots \cup J_n \tag{5}$$

와 같이 될 때 $\{J_1, J_2, \cdots, J_n\}$를 A의 **덮개**(covering) 또는 A를 **덮는다**고 한다. 이것을 Θ와 같이 표시하자.

지금 구간 $J=[\alpha,\beta]$ 에 대해 그 **길이** $|J|$를

$$|J| = \beta - \alpha$$

로 정의한다. 또 두 구간 $J^{(1)}=[\alpha^{(1)},\beta^{(1)}]$, $J^{(2)}=[\alpha^{(2)},\beta^{(2)}]$ 가 $J^{(1)}\cap J^{(2)} = \varnothing$ 또는 1점집합 즉 구간의 끝점으로 될 때 **겹치지 않는다**라 한다.[2)]

여기서 (5)와 같이 A의 유한개의 구간에 의한 덮개 Θ를 생각하여 각 구간의 길이의 합

$$h(\Theta) = |J_1| + |J_2| + \cdots + |J_n|$$

를 생각한다. Θ를 모두 생각하여 그 $h(\Theta)$값들의 집합의 하한을 생각한다. 이것을 $\overline{m}_J(A)$로 표시하여 A의 **Jordan외측도**(outer measure)라 한다.

$$\overline{m}_J(A) = \inf\{h(\Theta) : \Theta\text{는 } A\text{의 덮개}\}$$

이 정의에서 덮개 (5)에서 겹치는 구간이 있으면, 그것을 겹치지 않는 구간의 합으로 나타낼 것은 쉽고, 또 그 때 $h(\Theta)$의 값은, 중복해서 잰 부분을 한번만 재게 되므로 감소한다. 즉 덮개 Θ는 서로 겹치지 않는 구간으로부터 이룬 것으로 해도 무방하다.

나음 A에 포함되는 유한개의 겹치지 않는 구간 $J_1, J_2, \cdots, J_m$ 즉

$$J_1 \cup J_2 \cup \cdots \cup J_m \subset A, \quad J_j, J_k\text{는 겹치지 않음 } (j \neq k) \tag{7}$$

를 만족하는 것을 생각하여 이들에 대한 구간의 길이의 합의 상한을 $\underline{m}_J(A)$와 같이 표시하고 A의 **Jordan내측도**(inner measure)라 한다.

$$\underline{m}_J(A) = \sup\{|J_1| + |J_2| + \cdots + |J_m| : J_1, J_2, \cdots, J_m\text{은 (7)를 만족함}\}$$

집합 A에 대해 그 Jordan외측도와 내측도가 일치 즉

$$\overline{m}_J(A) = \underline{m}_J(A) \tag{8}$$

이면 A는 **Jordan가측**(measurable)이라 말하고 (8)식의 공통인 값을 A의 **Jordan측도**(measure)라 하고 $m_J(A)$로 표시한다.

여태까지 쓴 것처럼 집합 A에 대해 함수 $\chi_A(x)$

$$\chi_A(x) = \begin{cases} 1, & (x \in A) \\ 0, & (x \notin A) \end{cases}$$

를 생각하여 이것을 A의 **특성함수**(characteristic function)라 한다. 지금 구간 $[a,b]$의 분할 Δ를 A의 덮개 (5)에 대해 $J_1, J_2, \cdots, J_m$의 끝점 모두를 취해

2) 일반적으로 l차원 수공간일 때 $J^{(1)} \cap J^{(2)}$가 기껏해야 하나의 초평면안의 집합으로 될 때를 말한다.

만든 것으로 하면 $h(\Theta)$는 $\chi_A(x)$의 이 Δ에 대한 Darboux의 합 $\overline{S_\Delta}$와 다름이 없다. 같은 방법으로 구간의 모임 (7)에 대해서는 $|J_1|+|J_2|+\cdots+|J_m|$는 역시 이들 구간의 끝점 모두에 의해 정해진 분할 Δ를 생각하면 $\chi_A(x)$의 이 Δ에 대한 Darboux의 합 $\underline{S}_\Delta$이다. 이에 의해

$$\overline{m}_J(A) = \overline{\int_a^b} \chi_A(x)dx, \quad \underline{m}_J(A) = \underline{\int_a^b} \chi_A(x)dx \tag{9}$$

를 이끌어내는 것은 쉽다.

Jordan측도에 관해 쉽게 알 수 있는 몇 가지 성질을 기술해 두자.

A. $\overline{m}_J(A) = \overline{m}_J(\overline{A})$, $\overline{A}$는 A의 닫힘(closure).

B. $\underline{m}_J(A) = |I| - \overline{m}_J(I \setminus A)$ (10)

C. 유한개의 구간의 합집합 A는 Jordan가측이며 $A = I_1 \cup I_2 \cup \cdots \cup I_m$, I_k는 구간, $j \neq k$ 이면 $I_j \cap I_k = \varnothing$ 와 같이 되어 있으면

$$m_J(A) = |I_1| + |I_2| + \cdots + |I_m|.$$

D. A_1, A_2가 Jordan가측이면 $A_1 \cap A_2$, $A_1 \cup A_2$도 Jordan가측이며

$$m_J(A_1 \cup A_2) + m_J(A_1 \cap A_2) = m_J(A_1) + m_J(A_2)$$

E. A가 Jordan가측인 것과 A의 경계 $\partial A = \overline{A} \setminus A^\circ$ 에 대해 $\overline{m}_J(\partial A) = 0$로 되는 것이 동치이다.

Jordan가측이 아닌 집합의 예로서는 $I \cap \mathbb{Q}$가 있다. 실제로 쉽게

$$\overline{m}_J(I \cap \mathbb{Q}) = 1 \text{ 이고 } \underline{m}_J(I \cap \mathbb{Q}) = 0$$

임을 알 수 있다.

지금은 $\mathbb{R}$ 안의 구간 I속에서 Jordan측도를 생각하였으나 같은 꼴로 $\mathbb{R}$ 전체 속에서, 더욱 일반적으로 l차원 수공간 $\mathbb{R}^l$ 속에서, Jordan측도를 정의할 수 있고 똑같은 성질을 가지고 있다.

3. Borel측도 Borel은 더욱더 측도의 개념을 넓혔다(1898). 우선 집합

A가

$$A = \bigcup_{n=1}^{\infty} I_n, \ I_n \text{은 구간}, \ j \neq k \text{ 이면 } I_j \cap I_k = \varnothing \tag{11}$$

일 때

$$m(A) = \sum_{n=1}^{\infty} |I_n|$$

라 하고 (구간의 개수는 유한개라도 무방하다. 또 길이 0인 구간, 즉 1점집합이라도 괜찮다) 다음 A_1, A_2가 (11)의 꼴인 집합이며 $A_1 \supset A_2$ 일 때

$$m(A_1 \setminus A_2) = m(A_1) - m(A_2)$$

라 한다. 다음 $B_1, B_2, \cdots$가 이러한 꼴(A의 꼴 또는 $A_1 \setminus A_2$의 꼴)로 서로 소일 때

$$m\left(\bigcup_{n=1}^{\infty} B_n\right) = \sum_{n=1}^{\infty} m(B_n)$$

라 하자. 이것을 반복해서 계속하면 다음과 같은 성질을 가진 측도를 얻을 수 있다.

1° 가산개의 서로 소인 집합의 합집합의 측도는 각 집합의 측도의 합이다.

2° 두 집합의 차집합의 측도는 측도의 차이다.

3° 측도는 음 아니다.

4° 측도가 0아닌 집합은 비가산 집합이다.

그러나 Borel은 이것밖에 말하지 않고, 그 개념의 규정은 아주 애매하다. 위의 측도가 정의되는 집합이 어떤 것인가도 명백하지 않다. 이것은 다음 절에서 논하는 Lebesgue측도의 이론을 성립시킴으로 인해 명확해졌다. 이것에 대해서는 2.5절에서 취급한다.

1.4 Lebesgue적분

1. Lebesgue는 1902년에 그의 적분론을 발표하였다. 이 이론에서 적분의 대상으로 될 함수가 정확하게 규정되어, 또 적분이 만족하면 바람직한 각종의 성질을 가지고 있고, 여기서 적분론의 완성을 보았다.

지금 수직선 $\mathbb{R}$에서 생각한다. Jordan은 A가 하나의 구간 I에 품긴 집합일 때 A를 유한개의 구간으로 덮고, 이들 구간의 길이의 합을 생각하고 그런 값의 하한으로 Jordan외측도 $\overline{m}_J(A)$를 정의하였다. 이에 반해 Lebesgue는 덮개를 가산개의 구간으로 잡았다. 단순히 이런 차이로 인해 모든 의논이 투명해졌다.

$A \subset \mathbb{R}$ 에 대해 A를 가산개의 유계구간으로 덮자(이것을 A의 **덮개**라 한다).

$$\Theta : A \subset \bigcup_{n=1}^{\infty} J_n \tag{12}$$

그리고 이들 구간의 길이의 합 $h(\Theta)$를 생각한다.(각 J_n은 유계구간. 여기서 유한개의 구간에 의한 덮개도 생각하기 위해 J_n은 공집합이라도 무방할 것으로 한다. 단 1점집합은 구간이라 생각하지 않다.)

$$h(\Theta) = \sum_{n=1}^{\infty} |J_n| \tag{13}$$

덮개 Θ를 모두 생각하고 그 때마다 정해진 $h(\Theta)$들의 값의 집합의 하한을 $m^*(A)$로 표시하고 A의 (Lebesgue)**외측도**(outer measure)라 한다.

$$m^*(A) = \inf\{h(\Theta) : \Theta\} \tag{14}$$

내측도(inner measure)는 이것을 Jordan과 같이 안에 품기는 구간을 생각하면 곤란하다. Lebesgue는, Jordan외측도, 내측도의 관계(1.3절 (10))를 본따서, A가 유계구간 I에 품긴 집합일 때

$$m_*(A) = |I| - m^*(I \setminus A) \tag{15}$$

와 같이 정의한다. 즉 A의 외부 $I \setminus A$를 바깥부터 계측하고, 그것을 $|I|$부터 뺀다. 그렇게 하면 A를 안쪽부터 계측한 것에 해당될 것이다. $I = [a, b]$ 를 A의 덮개의 하나라 생각하면 $m^*(A) \leq |I|$ 가 성립하므로 $m^*(I \setminus A) \leq |I|$. 고로 $m_*(A) \geq 0$ 이다. 일반적인 A에 대해서는

$$m_*(A) = \sup\{m_*(A \cap I) : I\text{는 유계구간}\} \tag{16}$$

에 의해 정의한다.

모든 유계구간 I에 대해 $m^*(A\cap I)=m_*(A\cap I)$ 를 만족할 때 집합 A를 (**Lebesgue**)**가측**(measurable)이라 하고 이 때 $m^*(A)$를 A의 (**Lebesgue**) **측도**(measure)라 하고 $m(A)$와 같이 표시한다. 여기의 정의는 Jordan측도를 정의할 때와 거의 다른 점은 없다. 단 출발점이 다를 뿐이다.

2. 이 측도에 관해 잠시 고찰해보자.

A. A가 유계구간 I에 품긴 집합이면 Jordan측도와 Lebesgue측도 사이에 다음 관계가 성립한다.

$$\underline{m}_J(A)\le m_*(A)\le m^*(A)\le \overline{m}_J(A)$$

특히 Jordan가측집합은 Lebesgue가측이며 $m_J(A)=m(A)$ 이다.

증명 덮개 (12)는 A를 유한개의 구간으로 덮는 경우를 포함하여 생각하고 있으므로, (14)에서 생각한 inf는, (6)에서 생각한 inf보다 큰 집합에 대해 잡고 있다. 고로 $m^*(A)\le \overline{m}_J(A)$. 똑같이 $I\cap A^c=I\setminus A$ 에 대해 $m^*(I\setminus A)\le \overline{m}_J(I\setminus A)$ 이므로, 1.3절 (10) 및 (15)에 의해 $\underline{m}_J(A)\le m_*(A)$. $m_*(A)\le m^*(A)$ 는 아래의 D에서 보인다. □

B. $A\subset B$ 이면 $m^*(A)\le m^*(B)$ 이고 $m_*(A)\le m_*(B)$.

증명 B의 덮개는 또 A의 덮개이며, (14)에서 준 inf는 B에 대해 생각한 것이 A에 대해 생각한 것보다 더 큰 집합에 대해 취한 것이기 때문에 $m^*(A)\le m^*(B)$. 다음으로 임의의 구간 I에 대해 $A\cap I\subset B\cap I$. 고로

$$I\setminus(A\cap I)\supset I\setminus(B\cap I).$$

따라서

$$\begin{aligned} m_*(A\cap I) &= |I|-m^*(I\setminus(A\cap I)) \\ &\le |I|-m^*(I\setminus(B\cap I))=m_*(B\cap I)\le m_*(B). \end{aligned}$$

마지막 부등식은 (16)에 의한다. 그러므로 $m_*(A)\le m_*(B)$. □

C. A의 덮개를 생각할 때 필요에 따라 개구간만으로 이루어진 덮개로 한정해도 된다.

증명 임의의 $\epsilon>0$ 에 대해 (12)와 같은 A의 덮개 Θ가 존재하여

$$h(\Theta) = \sum_{n=1}^{\infty} |J_n| \leq m^*(A) + \epsilon$$

이다. 여기서 J_n은 a_n, b_n을 끝점으로 한 구간이라 할 때 개구간 $J_{n,\epsilon} = \left(a_n - \frac{\epsilon}{2^n},\ b_n + \frac{\epsilon}{2^n}\right)$ 에 의한 덮개 Θ_ϵ를 생각하면

$$h(\Theta_\epsilon) = \sum_{n=1}^{\infty} |J_{n,\epsilon}| = \sum_{n=1}^{\infty} \left(b_n - a_n + \frac{\epsilon}{2^{n-1}}\right)$$

$$= \sum_{n=1}^{\infty} |J_n| + 2\epsilon \leq m^*(A) + 3\epsilon$$

이므로 ϵ을 여러 가지 값으로 하고 Θ를 Θ_ϵ와 같은 꼴로 대치하여 (14)의 inf를 취해도 그 값은 변함이 없다. □

D. $m_*(A) \leq m^*(A)$ 이고 A가 가측이기 위한 조건은 모든 유계구간 I에 대해

$$m^*(I \cap A) + m^*(I \cap A^c) = |I| \tag{17}$$

가 성립하는 것이다. 따라서 A가 가측인 것과 A^c가 가측인 것이 동치.

증명 A가 유계폐구간 I에 품기는 집합일 때 A의 덮개 Θ_A와 $I \setminus A$의 덮개 $\Theta_{I \setminus A}$를 생각한다. C에 의해 이들은 모두 개구간으로 이루어져 있다고 해도 무방하다. Θ_A와 $\Theta_{I \setminus A}$를 함께 생각하면 $I = [a, b]$ 의 덮개가 얻어진다.

$$\Theta_A \ : \ A \subset \bigcup_{n=1}^{\infty} J_{1n}, \qquad \Theta_{I \setminus A} \ : \ I \setminus A \subset \bigcup_{n=1}^{\infty} J_{2n}$$

$$I = A \cup (I \setminus A) \subset \bigcup_{n=1}^{\infty} (J_{1n} \cup J_{2n}) \tag{18}$$

I는 폐구간이고 이것을 개구간으로 덮고 있으므로 Heine-Borel의 정리에 의해 I는 (18)의 우변에 있는 구간 중 유한개로 덮어지고 따라서 적당히 N을 잡으면

$$I \subset \bigcup_{n=1}^{N} (J_{1n} \cup J_{2n}) \tag{19}$$

이다. 유한개의 구간이므로 (19)에서 우변에 있는 구간의 길이를 합하면 $|I|$보다 작음을 쉽게 알 수 있다. 고로

$$|I| \leq \sum_{n=1}^{N} (|J_{1n}| + |J_{2n}|) \leq \sum_{n=1}^{\infty} |J_{1n}| + \sum_{n=1}^{\infty} |J_{2n}|.$$

덮개 Θ_A와 $\Theta_{I\setminus A}$를 여러 가지로 바꾸어주고 우변 1항의 inf를 취한 것이 $m^*(A)$이고 2항의 inf를 취한 것이 $m^*(I\setminus A)$이므로

$$|I| \le m^*(A) + m^*(I\setminus A)$$

고로 이항하여 (15)를 쓰면 $m_*(A) \le m^*(A)$ 를 안다. 일반적인 A에 대해서는 임의의 구간 I에 대해

$$m_*(A\setminus I) \le m^*(A\setminus I) \le m^*(A)$$

고로 (16)에 의해 $m_*(A) \le m^*(A)$. □

E. $$m^*\left(\bigcup_{n=1}^{\infty} A_n\right) \le \sum_{n=1}^{\infty} m^*(A_n). \tag{20}$$

증명 각 A_n의 덮개 $\Theta_n : A_n \subset \bigcup_{k=1}^{\infty} J_{nk}$ 를 생각하고 모든 Θ_n들을 모으면 $\bigcup_{n=1}^{\infty} A_n$의 덮개가 된다. 즉

$$\bigcup_{n=1}^{\infty} A_n \subset \bigcup_{n=1}^{\infty}\bigcup_{k=1}^{\infty} J_{nk} \text{ 이고 } m^*\left(\bigcup_{n=1}^{\infty} A_n\right) \le \sum_{n=1}^{\infty}\left(\sum_{k=1}^{\infty}|J_{nk}|\right). \tag{21}$$

여기서 각 덮개 Θ_n에 대해 (21)의 우변의 하한을 취해 줌으로서 (20)을 얻는다. □

F. 집합 M이 가측이기 위한 필요충분조건은 모든 집합 A에 대해

$$m^*(A) = m^*(A\cap M) + m^*(A\cap M^c) \tag{22}$$

가 성립하는 것이다.

증명 D에 의해 (22)가 모든 유계구간 I에 대해 성립하는 것이 M이 가측이기 위한 필요충분조건이었다. 따라서 여기서는 M이 가측일 때 임의의 A에 대해 (22)가 성립함을 보이면 된다. E에 의해 $m^*(A) = \infty$ 일 때는 (22)는 명백하므로 $m^*(A) < \infty$ 라 가정하자. $\epsilon > 0$ 에 대해 다음과 같은 A의 덮개 Θ를 취한다.

$$\Theta : A \subset \bigcup_{p=1}^{\infty} I_p, \quad \sum_{p=1}^{\infty} |I_p| < m^*(A) + \epsilon \tag{23}$$

이렇게 하면 적당한 P를 잡으면 $\sum_{p=P+1}^{\infty} |I_p| < \epsilon$ 이다. 그러면 $I_1 \cup I_2 \cup \cdots \cup$

$I_p \subset I$ 와 같은 유계구간을 취할 수 있다. 여기서 $I \cap M$의 덮개 Θ_1, $I \cap M^c$의 덮개 Θ_2를

$$\Theta_1 : I \cap M \subset \bigcup_{n=1}^{\infty} J_{1n}, \quad \sum_{n=1}^{\infty} |J_{1n}| \leq m^*(I \cap M) + \epsilon$$

$$\Theta_2 : I \cap M^c \subset \bigcup_{n=1}^{\infty} J_{2n}, \quad \sum_{n=1}^{\infty} |J_{2n}| \leq m^*(I \cap M^c) + \epsilon$$

와 같이 잡자. 그리고 N을

$$\sum_{n=N+1}^{\infty} |J_{1n}| < \epsilon, \quad \sum_{n=N+1}^{\infty} |J_{2n}| < \epsilon$$

와 같이 취한다. 지금

$$K_1 = \bigcup_{n=1}^{N} J_{1n}, \quad K_2 = \bigcup_{n=1}^{N} J_{2n}$$

라 하면 이들은 유한개의 유계구간의 합집합이므로 $K_1 \cap K_2$의 부분 및 나머지 부눈을 별도로 생각해줌으로서 겹치지 않는 구간 $J_1^{(0)}, J_2^{(0)}, \cdots, J_{l(0)}^{(0)}$; $J_1^{(1)}, J_2^{(1)}, \cdots, J_{l(1)}^{(1)}$; $J_1^{(2)}, J_2^{(2)}, \cdots, J_{l(2)}^{(2)}$ 를 잡아서

$$K_1 = \bigcup_{j=1}^{l(1)} J_j^{(1)} \cup \bigcup_{i=1}^{l(0)} J_i^{(0)}, \quad K_2 = \bigcup_{k=1}^{l(2)} J_k^{(2)} \cup \bigcup_{i=1}^{l(0)} J_i^{(0)}$$

와 같은 꼴로 표시할 수 있다. 여기서 1.3절 2.C를 쓰면

$$\sum_{j=1}^{l(1)} |J_j^{(1)}| + \sum_{i=1}^{l(0)} |J_i^{(0)}| = m_J(K_1) \leq \sum_{n=1}^{N} |J_{1n}|$$

$$\sum_{k=1}^{l(2)} |J_k^{(2)}| + \sum_{i=1}^{l(0)} |J_i^{(0)}| = m_J(K_2) \leq \sum_{n=1}^{N} |J_{2n}|$$

와 같이 되어

$$I \subset \bigcup_{j=1}^{l(1)} J_j^{(1)} \cup \bigcup_{k=1}^{l(2)} J_k^{(2)} \cup \bigcup_{i=1}^{l(0)} J_i^{(0)} \cup \bigcup_{n=N+1}^{\infty} (J_{1n} \cup J_{2n})$$

이므로

$$\begin{aligned}
|I| &= m^*(I) \\
&\leq \sum_{j=1}^{l(1)} |J_j^{(1)}| + \sum_{k=1}^{l(2)} |J_k^{(2)}| + \sum_{i=1}^{l(0)} |J_i^{(0)}| + \sum_{n=N+1}^{\infty} (|J_{1n}| + |J_{2n}|) \\
&\leq \sum_{j=1}^{l(1)} |J_j^{(1)}| + \sum_{i=1}^{l(0)} |J_i^{(0)}| + \sum_{n=N+1}^{\infty} |J_{1n}| + \sum_{k=1}^{l(2)} |J_k^{(2)}| + \sum_{i=1}^{l(0)} |J_i^{(0)}| + \sum_{n=N+1}^{\infty} |J_{2n}|
\end{aligned}$$

$$\leq \sum_{n=1}^{N}|J_{1n}|+\sum_{n=N+1}^{\infty}|J_{1n}|+\sum_{n=1}^{N}|J_{2n}|+\sum_{n=N+1}^{\infty}|J_{2n}|$$

$$\leq m^*(I\cap M)+m^*(I\cap M^c)+2\epsilon=|I|+2\epsilon$$

여기서 첫째 부등식에서 둘째 부등식으로 갈 때 우변에 $\sum|J_i^{(0)}|$ 를 더했다. 고로

$$\sum_{i=1}^{l(0)}|J_i^{(0)}|\leq 2\epsilon.$$

이상으로 $I_p\subset I,\ p=1,2,\cdots,P$ 이므로

$$A\cap M\subset\left(\bigcup_{p=1}^{P}I_p\cap M\right)\cup\bigcup_{p=P+1}^{\infty}I_p$$

$$\subset\left\{\bigcup_{p=1}^{P}I_p\cap\left(\bigcup_{j=1}^{l(1)}J_j^{(1)}\cup\bigcup_{i=1}^{l(0)}J_i^{(0)}\cup\bigcup_{n=N+1}^{\infty}J_{1n}\right)\right\}\cup\bigcup_{p=P+1}^{\infty}I_p$$

$$\subset\bigcup_{p=1}^{P}\bigcup_{j=1}^{l(1)}(I_p\cap J_j^{(1)})\cup\bigcup_{i=1}^{l(0)}J_i^{(0)}\cup\bigcup_{n=N+1}^{\infty}J_{1n}\cup\bigcup_{p=P+1}^{\infty}I_p$$

고로

$$m^*(A\cap M)\leq\sum_{p=1}^{P}\sum_{j=1}^{l(1)}|I_p\cap J_j^{(1)}|+\sum_{i=1}^{l(0)}|J_i^{(0)}|+\sum_{n=N+1}^{\infty}|J_{1n}|+\sum_{p=P+1}^{\infty}|I_p|$$

$$\leq\sum_{p=1}^{P}\sum_{j=1}^{l(1)}|I_p\cap J_j^{(1)}|+4\epsilon \tag{24}$$

같은 방법으로

$$m^*(A\cap M^c)\leq\sum_{p=1}^{P}\sum_{k=1}^{l(2)}|I_p\cap J_k^{(2)}|+4\epsilon. \tag{25}$$

$J_1^{(1)},J_2^{(1)},\cdots,J_{l(1)}^{(1)}$; $J_1^{(2)},J_2^{(2)},\cdots,J_{l(2)}^{(2)}$ 는 겹치지 않는 구간이므로

$$\sum_{j=1}^{l(1)}|I_p\cap J_j^{(1)}|+\sum_{k=1}^{l(2)}|I_p\cap J_k^{(2)}|\leq|I_p|.$$

고로 (24)(25)를 더하고 (23)를 쓰면

$$m^*(A)\leq m^*(A\cap M)+m^*(A\cap M^c)\leq\sum_{p=1}^{P}|I_p|+8\epsilon$$

$$\leq m^*(A)+9\epsilon\leq\sum_{p=1}^{P}|I_p|+8\epsilon\leq m^*(A)+9\epsilon.$$

$\epsilon>0$ 은 임의로 잡았으므로 $m^*(A)=m^*(A\cap M)+m^*(A\cap M^c)$ 가 성립한다.

3. 2.F에서 보여준 성질은 문제를 더 복잡하게 한 것 같이 보이지만 사실은 그렇지 않다. 외측도, 내측도로 하는 의논에서는 여러 가지 경우로 나누어야 하는 것이 필요하다. 측도를 구성하는데 복잡하므로 그것을 간편화하기 위한 중간적인 고찰이었다. 1914년에 고안된 Carathéodory의 측도의 구성방법은 아주 일반적인 꼴로 적용할 수 있고 Lebesgue 이후의 측도론의 발전에 지대한 역할을 하게 되었다. 여기서도 그것을 활용한다.

정의 1. 집합 S의 임의의 부분집합 A에 대해 $0 \le m^*(A) \le \infty$ 가 정의되고 다음 성질을 만족할 때 이것을 **Caratheodory의 외측도** 또는 단순히 **외측도**(outer measure)라 한다.

1° $m^*(\varnothing) = 0$

2° $A \subset B$ 이면 $m^*(A) \le m^*(B)$

3° $m^*\left(\bigcup_{n=1}^{\infty} A_n\right) \le \sum_{n=1}^{\infty} m^*(A_n)$

Lebesgue외측도가 이 의미로 외측도임을 B, E에서 보였다. 그래서 F의 성질을 바꾸어 말해서 이것을 가측성의 정의라 하자.

정의 2. 집합 S에서 외측도가 주어졌을 때 임의의 $A \subset S$ 에 대해

$$m^*(A) = m^*(A \cap M) + m^*(A \cap M^c)$$

를 만족하는 S의 부분집합 M을 **가측**집합(measurable set)이라 한다.

정리 3. 집합 S의 모든 가측 집합 전체를 $\mathcal{M}$와 같이 나타낸다. 이 때 $\mathcal{M}$은 다음 성질을 만족한다.

(1) $\varnothing \in \mathcal{M}$, $S \in \mathcal{M}$.

(2) $M \in \mathcal{M}$ 이면 $M^c \in \mathcal{M}$.

(3) $M_1, M_2, \cdots \in \mathcal{M}$ 이면 $\bigcup_{n=1}^{\infty} M_n \in \mathcal{M}$, $\bigcap_{n=1}^{\infty} M_n \in \mathcal{M}$.

(4) $M_1, M_2, \cdots \in \mathcal{M}$, $M_j \cap M_k = \varnothing$ $(j \ne k)$ 이면

$$m^*\left(\bigcup_{n=1}^{\infty} M_n\right) = \sum_{n=1}^{\infty} m^*(M_n). \tag{26}$$

증명 (1)은 분명하다. (2)는 가측성의 정의가 M, M^c에 대해 대칭적이므로

당연하다. 다음으로 $M_1, M_2 \in \mathcal{M}$ 라 하자. 임의의 A에 대해 가측성의 정의식을 순차적으로 적용하면

$$\begin{aligned} m^*(A) &= m^*(A \cap M_1) + m^*(A \cap M_1^c) \\ &= m^*(A \cap M_1 \cap M_2) + m^*(A \cap M_1 \cap M_2^c) + m^*(A \cap M_1^c) \\ &= m^*(A \cap M_1 \cap M_2) + m^*(A \cap ((M_1 \cap M_2^c) \cup M_1^c)) \\ &= m^*(A \cap (M_1 \cap M_2)) + m^*(A \cap (M_1 \cap M_2)^c) \end{aligned}$$

고로 $M_1 \cap M_2 \in \mathcal{M}$. (2)에 의해 $M_1 \cup M_2 = (M_1^c \cap M_2^c)^c$ 이므로 $M_1 \cup M_2 \in \mathcal{M}$ 이다. 다음 $M_j \in \mathcal{M}$ $(j = 1,2,\cdots)$, $M_j \cap M_k = \varnothing$ $(j \neq k)$ 라 하고 $M = \bigcup_{n=1}^{\infty} M_n$ 라 하자. 임의의 집합 A에 대해, 외측도의 성질 2° 부터

$$m^*(A \cap M_1^c \cap M_2^c \cap \cdots \cap M_n^c) \geq m^*(A \cap M^c).$$

고로

$$\begin{aligned} m^*(A) &= m^*(A \cap M_1) + m^*(A \cap M_1^c) \\ &= m^*(A \cap M_1) + m^*(A \cap M_2) + m^*(A \cap M_1^c \cap M_2^c) = \cdots \\ &= m^*(A \cap M_1) + m^*(A \cap M_2) + \cdots + m^*(A \cap M_n) \\ &\qquad\qquad + m^*(A \cap M_1^c \cap M_2^c \cap \cdots \cap M_n^c) \\ &\geq m^*(A \cap M_1) + m^*(A \cap M_2) + \cdots + m^*(A \cap M_n) + m^*(A \cap M^c) \end{aligned}$$

여기서 $n \to \infty$ 라 하면

$$\begin{aligned} m^*(A) &\geq \sum_{n=1}^{\infty} m^*(A \cap M_n) + m^*(A \cap M^c) \\ &\geq m^*(A \cap M) + m^*(A \cap M^c) \geq m^*(A). \end{aligned}$$

여기서 둘째, 셋째 부등식에서 외측도의 성질 3° 를 썼다. 고로 $M = \bigcup_{n=1}^{\infty} M_n$ 는 가측집합이다. 이 부등식에서 $A = M$ 라 놓으면 $m^*(M) = \sum_{n=1}^{\infty} m^*(M_n)$. 이것은 (26)을 보여주고 있다. 즉 (4)가 성립한다. 다음 $M_j \in \mathcal{M}$ $(j = 1,2,\cdots)$ 라 할 때

$$M_1{}' = M_1,\ M_2{}' = M_2 \cap M_1^c,\ M_3{}' = M_3 \cap (M_1 \cap M_2)^c, \cdots,$$
$$M_n{}' = M_n \cap (M_1 \cap M_2 \cap \cdots M_{n-1})^c$$

와 같이 정의하면 $M_n' \in \mathcal{M}$ $(n=1,2,\cdots)$ 이고 $M_j' \cap M_k' = \varnothing$, $(j \neq k)$ 이다. 고로 위에서 보인 것처럼 $\bigcup_{n=1}^{\infty} M_n' \in \mathcal{M}$. 한편 $\bigcup_{n=1}^{\infty} M_n = \bigcup_{n=1}^{\infty} M_n'$ 이므로 $\bigcup_{n=1}^{\infty} M_n \in \mathcal{M}$. 또 $\bigcap_{n=1}^{\infty} M_n = \left(\bigcup_{n=1}^{\infty} M_n^c\right)^c \in \mathcal{M}$. □

Lebesgue의 외측도는 하나의 Carathéodory의 외측도이며, 이 경우 Lebesgue의 의미로 가측이란 것은 Carathéodory의 의미로 가측인 것과 같은 뜻이므로 다음 정리가 증명되었다.

정리 4. 수직선 $\mathbb{R}$ 상의 Lebesgue가측집합 전체를 $\mathcal{L}$라 하면 $\mathcal{L}$은 다음 성질을 만족한다.

(1) $\mathcal{L}$은 구간을 모두 포함한다.

(2) $M \in \mathcal{L} \;\Rightarrow\; M^c \in \mathcal{L}$.

(3) $M_1, M_2, \cdots \in \mathcal{L} \;\Rightarrow\; \bigcup_{n=1}^{\infty} M_n \in \mathcal{L},\ \bigcap_{n=1}^{\infty} M_n \in \mathcal{L}$.

(4) $M_1, M_2, \cdots \in \mathcal{L}$, $M_j \cap M_k = \varnothing$, $(j \neq k)$ $\Rightarrow$

$$m\left(\bigcup_{n=1}^{\infty} M_n\right) = \sum_{n=1}^{\infty} m(M_n).$$

계 1. 가산집합은 가측이며 그 측도는 0이다.

4. Lebesgue는 위와 같이 측도를 생각할 수 있는 집합의 모임을 정의할 수 있었다. 이 집합의 모임은 정리 3에서 보인 것처럼 좋은 성질을 가지고 있다. 여기서 모든 집합이 Lebesgue가측으로 되지 않을까란 의문이 당연히 생긴다. 그러나 그렇지 않다는 예가 있다(1장 문제 11). 이런 집합의 존재는 가측성에 관한 미묘한 문제의 고찰에 있어 불가결하다.

그러나 여기서는 서둘러 적분의 정의를 하기로 하자.

적분 Riemann적분에서 구간을 작은 구간으로 세분하여 $\sum_{k=1}^{n} f(\xi_k)|J_k|$ 와 같은 합을 생각한 것은, 원래 연속함수를 고찰의 대상으로 하고 있고, 함수

$f(x)$의 값이 작은 구간상에서는 그렇게 큰 변동을 갖지 않았기 때문에 괜찮았던 것이다. 그것이 유리수 집합 $\mathbb{Q}$의 특성함수 $\chi_{\mathbb{Q}}(x)$와 같이 어떻게 작은 구간을 잡더라도 그 안에서의 함수값의 변동이 큰 경우에는 파탄을 일으킨다.

그래서 Lebesgue는 역으로 그 위에서는 함수 값의 변동이 작게 되는 집합을 생각하기로 했다. 즉

$$\{x : |f(x) - \alpha| < \epsilon\}$$

와 같은 집합을 생각한다. 만일 이 집합이 성질이 좋은 집합, 구체적으로 말하면 Lebesgue 가측인 집합이면 그 크기를 잴 수 있다. 이런 성질을 가진 함수는 가측함수라 불린다.

지금 $f(x)$는 구간 I에서 유계라 하고

$$c \le f(x) < d$$

라 하자. 지금 $f(x)$의 치역의 구간 $[c,d)$를 세분하여

$$\Delta : c = \eta_0 < \eta_1 < \eta_2 < \cdots < \eta_n = d$$

라 하고

$$S_\Delta = \sum_{k=1}^{n} \eta_k^\Delta m(\{x : \eta_{k-1} \le f(x) < \eta_k\}), \ (\eta_{k-1} \le \eta_k^\Delta < \eta_k) \tag{27}$$

를 생각하면 분할을 잘게 해가고

$$|\Delta| = \max\{\eta_k - \eta_{k-1} : k = 1,2,\cdots,n\} \to 0$$

라 하면 (27)의 값이 어떤 값으로 수렴한다. 이것을 가지고 **Lebesgue적분**

$$\int f(x)dx \tag{28}$$

의 값으로 하였다.

(27)의 수렴성을 증명하기 위해서는 두 개의 분할 $\Delta(1), \Delta(2)$를 생각하여 $S_{\Delta(1)}, S_{\Delta(2)}$를 비교한다. $\Delta(1), \Delta(2)$를 합친 분할을 Δ라 하고 그에 관한 합 S_Δ를 생각하자.

$$S_{\Delta(1)} = \sum_{j=1}^{m} \eta_{1j}^{\Delta(1)} m(\{x : \eta_{1j-1} \le f(x) < \eta_{1j}\})$$

$$(\eta_{1j-1} \le \eta_{1j}^{\Delta(1)} < \eta_{1j})$$

라 하면 $j = 1,2,\cdots,m$ 에 대해 구간 $[\eta_{1j-1}, \eta_{1j})$는 Δ의 구간의 합집합으로 되어 있으므로 지금

$$\eta_{1j-1} = \eta_{k(j-1)} < \eta_{k(j-1)+1} < \cdots < \eta_{k(j)} = \eta_{1j}$$

라 하면

$$\begin{aligned}
&|S_{\Delta(1)} - S_\Delta| \\
&= \left| \sum_{j=1}^{m} \eta_{1j}^{\Delta(1)}\, m(\{x : \eta_{1j-1} \le f(x) < \eta_{1j}\}) \right. \\
&\qquad\qquad \left. - \sum_{k=1}^{n} \eta_k^{\Delta}\, m(\{x : \eta_{k-1} \le f(x) < \eta_k\}) \right| \\
&= \left| \sum_{j=1}^{m} \eta_{1j}^{\Delta(1)} \sum_{k=k(j-1)+1}^{k(j)} m(\{x : \eta_{k-1} \le f(x) < \eta_k\}) \right. \\
&\qquad \left. - \sum_{j=1}^{m} \sum_{k=k(j-1)+1}^{k(j)} \eta_k^{\Delta}\, m(\{x : \eta_{k-1} \le f(x) < \eta_k\}) \right| \\
&\le \sum_{j=1}^{m} \sum_{k=k(j-1)+1}^{k(j)} |\eta_{1j}^{\Delta(1)} - \eta_k^{\Delta}|\, m(\{x : \eta_{k-1} \le f(x) < \eta_k\}) \\
&\le |\Delta(1)| \sum_{j=1}^{m} \sum_{k=k(j-1)+1}^{k(j)} m(\{x : \eta_{k-1} \le f(x) < \eta_k\}) \\
&= |\Delta(1)||I|.
\end{aligned}$$

($k(j-1) \le k \le k(j)$ 일 때 $[\eta_{k-1}, \eta_k) \subset [\eta_{1j-1}, \eta_{1j})$ 이므로 $\eta_k^{\Delta} \in [\eta_{1j-1}, \eta_{1j})$. 따라서 $|\eta_{1j}^{\Delta(1)} - \eta_k^{\Delta}| \le \eta_{1j} - \eta_{1j-1} \le |\Delta(1)|$ 이다) 같은 방법으로

$$|S_{\Delta(2)} - S_\Delta| \le |\Delta(2)||I|$$

이므로

$$\begin{aligned}
|S_{\Delta(1)} - S_{\Delta(2)}| &\le |S_{\Delta(1)} - S_\Delta| + |S_{\Delta(2)} - S_\Delta| \\
&\le (|\Delta(1)| + |\Delta(2)|)|I|.
\end{aligned}$$

고로 $|\Delta(1)| \to 0$, $|\Delta(2)| \to 0$ 일 때 $|S_{\Delta(1)} - S_{\Delta(2)}| \to 0$ 로 되어, Cauchy의 수렴판정조건에 의해 $|\Delta| \to 0$ 일 때 $\lim_{|\Delta| \to 0} S_\Delta$ 가 존재함을 보여주고 있다.[3)]

Lebesgue는 이런 꼴로 그의 적분론을 건설하였다.

이 적분론은 당장 원래 있던 곤란함을 극복했을 뿐 아니라 더욱더 그 이후의 해석학의 발전에 있어 부족함이 없는 기초를 주게 된 것이다.

---

3) 여기서의 수렴성의 의논은 익숙하지 않는 독자에 있어서 난해할지 모르나 2장에서 적분의 존재성은 더욱더 엄밀하게 논하므로 이 부분은 대강 읽어 흘러가도 무방하다.

예 3. $\int_a^b \chi_{\mathbb{Q}}(x)dx$

$c=0,\ d=1+\epsilon$ 이라 잡자. 분할 Δ에 대해 $\eta_{k-1} \le 1 < \eta_k$ 라 할 때

$$S_\Delta = \eta_0^\Delta m(\{x : \chi_{\mathbb{Q}}(x)=0\}) + \eta_k^\Delta m(\{x : \chi_{\mathbb{Q}}(x)=1\}) = \eta_0^\Delta (b-a)$$

와 같이 되며 $|\Delta| \to 0$ 라 할 때 $\eta_0^\Delta \to 0$ 이므로

$$\int_a^b \chi_{\mathbb{Q}}(x)dx = 0.$$

Riemann적분 가능성에 관한 Riemann의 정리(1.2절)는 다음과 같이 바꿔 말할 수 있다.

정리 5. 유계구간 $[a,b]$상 정의된 유계함수 $f(x)$가 Riemann 적분가능하기 위한 필요충분조건은 $f(x)$의 불연속점의 집합의 측도가 0인 것이다.

그리고 Lebesgue는 이것을 기초로 하여 Riemann 적분가능한 함수는 Lebesgue 적분가능하며 또 양자의 값이 같다는 것을 알 수 있었다(1장 문제 9,10).

5. 이 절에서 말한 것은 수직선 $\mathbb{R}$ 상의 Lebesgue측도에 대한 것이다. 지금 $(\mathbb{R}, \mathcal{L}, m)$을 **Lebesgue공간**이라 부른다. 이것을 1차원 수공간 $\mathbb{R}$뿐만 아니라 d차원 수공간 $\mathbb{R}^d$의 경우에도 J를 $\alpha=(a_1,a_2,\cdots,a_d)$, $\beta=(b_1,b_2,\cdots,b_d)$를 대각선의 양끝으로 한 "구간"이라 할 때 그 "길이"를

$$|J| = \prod_{k=1}^{d}(b_k - a_k)$$

라 정해주면 완전히 똑같은 의논이 성립하고 d차원 Lebesgue공간 $(\mathbb{R}^d, \mathcal{L}, m)$을 얻을 수 있음을 짐작할 수 있다.

1.5 적분론의 진전

1. 앞 절에서 보았듯이 Lebesgue가 전개한 의논의 열쇄는 다음과 같이 말할 수 있다.

(1) 측도를 도입하기 위해 알맞은 부분집합의 모임을 정한다.

(2) 측도를 도입한다.

(3) 적분을 정의하기 위해 적당한 함수의 모임을 정한다.

(4) 적분을 정의한다.

다음 장에서 전개될 적분론의 일반적인 전개는 이 단계를 따라가게 된다.

한편 Lebesgue에 의해 구성된 이론은 본질적으로 완성된 것이다. 그 후의 수학의 발전, 특히 공리론적 관점부터 다양한 새로운 요소가 가미되었다.

Lebesgue가 기초로 한 구간의 길이의 계측법은 $J=[a,b]$ 라 할 때 $|J|=b-a$ 라 하였다. 그러나 만약 구간 J에서 하나의 단조증가함수 $g(x)$가 주어졌으면, $|J|=g(b)-g(a)$ 라 해서 시작해도 앞 절의 의논은 아무 변경 없이 그대로 진행할 수 있다. 이것은 먼저 Stieltjes에 의해 Riemann, Jordan 식으로 의논이 시작되었으나(1895), 그 Lebesgue식으로 만들어진 측도에 의한 Lebesgue식 적분을 **Lebesgue-Stieltjes적분**이라 한다. 여기서 얻어진 가측집합의 모임은 Lebesgue 가측집합의 모임 $\mathcal{L}$과는 일반적으로 상이하지만 그러나 Borel 집합족은 품다. 그래서 Radon은 이것을 역으로 생각하여 Euclid공간의 Borel집합족 위에서 일반적으로 측도를 주고, 이것을 출발점으로 하여 적분론을 전개하였다(1913). Radon의 이 방법은 그 후 Nikodym에 의해 Euclid공간의 범주를 떠나 공리화된 꼴로 아주 일반적인 형태로 완성되었다(1930). 오늘날 우리가 적분론으로 생각하고 있는 것은 이 형태이며 2장 이후 이런 꼴로 전개한다.

이와 같이 적분의 의논이 진전되어가는 가운데 하나의 중요한 새로운 관점이 F. Riesz에 의해 추가되었다(1909). Riesz는 구간 $[a,b]$상의 연속함수 전체 $C[a,b]$를 생각하고, 각 $f\in C[a,b]$ 에 수를 대응시키는 사상 $f\mapsto L(f)$ 가

$$L(f+g)=L(f)+L(g)$$
$$L(\alpha f)=\alpha L(f) \quad (\alpha\text{는 상수})$$
$$f(x)\ge 0 \text{ 이면 } L(f)\ge 0$$

를 만족할 때

$$L(f)=\int_a^b f(x)dg(x)$$

와 같이 Stieltjes적분의 꼴로 표현되는 것 밖에 없음을 보였다(**Riesz의 표현정리**). 이것은 측도란 일반적으로 연속함수 전체상의 위의 성질을 지니는 사상 $f \mapsto L(f)$ (이것을 **양인 선형범함수**(positive linear functional)라 함)로서 생각할 수 있음을 보여주고 있다. 이 관점은 그 후의 함수해석학의 발전과 더불어 아주 중요하다. 이러한 형태로 도입된 측도를 **Radon측도**라 한다.

오늘날 적분론을 전개하기 위해서는 여러 종류의 흐름이 있다. 이 책에서는 그 가운데 전통적, 표준적이라 여겨지는 것을 따랐다.

2. 확률론 적분론의 발전 가운데 잊어서는 안 될 것은 확률론과의 관련이다.

Lebesgue의 적분론이 발표된 후 Borel은 다음을 보였다(1909).

> 구간 [0,1]안의 수 x를 10진 전개하여 제n자리까지 5가 나오게 되는 수를 $k_n(x)$라 한다. 이 때 [0,1]속의 측도 0인 집합 속의 점을 제외해서
>
> $$\lim_{n\to\infty}\frac{k_n(x)}{n}=\frac{1}{10}$$
>
> 가 성립한다.

이것은 그 후 **대수의 강한 법칙**(**Borel의 의미의 대수의 법칙**(law of great number))이라 불리게 된 명제의 원형이다. 위의 사실은 확률론적인 표현으로는 다음과 같이 된다.

지금 0,1,⋯,9의 어느 것을 $\frac{1}{10}$의 확률로 취하는 시행을 생각하고 5가 나오면 $X=1$, 그 외의 경우 $X=0$ 이라 하고 확률변수 X를 정의한다. 이 시행을 독립적으로 반복하여 제n번째에서의 확률변수 X를 X_n으로 나타낸다. 이 때

$$\lim_{n\to\infty}\frac{X_1+X_2+\cdots+X_n}{n}=\frac{1}{10}$$

로 되는 확률이 1이다.

대수의 법칙은 18세기 Bernoulli(1654-1705)에 의해 확립된 것이다(1713년 사후에 발표되었다). 위의 내용은 다음과 같이 말할 수 있다.

임의의 $\epsilon > 0$ 에 대해

$$\lim_{n \to \infty} \Pr\left\{\left|\frac{X_1 + X_2 + \cdots + X_n}{n} - \frac{1}{10}\right| > \epsilon\right\} = 0$$

이것은 소위 **대수의 약한 법칙** (**Bernoulli의 뜻으로의 대수의 법칙**)이다. 여기서는 각 n에 대해

$$\left\{\left|\frac{X_1 + X_2 + \cdots + X_n}{n} - \frac{1}{10}\right| > \epsilon\right\}$$

란 사상을 생각하여 이 확률을 문제로 삼고 있다. 이에 대해 Borel은

$$Y = \lim_{n \to \infty} \frac{X_1 + X_2 + \cdots + X_n}{n}$$

란 확률변수를 생각할 수 있는 것, 그리고 $\Pr\left\{Y = \frac{1}{10}\right\} = 1$ 인 것을 주장한 것이다.

이것은 결국 확률에 대해 그 가법정리

A, B가 배반사상이면

$$\Pr\{A \cup B\} = \Pr\{A\} + \Pr\{B\}$$

의 성립을 가산개의 사상인 경우까지 요구하고

$A_1, A_2, \cdots$가 서로 배반사상일 때 그 합 사상 $\bigcup_{n=1}^{\infty} A_n$을 생각할 수 있고

$$\Pr\left\{\bigcup_{n=1}^{\infty} A_n\right\} = \sum_{n=1}^{\infty} \Pr\{A_n\}$$

와 같이 한 것에 의한 결과였다.

확률론은 이것을 계기로 대발전을 하게 되는데, 이 가산 가법성에 기초한 확률론은 **가산 확률론**이라 불렸다. 그리고 드디어 Kolmogorov는

"확률론은 공간 전체의 측도가 1로 된 측도공간의 이론이다."

라고 해, 확률론의 공리적 구성을 정의하였다(1953).

현재 확률론은 이 입장에 서서 구성되어 있고, 또 측도이론 속에서는 확률론과의 관련에 의해 발전된 것도 적지 않다. 이 책에서는 수시로 이와 같은 관련된 화제도 고찰한다.

1장의 문제

1. 구간 $[0,1]$상에서

$$f(x)=\begin{cases} \dfrac{1}{p}, & \left(x=\dfrac{q}{p}\in\mathbb{Q}\right) \\ 0, & (x\notin\mathbb{Q}) \end{cases},\quad \text{여기서 } \frac{q}{p}\text{는 기약분수}$$

와 같이 하면 $f(x)$는 Riemann적분가능하며

$$\int_0^1 f(x)dx=0$$

가 성립함을 보이고 모든 무리수에서 연속이고 유리수에서는 불연속임을 보이시오.

주의 $\chi_{\mathbb{Q}}(x)$인 경우와 비교하시오.

2. Jordan외측도와 내측도에 관해 $A\subset I$ (I는 구간) 일 때

$$\underline{m}_J(A)=|I|-\overline{m}_J(I\setminus A)$$

를 보이시오.

3. A가 구간 I속의 폐집합이면

$$m^*(A)=\overline{m}_J(A)$$

임을 보이시오.

4. (1) $m^*(A)=0$ 이면 A가 Lebesgue가측임을 보이시오.

(2) $\overline{m}_J(A)=0$ 이면 A가 Jordan가측임을 보이시오. $\overline{m}_J(A)=0$ 가 성립하기 위한 필요충분조건은 $m^*(\overline{A})=0$ 임을 보이시오. 단 $\overline{A}$는 A의 닫힘.

5. $f(x)$는 구간 $[a,b]$에서 유계함수라 하고 $[a,b]$를 n등분하여 그 세분을 $\Delta(n)$이라 하고 Darboux의 합 $\overline{S}_{\Delta(n)}$, $\underline{S}_{\Delta(n)}$을 만들면

$$\lim_{n\to\infty}\overline{S}_{\Delta(n)}=\overline{\int_a^b} f(x)dx,\quad \lim_{n\to\infty}\underline{S}_{\Delta(n)}=\underline{\int_a^b} f(x)dx$$

임을 직접 보이시오.

6. (x)를 다음과 같이 정의하고 $f(x)=\sum_{n=1}^{\infty}\frac{(nx)}{n^2}$ 라 한다.

$$(x)=\begin{cases} x-[x] & ([x]\le x<[x]+1/2) \\ 0 & (x=[x]+1/2) \\ x-[x+1] & ([x]+1/2<x\le[x+1]) \end{cases}$$

(1) $f(x)$는 분모가 짝수인 유리수에서 불연속임을 보이시오.

(2) $f(x)$는 Riemann적분 가능함을 보이시오. (Riemann의 예)

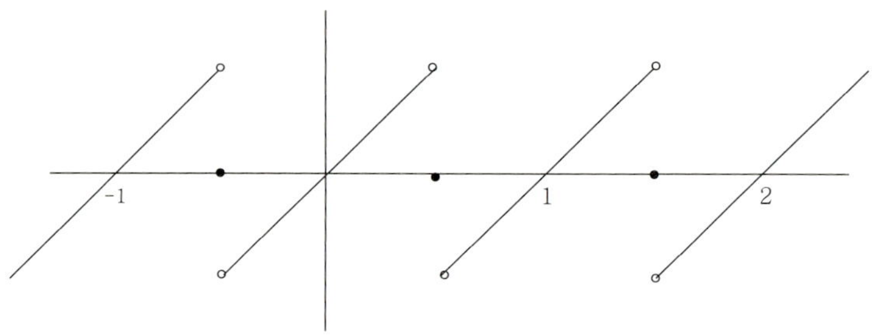

7. 다음과 같이 정의된 집합 C를 **Cantor집합**이라 한다.

$I=[0,1]$ 라 하고 I의 중점을 중심으로 한 길이 $\frac{1}{3}$인 개구간을 $J=\left(\frac{1}{3},\frac{2}{3}\right)$ 라 한다. $I\setminus J$는 두 개의 폐구간으로 되는데 그것을 왼쪽부터 I_0, I_1이라 한다.

I_i의 중점을 중심으로 한 길이 $\frac{1}{3^2}$인 개구간을 J_i를 생각한다. $I_i\setminus J_i$는 두 개의 폐구간으로 된다. 그것을 왼쪽부터 I_{i0}, I_{i1}이라 한다.

이 조작을 반복하여 $I_{i(1)i(2)\cdots i(k)}$ $(i(j)=0$ 또는 $1)$를 얻는다. k를 하나 고정하면 이 꼴의 2^k개의 폐구간이 얻어지는데 이들 구간의 합집합을 K_k라 하여 $C=\bigcap_{k=1}^{\infty}K_k$ 라 한다.

(1) Cantor집합 C는 Jordan가측이고 $m_J(C)=0$ 으로 됨을 보이시오.

(2) Cantor집합과 똑같은 구성으로 만들지만 매번 제거하는 구간의 길이를 $\frac{1}{4},\frac{1}{4^2},\cdots$라 하여 얻어진 집합 H를 **Harnack집합**이라 한다. H는 Jordan가측하지 않음을 보이고 $\overline{m}_J(H)$ 및 $\underline{m}_J(H)$를 구하시오.

(3) H는 Lebesgue가측함을 보이시오.

(4) $0<\alpha<1$ 에 대해 C를 구성할 때 k단계에서 제거하는 구간의 길이

를 $\frac{\alpha}{3^k}$로 할 때 얻어진 C_α에 대해 Lebesgue측도를 구하시오.

8. (1) C는 3진법 전개할 때 그 자리수가 0과 2밖에 나타나지 않은 수 전체로 됨을 보이시오. 즉

$$C=\left\{\frac{l(1)}{3}+\frac{l(2)}{3^2}+\cdots : l(j)=0,2,\ j=1,2,\cdots\right\}$$

(2) 구간 $[0,1]$상 정의된 다음 함수 $c(x)$를 생각한다.

$$c(x)=\begin{cases}\dfrac{1}{2} & (x\in J)\\[2ex] \dfrac{i(1)}{2}+\dfrac{i(2)}{2^2}+\cdots+\dfrac{i(k)}{2^k}+\dfrac{1}{2^{k+1}} & \\ & (x\in J_{i(1)i(2)\cdots i(k)})\end{cases}$$

$x\in C$ 인 경우 $x=\dfrac{l(1)}{3}+\dfrac{l(2)}{3^2}+\cdots$ 이므로

$$c(x)=\frac{l(1)/2}{2}+\frac{l(2)/2}{2^2}+\cdots$$

라 정의한다. 이 때 함수 c는 $[0,1]$상의 단조증가 연속함수로 됨을 보이시오.

주의 이 함수는 측도론, 적분론에서 많이 인용되는 함수이고 **Cantor함수**라 한다. 이 함수에 의해 C와 $[0,1]$사이의 일대일대응을 얻을 수 있고 C는 $\mathbb{R}$과 같은 기수를 가지는 집합임을 안다.

9. 폐집합은 Lebesgue가측임을 보이시오.

[Hint: 유계폐집합 즉 compact집합에 대해서는 Heine-Borel정리에 의해 유한개의 구간의 합집합의 교집합으로 표시할 수 있다. 일반적인 폐집합은 폐구간과의 교집합을 생각하시오.]

10. 유계구간 I에서 유계함수 $f(x)$가 Riemann적분 가능하면 Lebesgue적분 가능이고 각각의 적분값이 일치함을 보이시오.

[Hint: $\{x:|f(x)-\alpha|<\epsilon\}$에 대해 측도 0인 집합을 감안하고(1.4절 정리5), $f(x)$는 Lebesgue가측, Darboux의 합 $\overline{S}_\Delta$, $\underline{S}_\Delta$에 대해 $|\overline{S}_\Delta-\underline{S}_\Delta|<\epsilon$ 일 때 M_k, m_k를 모두 포함한 $f(x)$의 치역의 분할 $\Delta(1)$를 생각하여 이에 대한 Lebesgue의 합 $S_{\Delta(1)}$을 생각하면 $\underline{S}_\Delta \le S_{\Delta(1)} \le \overline{S}_\Delta$.]

11. $E\subset\mathbb{R}$ 가 Lebesgue가측이고 $x\in\mathbb{R}$ 에 대해 $E+x=\{y+x : y\in E\}$ 라

하면 $E+x$가 Lebesgue가측임을 보이시오.

12. $[0,1)$에서 동치관계 $\sim$를 다음과 같이 정의한다.

$$x \sim y \iff x-y \in \mathbb{Q}.$$

$x/\sim = \{y \in [0,1) : x \sim y\}$ 라 할 때 다음에 답하시오.

(1) 모든 $x,y \in [0,1)$ 에 대해

$$(x/\sim) \cap (y/\sim) = \varnothing \text{ 또는 } (x/\sim) = (y/\sim)$$

이고 $[0,1) = \bigcup\{x/\sim : x \in [0,1)\}$ 임을 보이시오.

(2) 모든 동치류 $x/\sim$에서 대표원을 택하여 얻어진 부분집합을 P라 하면 Lebesgue가측하지 않음을 보이시오.

(3) 임의의 Borel집합 $B \subset P$ 에 대해 $\mu(B)=0$ 로 됨을 보이시오.

(4) $\inf\{\mu(B) : P \subset B,\ B$는 Borel$\} = \alpha > 0$ 임을 보이시오.

13. $\mu(S)=1$ 이고 $A_1, A_2, \cdots \in \mathcal{M}$ 가 모두 $\mu(A_n)=1$ 이면 $\mu\left(\bigcap_{n=1}^{\infty} A_n\right)=1$ 임을 보이시오.

14. $\mu(S) < \infty$ 인 경우 $\{x\} \in \mathcal{M}$ 이고 $\mu(\{x\}) > 0$ 와 같은 점 $x \in S$ 는 많아야 가산개 밖에 없음을 보이시오.

15. $A_n \in \mathcal{M}$, $\sum_{n=1}^{\infty} \mu(A_n) < \infty$ 이면 $\mu\left(\limsup_{n\to\infty} A_n\right)=0$, $\mu\left(\liminf_{n\to\infty} A_n^c\right)=\mu(S)$ 임을 보이시오. (특히 $\mu(S)=1$ 인 경우 확률론에서 **Borel-Cantelli의 정리**의 일부이다.)

2 측도공간

이 장에서는 1.5절 처음 부분에서 말한 (1)--(4)에 따라 순차적으로 적분론을 전개할 장을 구성해간다. 이것은 공리적인 구성이지만 오히려 그런 꼴을 취하고 있지 않다.

적분의 정의는 1.4절의 Lebesgue의 정의와는 약간 다르지만 이 장에서의 정의는 Lebesgue의 원래 정의부터 출발하면 경우의 나누기를 생략할 수 있는 점에서 능률적이며 또 Lebesgue적분의 본질을 더욱 잘 표현하고 있다.

2.5절에서는 $\mathbb{R}$상의 Borel집합에 대해 말하였다. 이것은 2장부터 5장까지의 일반적인 이야기의 줄거리를 생각하면 조금 자세한 내용이므로 나중에 말하여야 했을지 모르나, 정리 8이 일반적인 내용을 품으므로 여기서 말하기로 하였다. 거기는 나중에 필요하게 되면 읽어도 무방하다.

2.1 가측집합

1. 이하 하나의 집합 S를 고정하여 그 속의 원소 혹은 부분집합에 대해 고찰한다. 그리고 이럴 경우 S를 **공간**, 그 원소를 **점**이라 한다.

정의 1. S의 부분집합의 모임 $\mathscr{I}$가

1° $S \in \mathscr{I}$ 및 $\varnothing \in \mathscr{I}$

2° $M_1, M_2 \in \mathscr{I}$ 이면 $M_1 \cup M_2 \in \mathscr{I}$ 및 $M_1 \cap M_2 \in \mathscr{I}$

3° $M \in \mathscr{I}$ 이면 $M^c = S \setminus M \in \mathscr{I}$

를 만족할 때 $\mathscr{I}$는 **집합대수**(algebra of sets)라 한다.

$\mathscr{I}$에 속하는 임의의 유한개의 합집합, 교집합은 다시 $\mathscr{I}$에 속하는 것은 2°부터 수학적 귀납법을 쓰면 금반 알 수 있으며, de Morgan의 법칙에 의해 $M_1 \cap M_2 = (M_1^c \cup M_2^c)^c$ 이므로 3°부터 $M_1 \cup M_2 \in \mathscr{I}$ 이면 $M_1 \cap M_2 \in \mathscr{I}$ 를 얻을 수 있다. 또 1°의 $S \in \mathscr{I}$, $\varnothing \in \mathscr{I}$ 는 한쪽이 성립하면 다른 한쪽이 성립하므로 정의 1은 중복이 있으나 오히려 대칭성을 고려하여 위와 같은 형태

로 정의해 둔다.

2. **정의 2.** S의 부분집합의 모임 $\mathscr{M}$이

1° $\mathscr{M}$은 집합대수이다

2° $M_1, M_2, \cdots \in \mathscr{M}$ 이면 $\bigcup_{n=1}^{\infty} M_n \in \mathscr{M}$, $\bigcap_{n=1}^{\infty} M_n \in \mathscr{M}$

를 만족할 때 $\mathscr{M}$은 σ-**집합대수**(σ-algebra, 또는 σ-대수)라 한다.

기호 σ는 1.2절에도 나왔듯이 가산개의 합에 대한 요구가 있을 때 붙인다.

정의 1과 2를 비교하고 고찰하면, 정의1의 1°,3° 와 정의 2의 2°가 있으면 정의 1의 2°도 자연히 만족됨을 알 수 있다 (정의 1의 2°를 정의 2의 2°로 대체한 꼴). 그것은 $M_2 = M_3 = \cdots$ 라 하면 된다. 이런 식으로 σ-집합대수의 정의를 말할 때도 있다.

정의 3. 공간 S에 수반하여 S의 부분집합으로 된 σ-집합대수 $\mathscr{M}$을 하나 생각할 때 $(S, \mathscr{M})$을 **가측공간**(measurable space)이라 하고, $\mathscr{M}$에 속한 집합을 **가측집합**($\mathscr{M}$-**가측집합**(measurable set))이라 한다.

가측공간이란 다음 절에서 하는 것처럼 이것을 기초로 측도를 도입하여 측도공간으로 하므로 그렇게 할 수 있는 공간이란 뜻이다.

성질 1. $M_1, M_2, \cdots \in \mathscr{M}$ 라 할 때

(1) $M_1' = M_1$, $M_2' = M_1 \cup M_2$, $M_3''' = M_1 \cup M_2 \cup M_3, \ldots$ 라 하면 $M_n' \in \mathscr{M}$ $(n = 1, 2, \cdots)$, $M_1' \subset M_2' \subset M_3' \subset$ 이고 $\bigcup_{n=1}^{\infty} M_n' = \bigcup_{n=1}^{\infty} M_n$.

(2) $M_1'' = M_1$, $M_2'' = M_2' \setminus M_1'$, $M_3'' = M_3' \setminus M_2', \ldots$ 라 하면 $M_n'' \in \mathscr{M}$ $(n = 1, 2, \cdots)$, $M_j'' \cap M_k'' = \varnothing$ $(j \neq k)$ 이고 $\bigcup_{n=1}^{\infty} M_n'' = \bigcup_{n=1}^{\infty} M_n$.

(3) $M_1''' = M_1$, $M_2''' = M_1 \cap M_2$, $M_3''' = M_1 \cap M_2 \cap M_3, \ldots$ 라 하면 $M_1''' \supset M_2''' \supset M_3''' \supset$ 이고 $M_n''' \in \mathscr{M}$ $(n=1,2,\ldots)$, $\bigcap_{n=1}^{\infty} M_n''' = \bigcap_{n=1}^{\infty} M_n$.

이러한 성질은 곧 알 수 있으나 나중의 계산에 간혹 쓰인다. 또

$$M_1 \subset M_2 \subset M_3 \subset \cdots,\ M = \bigcup_{n=1}^{\infty} M_n \text{ 라 할 때 단순히 } M_n \nearrow M$$

$$M_1 \supset M_2 \supset M_3 \supset \cdots,\ M = \bigcap_{n=1}^{\infty} M_n \text{ 라 할 때 단순히 } M_n \searrow M$$

라 관습적으로 표시한다.

성질 2. $M_1, M_2, \cdots \in \mathcal{M}$ 라 할 때, $n = 1, 2, \cdots$ 에 대해

$$\overline{M}_n = \bigcup_{k=n+1}^{\infty} M_k, \quad \underline{M}_n = \bigcap_{k=n+1}^{\infty} M_k$$

라 하면 $\overline{M}_n \in \mathcal{M}$, $\overline{M}_1 \supset \overline{M}_2 \supset \overline{M}_3 \supset \cdots$ 이고

$$\limsup_{n\to\infty} M_n = \bigcap_{n=1}^{\infty} \overline{M}_n$$

라 표시한다 (상극한 집합(limit superior of sets)). 즉

$$\overline{M}_n \searrow \limsup_{n\to\infty} M_n \text{ 이고 } \limsup_{n\to\infty} M_n \in \mathcal{M} \text{ 이다.}$$

또 $\underline{M}_n \in \mathcal{M}$, $\underline{M}_1 \subset \underline{M}_2 \subset \underline{M}_3 \subset \cdots$ 이고

$$\liminf_{n\to\infty} M_n = \bigcup_{n=1}^{\infty} \underline{M}_n$$

라 표시한다 (하극한 집합(limit inferior of sets)). 즉

$$\overline{M}_n \nearrow \liminf_{n\to\infty} M_n \text{ 이고 } \liminf_{n\to\infty} M_n \in \mathcal{M}$$

이다. $\limsup_{n\to\infty} M_n$은 무한히 많은 M_n에 품기는 S의 점 전체의 집합이다. 또 $\liminf_{n\to\infty} M_n$은 거의 모든 M_n(유한개를 제외하여 나머지 모든 M_n이라는 뜻)에 품기는 S의 점 전체의 집합이다. 확률론적으로 말하면, $\limsup_{n\to\infty} M_n$은 사상 $M_1, M_2, \cdots$ 중 무한히 많은 M_n이 일어난다는 사상, $\liminf_{n\to\infty} M_n$은 거의 모든 M_n이 일어난다는 사상을 표시한다.

$\limsup_{n\to\infty} M_n = \liminf_{n\to\infty} M_n$ 이라 할 때 $\lim_{n\to\infty} M_n$으로 표시하고 $M_1, M_2, \cdots$의 **극한집합**(limit set)이라 한다.

정리 1. 공간 S의 임의의 집합의 모임 $\mathfrak{R}$에 대해 $\mathfrak{R}$를 품는 최소의 σ-집합대수가 존재한다. 이것을 $\mathfrak{R}$부터 **생성된 σ-집합대수**(σ-algebra of set generated by $\mathfrak{R}$)라 한다.

증명 $\mathfrak{R}$를 품는 σ-집합대수는 존재한다(예를 들어 S의 부분집합 전체). 지금

$$\mathcal{E}=\{\mathcal{M} : \mathcal{M}\text{은 } \sigma\text{-집합대수이고 } \mathfrak{R}\subset\mathcal{M}\}$$

라 하고 $\mathcal{M}_0=\cap\{\mathcal{M} : \mathcal{M}\in\mathcal{E}\}$ 라 하면 σ-집합대수로 됨은 정의의 조건을 일일이 확인함으로서 알 수 있다. 정의 2의 2° 만 확인해 보자.

$M_1, M_2, \cdots \in\mathcal{M}_0$ 라 하면 $\mathcal{M}\in\mathcal{E}$ 일 때, $\mathcal{M}_0\subset\mathcal{M}$ 부터 $M_1, M_2, \cdots \in\mathcal{M}$. $\mathcal{M}$은 σ-집합대수이므로 $\bigcup_{n=1}^{\infty} M_n\in\mathcal{M}$. 이것이 모든 $\mathcal{M}\in\mathcal{E}$ 에 대해 성립하므로

$$\bigcup_{n=1}^{\infty} M_n\in\cap\{\mathcal{M} : \mathcal{M}\in\mathcal{E}\}=\mathcal{M}_0.$$

다음 $\mathcal{M}_0$는 $\mathfrak{R}$을 품는 σ-집합대수이며 또 $\mathfrak{R}$을 품는 임의의 σ-집합대수 $\mathcal{M}$에 대해 $\mathcal{M}_0\subset\mathcal{M}$ 이므로 $\mathcal{M}_0$는 $\mathfrak{R}$을 품는 σ-집합대수 중 최소이다. □

2.2 측도

1. 가측집합을 생각했기 때문에 다음으로 측도를 도입하는 차례이다.

정의 4. 가측공간 $(S,\mathscr{M})$이 주어졌을 때, 모든 $M\in\mathscr{M}$ 에 대해 값을 대응시키는 다음과 같은 함수 μ를 $\mathscr{M}$상의 **측도**(measure)라 한다.

1° $M\in\mathscr{M}$ 에 대해 $0\le\mu(A)\le\infty$.

2° $\mu(\varnothing)=0$.

3° $M_1, M_2, \cdots\in\mathscr{M}$, $M_j\cap M_k=\varnothing$ $(j\neq k)$ 라 하면

$$\mu\left(\bigcup_{n=1}^{\infty}M_n\right)=\sum_{n=1}^{\infty}\mu(M_n)\qquad(\text{측도의 }\sigma\text{-가법성(additivity)})$$

측도가 도입된 공간 $(S,\mathscr{M},\mu)$를 **측도공간**(measure space)이라 한다. $\mathscr{M}$이 앞뒤의 내용부터 분명하거나 또는 특히 $\mathscr{M}$에 대해 특정할 필요가 없을 경우, S는 측도공간이라고도 말할 때가 있다. 또

$\mu(S)<\infty$ 일 때 μ를 **유한측도**(finite measure), S를 **유한측도공간**

$\mu(S)=1$ 일 때 μ를 **확률측도**(probability measure), S를 **확률측도공간**

이라 한다. $S_1, S_2, \cdots\in\mathscr{M}$ 가 존재하여

$$\mu(S_n)<\infty,\quad(n=1,2,\cdots),\quad S=\bigcup_{n=1}^{\infty}S_n$$

와 같이 될 때 μ를 **σ-유한 측도**라 한다.

예 1. $\mathbb{R}$상의 Lebesgue측도는 σ-유한 측도이다.

예 2. 임의의 집합 S에서 $a_0\in S$ 를 고정하여 $A\subset S$ 에 대해

$$\mu(A)=\begin{cases}1, & (a_0\in A)\\ 0, & (a_0\notin A)\end{cases}$$

라 정의하면 S의 모든 부분집합 전체 상에서 정의된 측도를 얻을 수 있다. 이것을 a_0에 질량을 가진 **단위 질량분포**, 또는 **Dirac측도**라 한다.

이것을 일반화하여 $s_\lambda\in S$ $(\lambda\in\Lambda)$ 에 각각 질량 m_λ를 주고

$$\mu(A)=\sum_{\lambda\in\Lambda:\,s_\lambda\in A}m_\lambda$$

라 하면 역시 S의 모든 부분집합 전체 상에서 정의된 측도를 얻을 수 있다. 이것을 $s_\lambda \in S$ $(\lambda \in \Lambda)$ 에 질량을 가진 **이산적 측도**(discrete measure)라 한다.

이에 반해 S의 한 점으로 된 집합(그것이 가측이면)은 반드시 측도가 0일 때 **연속적 측도**(continuous measure)라 한다.

주의 ∞에 대해 보통의 상식적인 산법을 하지만 $\infty - \infty$ 등은 무의미이며 정의되지 않다.

2. 이하 M이라 쓰면 $M \in \mathcal{M}$ 라 한다.

성질 3. $M_1 \subset M_2$ 이면 $\mu(M_1) \le \mu(M_2)$.

증명 $M_2 = M_1 \cup (M_2 \setminus M_1) \cup \varnothing \cup \varnothing \cup \cdots$, $M_1 \cap (M_2 \setminus M_1) = \varnothing$ 이므로

$$\begin{aligned}\mu(M_2) &= \mu(M_1) + \mu(M_2 \setminus M_1) + \mu(\varnothing) + \mu(\varnothing) + \cdots \\ &= \mu(M_1) + \mu(M_2 \setminus M_1) \ge \mu(M_1)\end{aligned}$$

□

성질 4. $M_1 \subset M_2$, $\mu(M_1) < \infty$ 이면

$$\mu(M_2 \setminus M_1) = \mu(M_2) - \mu(M_1).$$

증명 성질3의 계산 중 $\mu(M_2) = \mu(M_1) + \mu(M_2 \setminus M_1)$ 이고 $\mu(M_1) < \infty$ 이므로 양변에서 $\mu(M_1)$를 빼면 됨. □

성질 5. $\mu(M_1 \cup M_2) + \mu(M_1 \cap M_2) = \mu(M_1) + \mu(M_2)$.

증명 $\mu(M_1) = \infty$ 이면 $M_1 \subset M_1 \cup M_2$ 이므로 $\mu(M_1 \cup M_2) = \infty$. 고로 양변 $= \infty$. $\mu(M_1) < \infty$ 이면 $M_1 \supset M_1 \cap M_2$ 이므로 $\mu(M_1 \cap M_2) < \infty$. 또

$$(M_1 \cup M_2) \setminus M_1 = M_2 \setminus (M_1 \cap M_2)$$

이므로 성질 4부터

$$\begin{aligned}\mu(M_1 \cup M_2) - \mu(M_1) &= \mu((M_1 \cup M_2) \setminus M_1) \\ &= \mu(M_2 \setminus (M_1 \cap M_2)) = \mu(M_2) - \mu(M_1 \cap M_2)\end{aligned}$$

양변에 유한인 값 $\mu(M_1) + \mu(M_1 \cap M_2)$를 더하면 준 식을 얻는다. □

성질 6. $\mu\left(\bigcup_{n=1}^{\infty} M_n\right) \le \sum_{n=1}^{\infty} \mu(M_n)$.

증명 2.1절의 2의 성질1(2)의 변형으로

$$M_n'' = M_n' \setminus M_{n-1}' = \bigcup_{k=1}^{n} M_k \setminus \bigcup_{k=1}^{n-1} M_k$$
$$= M_n \setminus \left(M_n \cap \bigcup_{k=1}^{n-1} M_k \right) \subset M_n$$

이므로 $\mu\left(\bigcup_{n=1}^{\infty} M_n\right) = \mu\left(\bigcup_{n=1}^{\infty} M_n''\right) = \sum_{n=1}^{\infty} \mu(M_n'') \le \sum_{n=1}^{\infty} \mu(M_n)$. □

성질 7. (1) $M_1 \subset M_2 \subset \cdots$ 이면 $\mu\left(\bigcup_{n=1}^{\infty} M_n\right) = \lim_{n\to\infty} \mu(M_n)$.

(2) $M_1 \supset M_2 \supset \cdots$, $\mu(M_1) < \infty$ 이면 $\mu\left(\bigcap_{n=1}^{\infty} M_n\right) = \lim_{n\to\infty} \mu(M_n)$.

증명 (1) $\mu(M_n) = \infty$ 인 M_n이 있으면 양변$=\infty$. 모든 $n = 1, 2, \cdots$ 에 대해 $\mu(M_n) < \infty$ 이면 2.1절의 2의 성질1(2)의 변형으로 $M_n'' = M_n \setminus M_{n-1}$ 이므로

$$\mu\left(\bigcup_{n=1}^{\infty} M_n\right) = \mu\left(\bigcup_{n=1}^{\infty} M_n''\right) = \sum_{n=1}^{\infty} \mu(M_n'') = \lim_{n\to\infty} \sum_{k=1}^{n} \mu(M_k'')$$
$$= \lim_{n\to\infty} \sum_{k=1}^{n} (\mu(M_k) - \mu(M_{k-1})) = \lim_{n\to\infty} \mu(M_n).$$

(2) $M_1 \setminus M_2 \subset M_1 \setminus M_3 \subset \cdots$ 이므로

$$\mu(M_1) - \mu\left(\bigcap_{n=1}^{\infty} M_n\right) = \mu\left(M_1 \setminus \bigcap_{n=1}^{\infty} M_n\right)$$
$$= \mu\left(\bigcup_{n=1}^{\infty} (M_1 \setminus M_n)\right) = \lim_{n\to\infty} \mu(M_1 \setminus M_n)$$
$$= \lim_{n\to\infty} (\mu(M_1) - \mu(M_n)) = \mu(M_1) - \lim_{n\to\infty} \mu(M_n).$$ □

성질 8. (1) $\mu\left(\liminf_{n\to\infty} M_n\right) \le \liminf_{n\to\infty} \mu(M_n)$.

(2) $\mu\left(\bigcup_{n=1}^{\infty} M_n\right) < \infty$ 이면 $\mu\left(\limsup_{n\to\infty} M_n\right) \ge \limsup_{n\to\infty} \mu(M_n)$.

증명 2.1절의 2의 성질2에서의 기호를 쓰면

(1) $\underline{M}_n = \bigcap_{k=n}^{\infty} M_k \subset M_n$ 부터 $\mu(\underline{M}_n) \le \mu(M_n)$. 또 $\underline{M}_n \nearrow \limsup_{n\to\infty} M_n$ 부터

$$\mu\left(\liminf_{n\to\infty} M_n\right) = \lim_{n\to\infty}\mu(\underline{M}_n) \le \liminf_{n\to\infty}\mu(M_n).$$

(2) $\overline{M}_n = \bigcup_{k=n}^{\infty} M_k \supset M_n$ 부터 $\mu(\overline{M}_n) \ge \mu(M_n)$. 또 $\overline{M}_n \searrow \limsup_{n\to\infty} M_n$ 부터

$$\mu\left(\limsup_{n\to\infty} M_n\right) = \lim_{n\to\infty}\mu(\overline{M}_n) \ge \limsup_{n\to\infty}\mu(M_n). \qquad \square$$

3. 정의 5. 측도공간 $(S, \mathcal{M}, \mu)$가

$N \in \mathcal{M}$, $\mu(N) = 0$ 이면 N의 모든 부분집합이 $\mathcal{M}$에 속하다

는 조건을 갖출 때 **완비**(complete) **측도공간**, μ를 **완비측도**라 한다.

이것도 Lebesgue측도가 가지는 하나의 성질을 말한 것이다. 임의로 측도를 생각할 때 일반적으로 이 성질을 가지는 것이 아니다. 그래서 임의로 측도공간 $(S, \mathcal{M}, \mu)$에 대해, $\mathcal{M}$를 적당히 확장하여 $\overline{\mathcal{M}}$라 하여 측도 $\overline{\mu}$를 그 위에서 정의하고 $(S, \overline{\mathcal{M}}, \overline{\mu})$가 완비 측도공간으로 되게 하는 것이 하나의 문제로 된다. 이 측도의 완비화에 대해 4.2절 2에서 논한다.

2.3 가측함수

1. 다음으로 생각하는 것은 적분을 정의하기에 알맞은 함수를 정하는 것이다.

S상의 실수값 함수 $f(s)$에 대해 실수 α에 대해

$$\{f \geq \alpha\} = \{s : f(s) \geq \alpha\}$$

등의 생략한 표시법을 쓰자. $\{f < \alpha\}$, $\{\alpha < f \leq \beta\}$ 등과 같이 쓰기로 한다. 또 함수값으로는 $\pm\infty$도 생각한다.

정의 6. $(S, \mathscr{M})$을 가측공간이라 할 때, S상의 실수값 함수($\pm\infty$도 허용) $f(s)$에 대해, 임의의 $\alpha \in \mathbb{R}$ 에 대해

$$\{f \geq \alpha\}, \quad \{f > \alpha\}, \quad \{f \leq \alpha\}, \quad \{f < \alpha\} \tag{1}$$

가 모두 항상 $\mathscr{M}$에 속할 때 $f(s)$를 **가측함수**(measurable function)($\mathscr{M}$-**가측함수**)라 한다.

이 정의에서는 네 종류의 꼴인 집합이 모두 $\mathscr{M}$에 속하기를 요구하였으나, 실은 어느 것 하나만 만족하면 된다. 예를 들어 $\{f \geq \alpha\} \in \mathscr{M}$ 가 모든 $\alpha \in \mathbb{R}$ 에 대해 성립한다 하자. 그러면

$$\{f > \alpha\} = \bigcup_{n=1}^{\infty} \left\{f \geq \alpha + \frac{1}{n}\right\}$$

$$\{f \leq \alpha\} = \{f > \alpha\}^c$$

$$\{f < \alpha\} = \{f \geq \alpha\}^c$$

이므로 나머지 세 종류의 꼴인 집합도 $\mathscr{M}$에 속하게 되기 때문이다.

2. 성질 9. $f(s)$, $g(s)$가 가측함수이면

$$f \pm g, \quad cf \ (c\text{는 상수}), \quad fg, \quad \frac{1}{f}, \quad \frac{g}{f}$$

도 가측이다. 단 $f(s) + g(s)$ 등에서 $\infty + (-\infty)$ 등이 되고 함수값이 정의되지 않을 때 함수값을 일정한 값, 예를 들어 0으로 해 둔다. 또 $0 \cdot \infty = 0$ 라 한다(이 약속은 항상 지킨다).

증명 모든 유리수의 집합 $\mathbb{Q}$는 가산집합이다. 그리고 $f(s) + g(s) > \alpha$ 가 성립하는 것이 $f(s) > \alpha - g(s)$, 따라서 $f(s) > r > \alpha - g(s)$ 와 같은 $r \in \mathbb{Q}$ 이 존재하는 것과 같은 것이므로

$$\begin{aligned}\{f+g>\alpha\} &= \{s : f(s)+g(s)>\alpha\} \\ &= \{s : f(s) > \alpha - g(s)\} \\ &= \bigcup_{r\in\mathbb{Q}} [\{s : f(s)>r\}\cap\{s : r>\alpha-g(s)\}] \\ &= \bigcup_{r\in\mathbb{Q}} [\{f>r\}\cap\{g>\alpha-r\}]\end{aligned}$$

이 우변은 가측집합이다. ($f(s)=\infty$, $g(s)=-\infty$ 로 되는 경우는 별도로 생각해야 되지만 이러한 집합은 가측임을 쉽게 확인할 수 있으므로 이후 일일이 주의하지 않다.)

다음 $\alpha \geq 0$ 일 때

$$\begin{aligned}\{fg>\alpha\} &= \left[\{g>0\}\cap\left\{f>\frac{\alpha}{g}\right\}\right]\cup\left[\{g<0\}\cap\left\{f<\frac{\alpha}{g}\right\}\right] \\ &= \bigcup_{r\in\mathbb{Q},\, r>0}\left(\left[\{f>r\}\cap\left\{g>\frac{\alpha}{r}\right\}\right]\cup\left[\{f<-r\}\cap\left\{g<-\frac{\alpha}{r}\right\}\right]\right)\end{aligned}$$

$\alpha < 0$ 일 때

$$\{fg>\alpha\}=\{f\neq 0,\, g\neq 0,\, fg>\alpha\}\cup\{f=0\}\cup\{g=0\}$$

이고 $\{f\neq 0, g\neq 0, fg>\alpha\}$는 위와 같은 계산을 할 수 있으므로 fg는 가측이다.

상수함수는 가측이므로 cf는 가측이다. $-g=(-1)g$ 도 가측이고 $f-g$ 역시 가측이다.

다음 $\alpha \geq 0$ 일 때 $\left\{\frac{1}{f}>\alpha\right\}=\left\{0\leq f<\frac{1}{\alpha}\right\}$,

$\alpha<0$ 일 때 $\left\{\frac{1}{f}>\alpha\right\}=\{f\geq 0\}\cup\left\{f<\frac{1}{\alpha}\right\}$

이므로 $\frac{1}{f}$는 가측이다 ($\frac{1}{0}=\infty$ 라 했다). 또 $\frac{g}{f}=g\cdot\frac{1}{f}$ 도 가측이다 ($\frac{\infty}{\infty}=1$, $\frac{-\infty}{\infty}=1$ 등과 같이 적당히 값을 부여하여). □

성질 10. $f(s)$, $g(s)$가 가측함수, $c, d\in\mathbb{R}$ 이면

$|f| : |f|(s)=|f(s)|$

$f\vee g : (f\vee g)(s)=\max\{f(s), g(s)\}$

$f\wedge g : (f\wedge g)(s)=\min\{f(s), g(s)\}$

$f^+ : f^+(s)=\max\{f(s),0\}=\begin{cases} f(s), & (f(s)\geq 0) \\ 0, & (f(s)<0)\end{cases}$ (f의 **양의 부분**)

$$f^-: f^-(s) = \max\{-f(s), 0\} = \begin{cases} 0, & (f(s) \geq 0) \\ -f(s), & (f(s) < 0) \end{cases} \qquad (f\text{의 } \textbf{음의 부분})$$

$$[f]_c: [f]_c(s) = \begin{cases} f(s), & (f(s) \geq c) \\ c, & (f(s) < c) \end{cases}$$

$$[f]^d: [f]^d(s) = \begin{cases} d, & (f(s) \geq d) \\ f(s), & (f(s) < d) \end{cases}$$

$$[f]_c^d [f]_c^d(s) = \begin{cases} d, & (f(s) > d) \\ f(s), & (c \leq f(s) \leq d) \\ c, & (f(s) < c) \end{cases} \qquad (\text{단 } c < d)$$

도 가측함수이다. 이들에 대해

$$f = f^+ - f^-, \quad |f| = f^+ + f^-$$

$$f^+ = f \vee 0 = [f]_0 = \frac{|f| + f}{2}, \quad f^- = (-f)^+$$

$$f \vee g = f + (g - f)^+$$

$$f \wedge g = g - (g - f)^- = -(-f) \vee (-g)$$

$$f \vee g + f \wedge g = f + g$$

$$[f]_c = f \vee c, \quad [f]^d = f \wedge d$$

와 같은 관계가 있다.

증명 $\{f \vee g > \alpha\} = \{f > \alpha\} \cup \{g > \alpha\}$, $\{f \wedge g > \alpha\} = \{f > \alpha\} \cap \{g > \alpha\}$ 이므로 $f \vee g$, $f \wedge g$가 가측함수이다. 나머지는 위의 관계식과 성질 9부터 확인할 수 있다. □

3. 다음으로 가측함수열의 극한에 대해 고찰하자.

성질 11. $f_1(s), f_2(s), \cdots$ 가 가측함수이면

$$\sup_n f_n, \quad \inf_n f_n, \quad \limsup_{n\to\infty} f_n, \quad \liminf_{n\to\infty} f_n$$

도 가측함수이다. 특히 $\lim_{n\to\infty} f_n$가 존재하면 $\lim_{n\to\infty} f_n$는 가측함수이다.

증명 $\{\sup f_n \leq \alpha\} = \bigcap_{n=1}^{\infty} \{f_n \leq \alpha\}$ 부터 $\sup f_n$ 는 가측이다. $\inf f_n = -\sup(-f_n)$ 도 가측이다.

$$\limsup_{n\to\infty} f_n = \inf_n (\sup_k f_{n+k})$$

$$\liminf_{n\to\infty} f_n = \sup_n (\inf_k f_{n+k})$$

이므로 이들은 모두 가측이다. □

정리 2. $f_1(s), f_2(s), \cdots$가 가측함수이면

$$\{s : \lim_{n\to\infty} f_n(s)\text{가 존재}\} \tag{2}$$

는 가측집합이다.

증명 $\lim_{n\to\infty} f_n(s)$가 존재하고 유한이기 위해서는 $f_1(s), f_2(s), \cdots$가 Cauchy 수열이 되는 것이다. 따라서

$$\text{임의의 } \epsilon > 0 \text{ 에 대해 어떤 } l \in \mathbb{N} \text{ 이 존재하고}$$
$$\text{모든 } m, n \geq l \text{ 을 만족하는 } m, n \in \mathbb{N} \text{ 에 대해 } |f_n(s) - f_m(s)| < \epsilon$$

를 만족하는 것이다. 여기서 $\epsilon = \dfrac{1}{k}$ $(k = 1, 2, \cdots)$ 를 생각하면 이런 s의 집합

$$\{s : \lim_{n\to\infty} f_n(s)\text{가 존재하고 유한}\} = \bigcap_{k=1}^{\infty} \bigcup_{l=1}^{\infty} \bigcap_{m,n=l}^{\infty} \left\{s : |f_n(s) - f_m(s)| < \frac{1}{k}\right\}$$

로 된다. 그러므로 가측이다. 또

$$\{s : \lim_{n\to\infty} f_n(s) = \infty\} = \bigcap_{k=1}^{\infty} \bigcup_{l=1}^{\infty} \bigcap_{n=l}^{\infty} \{s : f_n(s) \geq k\}$$

$$\{s : \lim_{n\to\infty} f_n(s) = -\infty\} = \bigcap_{k=1}^{\infty} \bigcup_{l=1}^{\infty} \bigcap_{n=l}^{\infty} \{s : f_n(s) \leq -k\}$$

이므로 이들도 가측이다. 고로 (2)의 집합은 이들 세 개의 합집합이므로 가측집합. □

주의 3.6절, 1에서 확률론의 입장으로 되는데, 이 때, 가측집합을 사상, 가측함수를 확률변수라 생각하게 된다. 따라서 정리 2는 확률변수의 열 $X_1, X_2, \cdots$에 대해 "이것이 수렴한다"란 사상을 생각할 수 있음을 보여주고 있다.

정의 7. 공간 S상의 함수로 유한개의 값밖에 취하지 않은 함수를 **단순함수**(simple function)라 한다. 또 집합 A에 대해 다음 함수를 A의 특성함수라 한다.

$$\chi_A(s) = \begin{cases} 1, & (s \in A) \\ 0, & (s \notin A) \end{cases}$$

단순함수는 몇 개의 집합의 특성함수의 선형결합이다. 즉

$$\{f(s) : s \in S\} = \{c_1, c_2, \cdots, c_n\}$$

라 하고 $S_k = \{s : f(s) = c_k\}$ 라 하면 $f = \sum_{k=1}^{n} c_k \chi_{S_k}$ 이다. 만약 가측공간에서 단순 가측함수에 대해서는 S_k는 가측집합이다.

정리 3. 가측공간 $(S, \mathscr{M})$에서 $f(s)$가 음 아닌 가측함수이면, 단순 가측함수의 열 $f_1(s), f_2(s), \cdots$로

$$f_n \geq 0, \quad (n = 1, 2, \cdots), \quad f_n \nearrow f$$

인 것이 존재한다.

증명 $f_n(s) = \begin{cases} \dfrac{k-1}{2^n}, & \left(\dfrac{k-1}{2^n} \leq f(s) < \dfrac{k}{2^n}, k = 1, 2, \cdots, 2^{2n}\right) \\ 2^n, & (f(s) \geq 2^n) \end{cases}$

라 잡으면 된다. □

2.4 적분

1. 이상으로 적분을 정의하는 준비가 끝났으므로 적분을 정의하자.

$(S, \mathcal{M}, \mu)$를 측도공간이라 하자. Lebesgue는 가측함수 $f(s)$의 적분을 정하기 위해 우선 μ가 유한측도이고 f가 유계인 경우에, 1.4절, 4에서 보여주었듯이 $f(s)$의 치역을 분할하여 근사합을 만들고, 그 극한으로 적분을 생각하고 그것부터 순차적으로 일반적인 경우에 확장해간다, 란 방법을 취했다. 이 방법은 아주 수고스럽고 우리는 더욱 간편한 방법을 따른다. 그것은 Riemann적분의 경우에 관찰한 Darboux의 합(→1.2절,2)을 쓴 것이다. Darboux는 상합, 하합을 썼으나, 이것은 대상으로 한 함수를 한정하지 않았기 때문에 필요한 것이었다. 우리는 가측함수에만 한정하기 때문에 약간 고찰이 간편해진다(지금까지 세 절에 걸쳐서 해온 수속은 이것을 위해서였다).

정의 8. $(S, \mathcal{M}, \mu)$를 측도공간이라 하자. $f(s)$가 음 아닌 가측함수라 할 때, $f(s)$의 **적분**(측도 μ에 관한 적분)

$$\int f(s) d\mu(s) \quad \text{또는 간단히} \quad \int f d\mu \tag{3}$$

를 다음과 같이 정의한다.

지금 $\mathfrak{I}$를 $\mathcal{M}$의 서로 소인 유한개의 집합으로 된 모임

$$\mathfrak{I} = \{A_1, A_2, \cdots, A_q\} \subset \mathcal{M}, \ A_j \cap A_k = \varnothing \ (j \neq k) \tag{4}$$

이라 하고 이것에 대해

$$f(A_k) = \inf\{f(s) : s \in A_k\} \tag{5}$$

라 놓고 합

$$\Sigma_{\mathfrak{I}}(f) = \sum_{k=1}^{q} f(A_k) \mu(A_k) \tag{6}$$

를 만든다. ($0 \cdot \infty = 0$ 이라 한다. →2.3절, 2의 성질 9) 그리고 $\mathfrak{I}$의 모든 선택에 대한 $\Sigma_{\mathfrak{I}}$의 상한을 $f(s)$의 적분으로 정의한다.

$$\int f d\mu = \sup\{\Sigma_{\mathfrak{I}}(f) : \mathfrak{I}\} \tag{7}$$

적분값은 ∞가 될 수도 있으나, 특히 유한이 될 때 f는 **적분가능**(integrable)이라 한다.

위의 (4)에서 $A = \bigcup_{k=1}^{q} A_k = S$ 일 때는 $\mathfrak{I}$는 S의 분할이지만, 오히려 그렇

게 한정하지 않은 것이 나중을 위해 이롭다. $A \neq S$ 일 때는 $S \setminus A$를 추가해 주면 S의 분할을 얻을 수 있고 그 때 (6)의 값은 증가하므로 (7)의 값을 생각하는데 아무런 지장이 없다 (적분을 아래로 평가할 것이 문제로 될 것이 많으므로).

정의 9. 일반적인 가측함수 $f(s)$에 대해서는 $f = f^+ - f^-$ 라 하여

$$\int f^+ d\mu - \int f^- d\mu$$

를 생각한다. 이것이 $\infty - \infty$와 같은 꼴이 되지 않으면 f는 **적분을 가진다**고 하고

$$\int f d\mu = \int f^+ d\mu - \int f^- d\mu$$

와 같이 정의한다. 만약 이 값이 유한일 때 f는 **적분가능**(integrable)이라 한다.

적분의 성질은 다음 장에서 조사하지만 합의 공식을 쓰면 $|f| = f^+ + f^-$ 부터

$$\int |f| d\mu = \int f^+ d\mu + \int f^- d\mu$$

이므로

$$f\text{가 적분가능} \Leftrightarrow f^+, f^-\text{가 적분가능} \Leftrightarrow |f|\text{가 적분가능}$$

로 된다.

정리 4. 가측함수 f에 대해 f가 적분가능이기 위해 $|f|$가 적분가능임이 필요충분하다.

2. 정의 10. A가 가측집합일 때 A상의 적분을

$$\int_A f d\mu = \int \chi_A \cdot f d\mu$$

에 의해 정의한다.

이것은 $f \geq 0$ 일 때 정의 8 중 $\mathfrak{I}$를 A에 포함되는 유한개의 집합으로만 이루어진 모임이라 하고 (6),(7)의 과정을 밟아 만든 것과 같은 것이다. 일반적인 경우는 $\int_A |f| d\mu = \int_A f^+ d\mu + \int_A f^- d\mu$ 라 정한 것과 같게 된다.

2.5 Borel측도와 Lebesgue측도[1)]

1. 여기서 다시 수직선의 경우에 돌아가서 1.3절, 3에서 말한 Borel측도에 대한 정밀한 의논을 하자. 이것은 측도에 관한 화제를 진행하는 데 중요한 요점을 몇 개 가지고 있다.

이하 수직선 $\mathbb{R}$ 위에서 이야기가 진행되지만 이 의논은 $\mathbb{R}^l$ 안에서도 똑같이 할 수 있다.

정의 11. 수직선 $\mathbb{R}$ 속의 개구간 전체를 $\mathscr{I}$라 할 때 $\mathscr{I}$부터 생성된 σ-집합대수 $\mathscr{B}$를 $\mathbb{R}$의 **Borel집합대수**(Borel family), $A \in \mathscr{B}$ 를 **Borel집합**이라 한다.

폐구간 $[a, b]$는 $(\mathbb{R} \setminus (-\infty, a)) \cap (\mathbb{R} \setminus (b, \infty))$ 와 같이 쓸 수 있으므로 모두 $\mathscr{B}$에 속하며 따라서 $\mathscr{B}$는 $\mathbb{R}$속의 구간 전체에서 생성된 σ-집합대수라 해도 무방하다.

어떤 집합이 Borel집합인지 알아보기 위해 다음 정리부터 시작한다.

정리 5. 개집합 $O \subset \mathbb{R}$ 는 많아야 가산개의 서로 소인 개구간의 합집합이다.

증명 $O = \varnothing$ 이면 문제는 없다 (0개의 개구간의 합집합).

$a \in O$ 라 한다. O는 개집합이므로 적당히 $\epsilon > 0$ 를 잡으면 개구간 $(a-\epsilon, a+\epsilon) \subset O$ 와 같이 된다. 지금 $a \in J = (\alpha, \beta) \subset O$ 를 만족한 개구간 J의 전체를 $\mathscr{I}_a$라 하고

$$a^l = \inf\{\alpha : (\alpha, \beta) \in \mathscr{I}_a\}, \quad a^r = \sup\{\beta : (\alpha, \beta) \in \mathscr{I}_a\}$$

라 한다. 이 때 $a \in (a^l, a^r) \subset O$ 이며 개구간 (a^l, a^r)는 $\mathscr{I}_a$ 중 최대임을 보이자.

정의에 의해 $a \in (a^l, a^r)$ 는 분명하다. $x \in (a^l, a^r)$ 이면 $a^l < x < a^r$ 이므로 $\alpha_1 < x$ 를 만족하는 $(\alpha_1, \beta_1) \in \mathscr{I}_a$ 와 $x < \beta_2$ 를 만족하는 $(\alpha_2, \beta_2) \in \mathscr{I}_a$ 가 존재한다. 이 때 $(\alpha_1, \beta_1) \subset O$, $(\alpha_2, \beta_2) \subset O$ 이므로 $(\alpha_1, \beta_2) \subset O$ 이다. 고로 $x \in (\alpha_1, \beta_2) \subset O$. 즉 $(a^l, a^r) \subset O$. 다음 $(\alpha, \beta) \in \mathscr{I}_a$ 라 하면 정의에 의해 $a^l \leq \alpha < \beta \leq a^r$. 즉 $(\alpha, \beta) \subset (a^l, a^r)$. 따라서 개구간 (a^l, a^r)는 $\mathscr{I}_a$ 중 최대.

---

1) 이 절은 그 내용이 필요하게 될 때까지 생략해도 된다 (주로 6장 이후).

다음 $a_1, a_2 \in O$ 라 하면 (a_1^l, a_1^r), (a_2^l, a_2^r)에 대해

$$(a_1^l, a_1^r) = (a_2^l, a_2^r) \text{ 또는 } (a_1^l, a_1^r) \cap (a_2^l, a_2^r) = \varnothing$$

임을 보이자. $(a_1^l, a_1^r) \cap (a_2^l, a_2^r) \neq \varnothing$ 이면 여기서 점 $a \in (a_1^l, a_1^r) \cap (a_2^l, a_2^r)$ 를 잡을 때 $a \in (a_1^l, a_1^r) \cap (a_2^l, a_2^r) \subset O$ 이므로 $(a_1^l, a_1^r) \subset (a^l, a^r)$. 따라서 $a_1 \in (a^l, a^r) \subset O$. 고로 $(a^l, a^r) \in \mathcal{I}_{a_1}$ 이고 $(a^l, a^r) \subset (a_1^l, a_1^r)$. 즉 $(a^l, a^r) = (a_1^l, a_1^r)$. 같은 방법으로 $(a^l, a^r) = (a_2^l, a_2^r)$. 고로 $(a_1^l, a_1^r) = (a_2^l, a_2^r)$.

이렇게 얻은 개구간의 서로 다른 것은 많아야 가산이다. 실제 $n = 1, 2, \cdots$ 라 하고 구간 $(-n, n)$에 품기는 (a^l, a^r)와 같은 꼴의 구간은 서로 소이므로, 그 길이가 ≥ 1 인 것은 많아야 $2n$개, 길이가 $\geq 2^{-1}$ 인 것은 많아야 $4n$개, $\cdots$, 길이가 $\geq 2^{-k}$ 인 것은 많아야 $2^{n+1}n$개와 같이 유한개 밖에 없다. 고로 이들을 다 생각해도 가산이고, 각 n에 대해 이와 같이 생각하여 전부 생각해도 가산이다. 무한구간은 많아야 2개이므로, 전부 생각해도 가산이다.

고로 O는 많아야 가산개의 서로 소인 개구간의 합집합으로

$$O = (a_1^l, a_1^r) \cup (a_2^l, a_2^r) \cup \cdots = \bigcup_{n=1}^{\infty} (a_n^l, a_n^r)$$

와 같이 표시할 수 있다. □

개구간은 개집합이므로 정리 5에 의해

A. Borel집합대수는 개집합의 전체를 품는 최소의 σ-집합대수이다.

개집합의 여집합은 폐집합, 폐집합의 여집합은 개집합이므로

B. Borel집합대수는 폐집합의 전체를 품는 최소의 σ-집합대수이다.

개집합을 임의개 합집합을 취해도 개집합이지만, 교집합을 취해도 개집합으로 되는 보장이 없다(→정리 6). 여기서 가산개의 개집합들의 교집합으로 된 집합을 G_δ**집합**이라 한다(G는 Gebiet(독일어)부터 유래한다). 똑같이 가산개의 폐집합들의 합집합으로 된 집합을 F_σ**집합**이라 한다(F는 fermé(불어)부터 유래한다). 더구나 가산개의 G_δ집합들의 합집합을 $G_{\delta\sigma}$, 가산개의 F_σ집합들의 교집합을 $F_{\sigma\delta}$, 이하 똑같이 $G_{\delta\sigma\delta}$, $F_{\sigma\delta\sigma}$, $\cdots$ 라 한다. 이렇게 해서 $\mathcal{B}$전

체가 이런 꼴인 것으로 이루어졌으면 간단하지만, 그렇지 않다. 이러한 조작부터 얻어진 것부터 출발하여 또 가산개의 교집합, 가산개의 합집합, … 와 같이 반복해 가지 않으면 안 된다. 이것은 아주 복잡한 수속이다. 1.3절, 3에서 말한 것처럼 Borel은 이것을 간단하게 생각하였으나, 20세기 초의 4반세기동안 Lebesgue를 비롯한 많은 연구자에 의해 그 구조가 점점 밝혀져 갔다. 그리고 이 이론은 Lusin, Souslin 등에 의한 해석집합의 이론으로 발전하였다.

정리 6. 임의의 $A \subset \mathbb{R}$ 와 $\epsilon > 0$ 에 대해

$$A_\epsilon = \{x : \text{어떤 } a \in A \text{ 에 대해 } |x-a| < \epsilon\}$$

라 놓으면 A_ϵ는 개집합이고

$$\bigcap_{\epsilon > 0} A_\epsilon = \overline{A} \quad (A\text{의 닫힘(closure)}). \tag{9}$$

증명 $x \in A_\epsilon$ 라 하자. 지금 $a \in A$ 에 대해 $|x-a| < \epsilon$ 라 할 때, $\epsilon_1 = \epsilon - |x-a|$ 라 놓으면, $\epsilon_1 > 0$. 그러면 $|x-x'| < \epsilon_1$ 라 하면

$$|x'-a| \le |x'-x| + |x-a| < \epsilon_1 + |x-a| = \epsilon$$

이므로 $x' \in A_\epsilon$. 고로 A_ϵ은 개집합이다. 지금 $A_0 = \bigcap_{\epsilon > 0} A_\epsilon$ 라 하자. $x \in A_0$ 이면 임의의 $\epsilon > 0$ 에 대해 $x \in A_\epsilon$ 이고 $|x-a| < \epsilon$ 와 같은 $a \in A$ 가 존재한다. 이 말은 $x \in \overline{A}$ 를 뜻한다. 역으로 $x \in \overline{A}$ 이면 임의의 $\epsilon > 0$ 에 대해 $|x-a| < \epsilon$ 와 같은 $a \in A$ 가 존재한다. 이 말은 임의의 $\epsilon > 0$ 에 대해 $x \in A_\epsilon$ 를 뜻한다. 즉 $x \in A_0$. □

계 1. 폐집합은 G_δ집합이고 개집합은 F_σ 집합이다.

증명 A가 폐집합이면 $A = \overline{A}$. 고로 $A = \bigcap_{\epsilon > 0} A_\epsilon$. 여기서 $\epsilon = \frac{1}{k}$, $k = 1, 2, \cdots$ 만 생각해도 충분하다. 고로 $A = \bigcap_{k=1}^{\infty} A_{1/k}$ 이고 $A_{1/k}$는 개집합이므로 G_δ집합이다. A가 개집합이면 여집합을 취해 생각하면 된다. □

C. Borel집합은 Lebesgue가측이다. 즉 $\mathcal{B} \subset \mathcal{L}$.

증명 구간은 모두 Lebesgue가측이다(→1.4절 정리 4(1)). 고로 정리 5에 의해 모든 개집합은 Lebesgue가측이다. $\mathcal{L}$은 σ-집합대수이므로 A에 의해

$\mathscr{B}$는 모든 개집합을 품는 σ-집합대수 중 최소이므로 $\mathscr{B} \subset \mathscr{L}$. □

그러면 Borel집합 아닌 Lebesgue가측집합이 존재하는지 의문이 생기는데, 그것은 집합의 기수에 관한 계산을 해야 하므로 부록에서 기술하기로 한다 (→부록 A).

D. 임의의 $A \subset \mathbb{R}$ 에 대해 Borel집합(G_δ집합) B로

$$A \subset B, \quad m^*(A) = m(B)$$

와 같은 B가 존재한다.

증명 $m^*(A) = \infty$ 이면 $B = \mathbb{R}$ 라 하면 된다(더욱 정밀하게 잡을 수 있다 (→2장의 문제6). $m^*(A) < \infty$ 이면 개구간으로 이루어진 A의 덮개의 열 Θ_n $(n = 1, 2, \cdots)$ 로

$$\sum_{n=1}^{\infty} |J_{n,k}| < m^*(A) + \frac{1}{2^n}, \quad (\Theta_n = \{J_{n,k} : k = 1, 2, \cdots\})$$

와 같은 것을 잡을 수 있다. $O_n^0 = \bigcup_{k=1}^{\infty} J_{n,k}$, $O_n = \bigcap_{i=1}^{n} O_i^0$ 라 놓으면, $A \subset O_n$ 이고

$$m(O_n) \le m(O_n^0) \le \sum_{n=1}^{\infty} |J_{n,k}| < m^*(A) + \frac{1}{2^n}.$$

즉 $B = \bigcap_{n=1}^{\infty} O_n$ 와 같이 놓으면 B는 G_δ집합이고 $m(B) = m^*(A)$. □

이것부터 다음의 중요한 정리가 따른다.

정리 7. $f(x)$는 Lebesgue적분가능한 함수라 할 때, 임의의 $\epsilon > 0$ 에 대해

$$\int |f(x) - g(x)| dx < \epsilon$$

와 같은 연속함수 $g(x)$가 존재한다. 더구나 $\{g(x) \neq 0\}$ 가 유계집합(이것을 compact인 받침(support)을 가진다고 한다)이 되게 할 수 있다.

이것이 Lebesgue적분을 효과적으로 하게 하는 가장 기본적인 성질이다. 증명하기 위해서는 적분의 몇 가지 성질을 써야하기 때문에 여기서는 이 정리의 중요성만 지적해 두기만 하자(→6.1절 정리3).

2. D부터 알 수 있는 더 하나의 결론으로 다음을 안다. 그 전에 한 가지 정의를 주자.

정의 12. $(\mathbb{R}, \mathcal{L})$상의 Lebesgue측도 m을 $\mathcal{B}$에 제한하여 생각한다($\mathcal{B}$에 속하는 집합에 대해서만 정의되어있다고 생각한다). 이 때 $(\mathbb{R}, \mathcal{B})$상의 측도 m을 **Borel측도**라 한다.

E. Lebesgue측도는 Borel측도의 완비화이다.

증명 A가 Lebesgue 가측이라 하자. 우선 $m(A) < \infty$ 라 하자. 이 때 D부터 G_δ집합 B가 존재하여, $A \subset B$ 이고 $m(A) = m(B)$ 이다. 이 때 $m(B \setminus A) = 0$ 이고 $B \setminus A$는 Lebesgue가측이다. 다시 $B \setminus A$에 대해 D를 적용하면 G_δ집합 N이 존재하여 $B \setminus A \subset N$ 이고 $m(N) = 0$. 그러므로

$$A = (B \cup N) \setminus (N \setminus (N \cap A)).$$

여기서 $B \cup N$은 Borel집합이고 $m(N) = 0$ 이므로, A는 $\mathcal{B}$의 완비화 $\overline{\mathcal{B}}$에 속하는 집합이다. $m(A) = \infty$ 이면 앞의 결과부터 $A \cap [-n, n] \in \overline{\mathcal{B}}$ 이므로 $A = \bigcup_{n=1}^{\infty} (A \cap [-n, n]) \in \overline{\mathcal{B}}$. 즉 $\mathcal{L} \subset \overline{\mathcal{B}}$. 한편 $\mathcal{B} \subset \mathcal{L}$ 이고 모든 영집합은 $\mathcal{L}$에 포함되므로 $\overline{\mathcal{B}} \subset \mathcal{L}$. 고로 $\mathcal{L} = \overline{\mathcal{B}}$. □

여기서 완비화라는 용어가 나왔으나 이에 대해서는 4.2절, 2에서 자세히 기술하겠다. 앞뒤가 바뀌지만 Borel측도에 관계된 이야기는 여기에 집약해 두도록 한다.

3. 마지막으로 중요한 다음 정리를 언급하자. 이 정리에 의해 특히 Borel 가측함수는 중요하다.

정리 8. $(S, \mathcal{M}, \mu)$가 임의의 측도공간이라 하자. $f(s)$를 S상의 가측함수라 하고, $g(x)$가 $\mathbb{R}$상의 Borel가측함수라 하면, 합성함수 $g(f(s))$는 또 S상의 가측함수이다.

$g(x)$를 단순히 Lebesgue가측이라 하면, $g(f(s))$는 일반적으로 가측함수가 아니다. (→2장 문제 10)

증명 $\{s : g(f(s)) > \alpha\} = \{s : f(s) \in \{x : g(x) > \alpha\}\}$ 이므로 B가 $\mathbb{R}$상의 Borel집합일 때 $f^{-1}(B) = \{s : f(s) \in B\} \in \mathscr{M}$ 가 성립함을 보이면 된다. 지금

$$\mathscr{E} = \{K : K \subset \mathbb{R}, \{s : f(s) \in K\} \in \mathscr{M}\}$$

와 같이 놓자. $f(s)$가 가측이란 구간이 모두 $\mathscr{E}$에 속하는 것이다. 지금 $\mathscr{E}$는 σ-집합대수로 됨을 알 수 있다.

1° $K = \mathbb{R}$ 이면 $\{s : f(s) \in \mathbb{R}\} = S \in \mathscr{M}$ 이므로 $\mathbb{R} \in \mathscr{E}$.
$K = \varnothing$ 이면 $\{s : f(s) \in \varnothing\} = \varnothing \in \mathscr{M}$ 이므로 $\varnothing \in \mathscr{E}$.

2° $K \in \mathscr{E}$ 이면 $f^{-1}(K^c) = (f^{-1}(K))^c \in \mathscr{M}$ 이므로 $K^c \in \mathscr{E}$.

3° $K_1, K_2, \cdots \in \mathscr{E}$ 이면 $f^{-1}\left(\bigcup_{n=1}^{\infty} K_n\right) = \bigcup_{n=1}^{\infty} f^{-1}(K_n) \in \mathscr{M}$ 이므로 $\bigcup_{n=1}^{\infty} K_n \in \mathscr{E}$.

따라서 $\mathscr{E}$는 $\mathbb{R}$상의 구간을 모두 품는 최소의 σ-집합대수, 즉 Borel집합대수 $\mathscr{B}$를 포함한다. 이 말은 $B \in \mathscr{B}$ 이면 $f^{-1}(B) = \{s : f(s) \in B\} \in \mathscr{M}$ 란 말이고 정리가 증명되었다. □

주의 이 정리를 $f(s)$가 $\mathbb{R}$상의 Borel가측함수인 경우에 대해 적용하면, 임의의 Borel집합 B에 대해 역상 $f^{-1}(B)$는 또다시 Borel집합임을 보여주고 있다. 그러나 $f(s)$가 $\mathbb{R}$상의 Borel가측함수일 때, Borel집합 B에 대해 B의 상 $f(B)$가 다시 Borel집합인가 하면, 일반적으로 그렇지 않고, 이것은 좀 더 넓은 범위의 집합--**해석집합**(analytic set)--이 된다. f를 연속함수라 해도 이 사정은 완화되지 않다.

여기서 말한 것과 문제 10을 감안하면 합성함수에 대해 다음과 같이 된다.

$y = f(x)$	$z = g(y)$	$z = h(x) = g(f(x))$
Borel가측	Borel가측	Borel가측
Lebesgue가측	Borel가측	Lebesgue가측
Borel가측	Lebesgue가측	가측성은 모름
Lebesgue가측	Lebesgue가측	

2장의 문제

1. (1) 공간 S의 부분집합의 모임 $\mathscr{M}$으로

$$A_n \in \mathscr{M},\ A_n \nearrow A \quad \Rightarrow \quad A \in \mathscr{M}$$

$$A_n \in \mathscr{M},\ A_n \searrow A \quad \Rightarrow \quad A \in \mathscr{M}$$

를 만족하면 $\mathscr{M}$을 **단조 집합모임**(monotone class of sets)이라 한다.

지금 $\mathscr{E}$가 S의 부분집합으로 된 집합대수일 때 $\mathscr{E}$를 품는 최소의 단조 집합모임이 존재하고 이것이 $\mathscr{E}$부터 생성된 σ-집합대수와 일치함을 보이시오.

(2) 공간 S의 부분집합의 모임 $\mathfrak{R}$으로

$$A_n \in \mathfrak{R},\ A_k \cap A_j = \varnothing,\ (j \neq k) \quad \Rightarrow \quad \bigcup_{n=1}^{\infty} A_n \in \mathfrak{R}$$

$$A_n \in \mathfrak{R},\ A_n \searrow A \quad \Rightarrow \quad A \in \mathfrak{R}$$

를 만족하면 $\mathfrak{R}$을 **정규 집합모임**(normal family of sets)이라 한다.

지금 $\mathscr{E}$가 S의 부분집합으로 된 집합대수일 때 $\mathscr{E}$를 품는 최소의 정규 집합모임이 존재하고 이것이 $\mathscr{E}$부터 생성된 σ-집합대수와 일치함을 보이시오.

2. $(S, \mathscr{M})$을 가측공간이라 한다. μ를 $\mathscr{M}$상의 유한값인 유한 가법적 함수 즉

1° $0 \leq \mu(M) < \infty$

2° $\mu(\varnothing) = 0$

3° $M_1, M_2, \cdots, M_n \in \mathscr{M},\ M_j \cap M_k = \varnothing,\ (j \neq k)$

$$\Rightarrow \quad \mu\left(\bigcup_{k=1}^{n} M_k\right) = \sum_{k=1}^{n} \mu(M_k)$$

라 한다. 이 때 μ가 측도가 되기 위한 필요충분조건은

$$M_n \in \mathscr{M},\ M_n \searrow \varnothing \quad \Rightarrow \quad \mu(M_n) \to 0$$

임을 보이시오.

3. 측도공간 $(S, \mathscr{M}, \mu)$가 유한측도 아니면, $A_n \searrow A$ 라 해도 $\mu(A_n) \to \mu(A)$ 라 할 수 없는 보기를 찾으시오.

4. Carathéodory의 외측도부터 1.4절 정리 3의 방법으로 구성한 측도는 완

비측도임을 보이시오.

5. (1) $(S,\mathcal{M},\mu)$를 유한측도공간이라 하자. 지금 $A, B\in\mathcal{M}$ 에 대해

$$d(A,B)=\mu(A\triangle B)$$

여기서 $A\triangle B=(A\setminus B)\cup(B\setminus A)$ (**대칭차집합**(symmetric difference)) 이다. 이와 같이 하면 이에 의해 $\mathcal{M}$에 거리가 정의됨을 보이시오. (단, $d(A,B)=0 \Leftrightarrow A=B$ 는 성립하지 않으나 A,B는 같은 것이라 생각한다. 더 정확하게 말하면 $A\sim B$ 를 $d(A,B)=0$ 라 정의할 때 $\mathcal{M}/\sim$에서 거리가 된다.)

(2) 이 거리에 관해 $\mathcal{M}$은 완비 거리공간임을 보이시오.

6. $(S,\mathcal{M},\mu)$를 측도공간이라 하자. $(S,\mathcal{M},\mu)$가 **σ-유한 측도공간**이라 함은

$$S_n\in\mathcal{M},\ (n=1,2,\cdots),\ \mu(S_n)<\infty,\ S=\bigcup_{n=1}^{\infty}S_n$$

와 같은 S_n이 존재할 때를 말한다. $(S,\mathcal{M},\mu)$가 σ-유한 측도공간이면, 임의의 $X\subset S$ 에 대해 다음과 같은 $M_X\in\mathcal{M}$ 가 존재함을 보이시오.

$$M\in\mathcal{M},\ X\subset M\subset M_X \ \Rightarrow\ \mu(M_X\setminus M)=0$$

주의 이것은 2.5절, 1.D의 일반화, 정밀화이다.

7. 문제 6에서

$$\mathcal{M}_X=\{M\cap X: M\subset M_X,\ M\in\mathcal{M}\}$$

라 하면 $(X,\mathcal{M}_X)$는 가측공간이고, 이 위에

$$\mu_X(M\cap X)=\mu(M)$$

라 정의하면 잘 정의되어 있음(well defined)을 보이시오. 즉 $A\in\mathcal{M}_X$ 에 대해

$$A=M\cap X=M'\cap X \ \Rightarrow\ \mu(M)=\mu(M')$$

또 $(X,\mathcal{M}_X,\mu_X)$가 측도공간임을 보이시오.

8. 가측공간 $(S,\mathcal{M})$상에서 실수값함수 $f(s)$가 가측이기 위해서는 $|f+1|$, $|f|$가 같이 가측인 것이 필요충분함을 보이시오.

9. 공간 S에서 집합대수 $\mathcal{E}$와 $\mathcal{E}$상의 측도 μ :

1° $F \in \mathcal{E}$ 에 대해 $0 \le \mu(F) \le \infty$

2° $\mu(\varnothing) = 0$

3° $F_1, F_2, \cdots \in \mathcal{E}$, $F_j \cap F_k = \varnothing$ $(j \neq k)$, $\bigcup_{n=1}^{\infty} F_n \in \mathcal{E}$ 이면

$$\mu\left(\bigcup_{n=1}^{\infty} F_n\right) = \sum_{n=1}^{\infty} \mu(F_n)$$

가 주어져 있다 하자. (2.2절, 정의 4와 같은 꼴이지만, 여기서는 $\mathcal{E}$는 σ-집합대수라 가정하지 않다. 따라서 조건 3° 중 $\bigcup_{n=1}^{\infty} F_n \in \mathcal{E}$ 는 가정이다.)

이 때 $\mathcal{E}$부터 생성된 σ-집합대수를 $\mathcal{M}$이라 하면, μ는 $\mathcal{M}$상의 측도로 확장할 수 있다(**Hopf-Kormogorov의 확장정리**). 이 사실을 다음 순서를 따라 증명하시오.

(1) $A \subset S$ 에 대해 A의 $\mathcal{E}$의 집합에 의한 덮개

$$\Theta : A \subset \bigcup_{n=1}^{\infty} F_n, \quad F_n \in \mathcal{E} \ (n = 1, 2, \cdots)$$

를 생각하고

$$\mu^*(A) = \inf\left\{\sum_{n=1}^{\infty} \mu(F_n) : \Theta\right\}$$

라 하자. 그러면 μ^*는 S상의 Caratheodory의 외측도로 된다.

(2) $F \in \mathcal{E}$ 이면 $\mu^*(F) = \mu(F)$

(3) 1.4절, 정리 3에 의해 μ^*에 관해 가측인 집합 전체로 된 σ-집합대수 $\mathcal{M}$을 만들면 $\mathcal{E} \subset \mathcal{M}$.

10. Lebesgue공간 $(\mathbb{R}, \mathcal{L}, m)$상의 두 가측함수 $f(x), g(x)$에 대해 합성함수 $g(f(x))$가 반드시 가측으로 되지 않은 것을 다음 예에 의해 확인하시오.

Q를 $[0,1]$속의 비가측집합이라 하자(→1.4절, 4). Cantor함수 $c(x)$에 의해 Cantor집합 C와 $[0,1]$은 1대1대응한다. 이 역대응을 f라 하자. 즉 $f(x) = c^{-1}(x) \cap C$. Q에 대응되는 C속의 집합을 Q_1이라 하자. 즉 $Q_1 = c^{-1}(Q) \cap C$. $g(x) = \chi_{Q_1}(x)$ 라 하자.

(1) Q_1은 가측임을 보이시오. 고로 $g(x)$는 가측이다.

(2) $g(f(x)) = \chi_Q(x)$ 이고 이 함수는 가측함수가 아님을 보이시오.

11. $m(A) > 0$ 인 가측집합 $A \subset \mathbb{R}$ 를 다음과 같이 구성하시오.

$$\text{임의의 } a, b \in \mathbb{R} \text{ 에 대해 } m(A \cap [a, b]) < b - a.$$

[Hint 1장 연습문제 7(4)]

12. (가) $m(E) > 0$ 인 임의의 $E \subset \mathbb{R}$ 와 $0 \le a < 1$ 에 대해

$$m(E \cap I) \ge a\, m(I)$$

를 만족하는 개구간 I가 존재함을 보이시오.

(나) 만약 $m(E) > 0$ 이면 $\{x - y : x, y \in E\}$ 는 개구간을 포함함을 보이시오.

(다) Cantor집합 C에 대해 $\{x - y : x, y \in C\} = [-1, 1]$ 임을 보이시오.

3 적분의 성질과 함수공간

이 장에서는 Lebesgue적분이 아주 바람직한 다양한 성질을 지니고 있음을 밝힌다.

적분은 음 아닌 가측함수에 대한 것과, 일반적인 가측함수에 대한 것의 2단계로 정의되었다. 따라서 적분을 취급할 때는 어느 단계에서 의논하고 있는지 명확해야 함은 기본적이다. 이 두 가지의 취급의 차이는 급수의 의론에서, 양항급수를 다루는 것과, 조건수렴급수를 다루는 것과의 차이와 닮았다. 양항급수는 상당히 자유로운 취급이 허용되나, 조건수렴급수는 조심스러울 수밖에 없다(합의 순서를 바꾸면 급수의 값이 바뀐다--Dirichlet, Riemann의 정리--).

Lebesgue적분의 최고의 유용성은 수렴정리에 있다. 아주 느슨한 조건하에 이 정리를 쓸 수 있는 것이 자랑이다. 이것도 위의 2단계에 따라 모양이 다르다.

3.1 기본적인 성질

1. 측도공간 $(S, \mathscr{M}, \mu)$에서의 적분

$$\int f d\mu \tag{1}$$

에 대해, 이하 그 성질을 조사하자. 약간 순서가 어수선한 부분이 있으므로 이 절의 말미에 이 절에서 얻어진 결과를 정리해 둔다.

또 항목 뒤에 (+)와 같이 붙인 것은 (1)에서 $f \geq 0$ 인 경우란 뜻이다. 또 이하의 기호는 2.4절에서 쓰던 것과 동일하다.

A(+) $\int_A d\mu = \int \chi_A d\mu = \mu(A)$

B(+) $f \geq 0, c \geq 0$ 이면 $\int cf d\mu = c\int f d\mu$

C(+) $f \geq g \geq 0$ 이면 $\int f d\mu \geq \int g d\mu$

이들은 정의부터 분명하다.

D(+) $f \geq 0,\ A = \bigcup_{n=1}^{\infty} A(n),\ A(j) \cap A(k) = \varnothing,\ (j \neq k)$ 이면

$$\int_A f d\mu = \sum_{n=1}^{\infty} \int_{A(n)} f d\mu \tag{2}$$

증명 물론 $A(1), A(2), \cdots$ 가 유한개일 때도 (2)는 성립한다. 이하 필요한 것은 이 경우인데 방법은 거의 변함이 없으므로 일반적인 경우를 보이겠다. 왜냐하면 2.4절에서 한 것 처럼 $A(1), A(2), \cdots, A(n)$에 대해

$$\mathfrak{I}(k) = \{A_{k1}, A_{k2}, \cdots, A_{kq(k)}\} \subset \mathscr{M},$$

$$A_{kj} \subset A(k), \quad A_{ki} \cap A_{kj} = \varnothing, \quad (j \neq k)$$

를 생각하면

$$\mathfrak{I} = \{A_{kj} : k = 1,2,\cdots,n\,;\, j = 1,2,\cdots,q(k)\}$$

는 A에 대한 같은 종류의 집합모임이며

$$f(A_{kj}) = \inf\{f(s) : s \in A_{kj}\},\quad \Sigma_{\mathfrak{I}(k)} = \sum_{j=1}^{q(k)} f(A_{kj})\mu(A_{kj})$$

라 정의했으므로

$$\sum_{k=1}^{n} \Sigma_{\mathfrak{I}(k)}(f) = \Sigma_{\mathfrak{I}}(f) \leq \int_A f d\mu.$$

좌변의 $\mathfrak{I}(k)$에 대한 상한이 $A(k)$상의 적분이므로

$$\sum_{k=1}^{n} \int_{A(k)} f d\mu \leq \int_A f d\mu.$$

고로 $n \to \infty$ 라 하면

$$\sum_{n=1}^{\infty} \int_{A(n)} f d\mu \leq \int_A f d\mu. \tag{3}$$

다음에 A에 대해

$$\mathfrak{I} = \{A_1, A_2, \cdots, A_q\} \subset \mathscr{M},\ A_j \subset A,\ A_i \cap A_j = \varnothing,\ (i \neq j)$$

를 생각하고

$$\mathfrak{I}(k) = \{A_j \cap A(k) : j = 1,2,\cdots,q\}$$

라 하면 이것은 $A(k)$에 대한 같은 종류의 집합모임이며

$$f(A_j \cap A(k)) = \inf\{f(s) : s \in A_j \cap A(k)\}$$
$$\geq f(A_j) = \inf\{f(s) : s \in A_j\}$$

이므로 (만일 $A_j \cap A(k) = \varnothing$ 이면 $f(A_j \cap A(k)) = \infty$ 라 한다)

$$\Sigma_{\mathfrak{J}}(f) = \sum_{j=1}^{q} f(A_j)\mu(A_j) = \sum_{n=1}^{\infty}\sum_{j=1}^{q} f(A_j)\mu(A_j \cap A(n))$$
$$\le \sum_{n=1}^{\infty}\sum_{j=1}^{q} f(A_j \cap A(n))\mu(A_j \cap A(n))$$
$$= \sum_{n=1}^{\infty} \Sigma_{\mathfrak{J}(n)}(f) \le \sum_{n=1}^{\infty}\int_{A(n)} fd\mu$$

여기서 좌변의 $\mathfrak{J}$에 관한 상한을 취해

$$\int_A fd\mu \le \sum_{n=1}^{\infty}\int_{A(n)} fd\mu \tag{4}$$

(3)(4)부터 (2)를 얻는다. □

보조명제 1. $f \ge 0$, $g \ge 0$ 및 A상에서 $f + g \ge c > 0$ (c는 상수) 라 하면

$$\int_A fd\mu + \int_A gd\mu \ge c\mu(A) \tag{5}$$

증명 $A(0) = \{f \ge c\} \cap A$

$$A(k) = \left\{\frac{k-1}{n}c \le f < \frac{k}{n}c\right\} \cap \left\{g > \frac{n-k}{n}c\right\} \cap A, \qquad (k = 1,2,\cdots,n)$$

라 놓으면 $A = \bigcup_{k=0}^{n} A(k)$, $A(j) \cap A(k) = \varnothing$, $(j \ne k)$ 이다. A(+), B(+), C(+)부터

$$\int_{A(0)} fd\mu \ge \int_{A(0)} cd\mu = c\int_{A(0)} d\mu = c\mu(A(0)).$$

같은 방법으로

$$\int_{A(k)} fd\mu \ge \frac{k-1}{n}c\mu(A(k)) \qquad (k = 1,2,\cdots,n)$$

$$\int_{A(0)} gd\mu \ge 0, \quad \int_{A(k)} gd\mu \ge \frac{n-k}{n}c\mu(A(k)) \quad (k = 1,2,\cdots,n)$$

이므로 D(+)부터

$$\int_A fd\mu + \int_A gd\mu = \sum_{k=0}^{n}\int_{A(k)} fd\mu + \sum_{k=0}^{n}\int_{A(k)} gd\mu$$
$$\ge c\mu(A(0)) + \sum_{k=1}^{n}\left(\frac{k-1}{n} + \frac{n-k}{n}\right)c\mu(A(k))$$

$$\geq \frac{n-1}{n} c \sum_{k=0}^{n} \mu(A(k)) = \frac{n-1}{n} c\mu(A).$$

고로 $n \to \infty$ 로 하여 $\int_A f d\mu + \int_A g d\mu \geq c\mu(A)$. □

E(+) $f \geq 0$, $g \geq 0$ 이면 $\int (f+g) d\mu = \int f d\mu + \int g d\mu$. (6)

증명 $h = f + g$ 라 하고 $\int h d\mu$의 근사합 $\Sigma_{\mathfrak{J}}(h)$

$$\mathfrak{J} = \{A(1), A(2), \cdots, A(q)\} \subset \mathscr{M},\ A(j) \cap A(k) = \varnothing \quad (j \neq k)$$

를 생각하자. 이 때 $A(k)$상에서 $f + g = h \geq \underline{h}(A(k))$ 이므로 보조명제부터

$$\int_{A(k)} f d\mu + \int_{A(k)} g d\mu \geq \underline{h}(A(k)) \mu(A(k)).$$

고로 $A = \bigcup_{k=1}^{q} A(k)$ 라 하면

$$\begin{aligned}\int f d\mu + \int g d\mu &\geq \int_A f d\mu + \int_A g d\mu \\ &= \sum_{k=1}^{q} \left(\int_{A(k)} f d\mu + \int_{A(k)} g d\mu \right) \\ &\geq \sum_{k=1}^{q} \underline{h}(A(k)) \mu(A(k)) = \Sigma_{\mathfrak{J}}(h).\end{aligned}$$

고로 우변의 $\mathfrak{J}$에 관한 상한을 취해

$$\int f d\mu + \int g d\mu \geq \int h d\mu = \int (f+g) d\mu. \tag{7}$$

다음으로 역의 부등식을 보이자.

$$\mathfrak{J}(1) = \{A_{11}, A_{12}, \cdots, A_{1q(1)}\} \subset \mathscr{M},\quad \mathfrak{J}(2) = \{A_{21}, A_{22}, \cdots, A_{2q(2)}\} \subset \mathscr{M}$$

를 생각하자. 여기서 $S = \bigcup_{j=1}^{q(1)} A_{1j} = \bigcup_{k=1}^{q(2)} A_{2k}$ 라 해 둔다. 그리고

$$\mathfrak{J} = \{A_{1j} \cap A_{2k} : j = 1, 2, \cdots, q(1)\ ;\ k = 1, 2, \cdots, q(2)\}$$

라 하자. $\mathfrak{J}$도 $\mathscr{M}$의 서로 소인 유한개로 된 부분집합의 모임이며

$$\begin{aligned}\underline{h}(A_{1j} \cap A_{2k}) &\geq \underline{f}(A_{1j} \cap A_{2k}) + \underline{g}(A_{1j} \cap A_{2k}) \\ &\geq \underline{f}(A_{1j}) + \underline{g}(A_{2k}).\end{aligned}$$

고로

$$\int (f+g) d\mu = \int h d\mu \geq \Sigma_{\mathfrak{J}}(h)$$

$$
\begin{aligned}
&= \sum_{j,k} \underline{h}(A_{1j} \cap A_{2k})\mu(A_{1j} \cap A_{2k}) \\
&\geq \sum_{j,k} (\underline{f}(A_{1j}) + \underline{g}(A_{2k}))\mu(A_{1j} \cap A_{2k}) \\
&= \sum_{j=1}^{q(1)} \underline{f}(A_{1j}) \sum_{k=1}^{q(2)} \mu(A_{1j} \cap A_{2k}) + \sum_{k=1}^{q(2)} \underline{g}(A_{1j}) \sum_{j=1}^{q(1)} \mu(A_{1j} \cap A_{2k}) \\
&= \sum_{j=1}^{q(1)} \underline{f}(A_{1j})\mu(A_{1j}) + \sum_{k=1}^{q(2)} \underline{g}(A_{2k})\mu(A_{2k}) \\
&= \Sigma_{\mathfrak{J}(1)}(f) + \Sigma_{\mathfrak{J}(2)}(g).
\end{aligned}
$$

이것부터 우변의 $\mathfrak{J}(1)$, $\mathfrak{J}(2)$에 관한 상한을 취해

$$\int (f+g)d\mu \geq \int f d\mu + \int g d\mu$$

를 얻는다. (7)(8)에 의해 (6)이 보여졌다. □

2. 다음에 일반적인 부호를 가진 경우를 생각하자.

B $\int cf d\mu = c\int f d\mu$.

증명

$$\int f d\mu = \int f^+ d\mu - \int f^- d\mu \tag{9}$$

인데 $c \geq 0$ 이면 $(cf)^+ = cf^+$, $(cf)^- = cf^-$ 이므로

$$
\begin{aligned}
\int cf d\mu &= \int (cf)^+ d\mu - \int (cf)^- d\mu \\
&= \int cf^+ d\mu - \int cf^- d\mu = c\int f^+ d\mu - c\int f^- d\mu = c\int f d\mu.
\end{aligned}
$$

이 계산은 (9)에 의미가 있으면 성립한다. $c < 0$ 이면

$$(cf)^+ = ((-c)(-f))^+ = (-c)(-f)^+ = (-c)f^-,$$

$(cf)^- = (-c)f^+$ 이므로

$$\int cf d\mu = (-c)\int f^- d\mu - (-c)\int f^+ d\mu = c\int f d\mu.$$ □

C $f \geq g$ 이면 $\int f d\mu \geq \int g d\mu$. (10)

증명 $f \geq g$ 일 때 $f^+ \geq g^+$. 또 $-g \geq -f$ 이므로 $g^- \geq f^-$. 고로

$$\int f^+ d\mu \geq \int g^+ d\mu, \quad \int f^- d\mu \leq \int g^- d\mu \tag{11}$$

(11)의 모든 항이 유한이면 각각의 양변을 빼고 (10)을 얻는다. 어느 하나만

∞일 때는 $\int f^+ d\mu = \infty$ 또는 $\int g^- d\mu = \infty$ 이어야 한다. 이 때 (10)은 $\infty \geq$ 유한값 또는 유한값$\geq -\infty$ 와 같은 꼴이 되어 성립한다. 어느 두개가 ∞일 때는 다음 세 경우가 있다.

$\int f^+ d\mu = \infty$, $\int g^+ d\mu = \infty$ 일 때 (10)은 $\infty \geq \infty$.

$\int f^+ d\mu = \infty$, $\int g^- d\mu = \infty$ 일 때 (10)은 $\infty \geq -\infty$.

$\int f^- d\mu = \infty$, $\int g^- d\mu = \infty$ 일 때 (10)은 $-\infty \geq -\infty$.

이 외의 경우는 없다. □

D $$\int (f+g) d\mu = \int f d\mu + \int g d\mu. \tag{12}$$

단 우변이 의미가 있는 경우에 한한다.

증명 $h = f + g$ 라 하고 $h^+ - h^-$ 등과 같이 분해하여 형식적으로 (12)를 쓰면

$$\int h^+ d\mu - \int h^- d\mu = \int f^+ d\mu - \int f^- d\mu + \int g^+ d\mu - \int g^- d\mu. \tag{13}$$

$$\int f^+ d\mu = \infty, \int f^- d\mu = \infty \ ; \int g^+ d\mu = \infty, \int g^- d\mu = \infty$$

$$\int f^+ d\mu = \infty, \int g^- d\mu = \infty \ ; \int f^- d\mu = \infty, \int g^+ d\mu = \infty$$

인 경우 (12)의 우변은 의미가 없고 고려할 필요가 없다. 그 외의 경우에는

$$\int f^+ d\mu + \int g^+ d\mu < \infty \quad \text{또는} \quad \int f^- d\mu + \int g^- d\mu < \infty$$

로 된다.

$\int f^+ d\mu + \int g^+ d\mu < \infty$ 라 하자. 한편

$$h^+ - h^- = h = f + g = f^+ - f^- + g^+ - g^-$$
$$h^+ = (f+g)^+ \leq f^+ + g^+$$

이므로

$$f^+ + g^+ - h^+ = f^- + g^- - h^- (= k \text{ 라 놓자}) \geq 0.$$

따라서

$$\int h^+ d\mu \leq \int (f^+ + g^+) d\mu = \int f^+ d\mu + \int g^+ d\mu < \infty \tag{14}$$

및 $0 \leq k \leq f^+ + g^+$ 부터

$$\int k d\mu < \infty. \tag{15}$$

$\int f^{-} d\mu + \int g^{-} d\mu < \infty$ 이면

$$\begin{aligned}(13)\text{의 우변} &= \int (f^{+} + g^{+}) d\mu - \int (f^{-} + g^{-}) d\mu \\ &= \int (h^{+} + k) d\mu - \int (h^{-} + k) d\mu \\ &= \int h^{+} d\mu - \int h^{-} d\mu = (13)\text{의 좌변}.\end{aligned}$$

$\int f^{-} d\mu + \int g^{-} d\mu = \infty$ 이면

$$\begin{aligned}\infty &= \int f^{-} d\mu + \int g^{-} d\mu = \int (f^{-} + g^{-}) d\mu \\ &= \int (h^{-} + k) d\mu = \int h^{-} d\mu + \int k d\mu\end{aligned}$$

그리고 (15)부터

$$\int h^{-} d\mu = \infty. \tag{16}$$

그러면 (14)(16)부터 역시 (12)가 성립함을 안다. □

E $\left|\int f d\mu\right| \leq \int |f| d\mu.$

증명 $\int |f| d\mu = \infty$ 이면 당연하다. $\int |f| d\mu < \infty$ 일 때

$$\begin{aligned}\left|\int f d\mu\right| &= \left|\int f^{+} d\mu - \int f^{-} d\mu\right| \leq \int f^{+} d\mu + \int f^{-} d\mu \\ &= \int (f^{+} + f^{-}) d\mu = \int |f| d\mu\end{aligned}$$

□

3. 이상 보여준 것을 정리하면 다음 정리를 얻는다. (D(+)에 대해서는 → 3.3.절 정리 8)

정리 1. 측도공간 $(S, \mathscr{M}, \mu)$에서의 적분에 관해 다음이 성립한다. 여기서 f, g는 적분을 갖는 가측함수라 하고 (3)에서는 우변에 의미가 있으면 $f+g$도 적분을 가지고 이 등식이 성립하다, 라는 의미로 해석한다.

(1) $\int_A c d\mu = c\mu(A)$ (c는 상수)

(2) $$\int cf d\mu = c\int_A f d\mu \quad (c\text{는 상수})$$

(3) $$\int (f+g)d\mu = \int f d\mu + \int g d\mu$$

(4) $$\left|\int f d\mu\right| \le \int |f| d\mu$$

(5) $$f \ge g \text{ 이면 } \int f d\mu \ge \int g d\mu$$

이들 식 중 물론 적분을 $\int_A$ 같은 꼴로 해도 된다.

주의 정리 1은 복소수값 함수에 대해서도 성립한다. (2)에서의 상수 c는 복소수로 해서 말이다. 우선 $f:S\to\mathbb{C}$ 가 가측이란 $f_1(s)=f(s)$의 실수부분, $f_2(s)=f(s)$의 허수부분 가 가측이라 정의하고 f가 적분가능이란 f_1, f_2가 적분가능일 때를 말하고

$$\int_S f(s)d\mu(s) = \int_S f_1(s)d\mu(s) + i\int_S f_2(s)d\mu(s)$$

와 같이 정의해주면 된다. 이 때 위의 E가 성립하며 f가 가측일 때 f가 적분가능인 것과 $|f|$가 적분가능인 것이 동치이다. 그러나 번잡함을 피하기 위해 이하 필요할 때만 복소수값인 경우를 명시하고 특정하지 않는 한 실수값인 경우를 생각한다.

4. 정리 2. 함수 $f(s)$에 대해 $f \ge 0$ 이고 $\int f d\mu = 0$ 이면

$$\{s : f(s) > 0\} \tag{17}$$

의 측도는 0이다.

증명 (17)의 집합을 A, $n=1,2,\cdots$ 에 대해 $A_n = \{s : f(s) > 1/n\}$ 라 하면 $A_n \nearrow A$. 따라서 $\mu(A_n) \nearrow \mu(A)$. 한편

$$0 = \int f d\mu \ge \int_{A_n} f d\mu \ge \frac{1}{n}\int_{A_n} d\mu = \frac{1}{n}\mu(A_n)$$

이므로 $\mu(A_n) = 0$. 고로 $\mu(A) = 0$. □

정의 1. 측도공간 $(S, \mathcal{M}, \mu)$에서 각 $s \in S$ 에서 정의된 명제 $P(s)$가 성립하지 않는 s전체의 집합의 측도가 0일 때, $P(s)$는 **거의 모든 s에 대해 성립한다**(a.a. s (for almost all s)), 또는 **거의 모든 곳에서 성립한다**(a.e. (almost everywhere)), 라 말한다. 특히 측도 μ를 명시해야 할 경우는 a.e. $d\mu$와 같이 쓴다.

이 정의를 쓰면 정리 2의 결론은

$$\text{거의 모든 } s\text{에 대해 } f(s)=0$$

또는

$$\text{거의 모든 곳에서 } f=0$$

와 같이 말할 수 있다.

적분의 정의부터 알 수 있듯이 우리의 적분론에서는 측도 0인 집합상에서는 무엇이 일어나고 있어도 아무 영향이 없고, 함수는 오직 거의 모든 데에서만 함수값이 확정되어 있으면 된다.

3.2 수렴정리

1. Lebesgue적분을 실제로 유효하게 하는 것은 극한정리이다.

이미 2.3절의 3에서 가측함수는 극한을 취하는 것에 대해 아주 바람직한 성질을 지니고 있는 것을 이미 보았다. 다음으로 적분에 대해 이와 관련되는 것을 보아가자. 이하 하나의 측도공간 $(S, \mathscr{M}, \mu)$에서 생각한다.

정리 3. (단조수렴정리[1]) 가측함수의 열 $f_1(s), f_2(s), \cdots$가

$$f_n \geq 0, \quad f_n \leq f_{n+1}, \quad f_n \nearrow f$$

를 만족하면

$$\lim_{n\to\infty}\int f_n d\mu = \int f d\mu \tag{18}$$

증명 $\int f_1 d\mu \leq \int f_2 d\mu \leq \cdots$ 이므로 (18)의 좌변의 극한은 존재하고(∞일 수도 있으나), 또 $f_n \leq f$ 부터 $\lim_{n\to\infty}\int f_n d\mu \leq \int f d\mu$. 역의 부등식을 보이자. $\mathscr{M}$속의 서로 소인 부분집합의 모임

$$\mathfrak{I} = \{A(1), A(2), \cdots, A(q)\}, \ A(j)\cap A(k) = \varnothing, \ j \neq k$$

를 하나 취한다. 임의의 $\epsilon > 0$ 에 대해

$$A(k,n) = A(k) \cap \{f_n \geq f(A(k)) - \epsilon\}$$

와 같이 놓으면, $f_n \nearrow f$ 에 의해 $A(k,n) \nearrow A(k)$ $(n\to\infty)$. 고로 $\mu(A(k,n)) \to \mu(A(k))$. 따라서

$$\int_{A(k)} f_n d\mu \geq \int_{A(k,n)} f_n d\mu \geq (f(A(k)) - \epsilon)\mu(A(k,n))$$

에서 $n\to\infty$ 라 하면

$$\lim_{n\to\infty}\int_{A(k)} f_n d\mu \geq (f(A(k)) - \epsilon)\mu(A(k)).$$

ϵ은 임의로 잡았으므로

$$\lim_{n\to\infty}\int_{A(k)} f_n d\mu \geq f(A(k))\mu(A(k)).$$

이것을 $k = 1,2,\cdots,q$ 에 대해 더하고 $A = \bigcup_{k=1}^{q} A(k)$ 라 하면

---

1) **Beppo-Levi의 정리, monotone convergence theorem**라 할 때도 있다. 이 정리는 $f_n \geq 0$ 대신 f_1이 적분가능이라 가정하여도 똑같이 성립한다 (증명을 위해서는 $f_n - f$에 대해 생각하고 나중에 $\int f_1 d\mu$를 더하면 된다).

$$\lim_{n\to\infty}\int f_n d\mu \geq \lim_{n\to\infty}\int_A f_n d\mu = \sum_{k=1}^{q}\lim_{n\to\infty}\int_{A_k} f_n d\mu$$

$$\geq \sum_{k=1}^{q} f(A_k)\mu(A_k) = \Sigma_{\mathfrak{J}}(f).$$

따라서 $\mathfrak{J}$에 관한 상한을 취하면

$$\lim_{n\to\infty}\int f_n d\mu = \int f d\mu \qquad \square$$

정리 4. (**Fatou의 보조정리**) 가측함수의 열 $f_1(s), f_2(s), \cdots$가 $f_n \geq 0$ 이면

$$\int \liminf_{n\to\infty} f_n d\mu \leq \liminf_{n\to\infty}\int f_n d\mu \tag{19}$$

증명 $f = \liminf_{n\to\infty} f_n$ 라 하자. $g_n = \inf\{f_n, f_{n+1}, \cdots\}$ 와 같이 놓으면

$$g_n \nearrow f = \liminf_{n\to\infty} f_n.$$

따라서 단조수렴정리에 의해

$$\int g_n d\mu \nearrow \int f d\mu \tag{20}$$

한편 $g_n \leq f_{n+k}$ $(k = 0, 1, 2 \cdots)$ 이므로 $\int g_n d\mu \leq \int f_{n+k} d\mu$ 이며

$$\int g_n d\mu \leq \inf\left\{\int f_{n+k} d\mu : k = 0, 1, 2, \cdots\right\} \tag{21}$$

이 우변의 $n\to\infty$ 인 극한이 liminf의 정의부터 $\liminf_{n\to\infty}\int f_n d\mu$ 이다. 고로 (21)에서 $n\to\infty$ 라 하면 (20)을 쓰고 (19)를 얻는다. $\square$

정리 5. (**지배수렴정리**(dominated convergence theorem)) 가측함수의 열 $f_1(s), f_2(s), \cdots$에 대해 가측함수 $f(s)$, $g(s)$가 존재하고

$$|f_n| \leq g \qquad (n = 1, 2, \cdots) \tag{22}$$

$$g\text{는 적분가능 즉 } \int g d\mu < \infty \tag{23}$$

$$\lim_{n\to\infty} f_n = f \tag{24}$$

이면

$$\lim_{n\to\infty}\int f_n d\mu = \int f d\mu. \tag{25}$$

증명 $f_n + g \geq 0$, $-f_n + g \geq 0$ 이고 (22)(23)부터 이들은 적분가능하다.

Fatou의 보조정리에 의해

$$\int \liminf_{n\to\infty}(f_n+g)d\mu \le \liminf_{n\to\infty}\int (f_n+g)d\mu \tag{26}$$

$$\int \liminf_{n\to\infty}(-f_n+g)d\mu \le \liminf_{n\to\infty}\int (-f_n+g)d\mu \tag{27}$$

(26)(27)의 양변부터 $\int g d\mu$를 빼면

$$\int \liminf_{n\to\infty} f_n d\mu \le \liminf_{n\to\infty}\int f_n d\mu$$

$$\int \liminf_{n\to\infty}(-f_n)d\mu \le \liminf_{n\to\infty}\int (-f_n)d\mu$$

즉

$$-\int \limsup_{n\to\infty} f_n d\mu \le -\limsup_{n\to\infty}\int f_n d\mu.$$

고로

$$\begin{aligned}\int \liminf_{n\to\infty} f_n d\mu &\le \liminf_{n\to\infty}\int f_n d\mu \\ &\le \limsup_{n\to\infty}\int f_n d\mu \le \int \limsup_{n\to\infty} f_n d\mu.\end{aligned} \tag{28}$$

(24)에 의해 $\limsup_{n\to\infty} f_n = \liminf_{n\to\infty} f_n = f$ 이므로 (28)의 모든 부등호는 등호가 되어 특히 $\lim_{n\to\infty}\int f_n d\mu$가 존재하여 $\lim_{n\to\infty}\int f_n d\mu = \int f d\mu$. □

따름정리 1. (유계수렴정리(bounded convergence theorem)) $f_n(s)$가 M상 평등적으로 유계, 즉

$$|f_n(s)| \le r \quad (s \in M,\ n = 1, 2, \cdots)$$

와 같은 r이 존재하고, 또 $\mu(M) < \infty$ 이며 $\lim_{n\to\infty} f_n = f$ 이면

$$\lim_{n\to\infty}\int_M f_n d\mu = \int_M f d\mu.$$

증명 정리 3에서 $g = r\chi_M$ 라 하면 된다. □

따름정리 2. $\mu(M) < \infty$ 인 M상에서 f_n이 적분가능이고 M상에서 평등적으로 $\lim_{n\to\infty} f_n(x) = f(x)$ 이면 f는 M상 적분가능이며 $\lim_{n\to\infty}\int_M f_n d\mu = \int_M f d\mu$.

특히 M이 유계 폐구간이고 f_n이 Riemann적분가능이라 하면 f가

Riemann적분가능이고 $\lim_{n\to\infty}\int_M f_n d\mu = \int_M f d\mu$. 고급미적분학에서 학습하는 명제가 된다.)

증명 평등수렴하므로 어떤 $N\in\mathbb{N}$ 이 존재하여 모든 $n\ge N$ 에 대해 $|f_n(x)-f_N(x)|<1$. 고로 $|f_n(x)|<|f_N(x)|+1$ $(x\in M)$. 따라서 $g(x)=|f_N(x)|+1$ 라 하여 $\{f_n : n\ge N\}$에 지배수렴정리를 적용하면 된다. □

주의 (22)를 만족하는 가측함수 g가 존재하는 것을 생략할 수 없다. 예를 들어 $M=(0,1]\subset\mathbb{R}$ 에서 $f_n(x)=\begin{cases}1/x, & (1/2n\le x\le 1/n)\\ 0, & (\text{기타 } x)\end{cases}$ 라 하면 $\lim_{n\to\infty} f_n(x)=0=f(x)$ 이고

$$\int_M f_n dx=\log 2,\qquad \int_M f dx=0.$$

그러나 $|f_n|\le g$, $\int_M g dx<\infty$ 와 같은 g가 존재하지 않다해도 $\lim_{n\to\infty}\int_M f_n d\mu=\int_M f d\mu$ 로 될 수 있다. 위와 같이 $M=(0,1]\subset\mathbb{R}$ 에서 $f_n(x)=\begin{cases}1/x, & (1/(n+1)\le x\le 1/n)\\ 0, & (\text{기타 } x)\end{cases}$ 라 하면 모든 $x\in M$ 에 대해 $f_n(x)\le g(x)$ 를 만족하면 $g(x)\ge \frac{1}{x}$ 이어야 한다. 고로 $\int_M g dx\ge\int_M \frac{dx}{x}=\infty$. 다음 $\lim_{n\to\infty} f_n(x)=0=f(x)$ 이고 $\lim_{n\to\infty}\int_M f_n dx=\lim_{n\to\infty}\log\left(1+\frac{1}{n}\right)=\int_M f dx=0$.

$\mu(M)=\infty$ 일 때는 따름정리 1의 나머지 가정을 만족하여도 그 결론을 만족하지 않다. 예를 들어 $M=[1,\infty)$ 에서 $f_n(x)=\begin{cases}1/x, & (n\le x\le 2n)\\ 0, & (\text{기타 } x)\end{cases}$ 라 하면 $|f_n(x)|\le 1$ 이고 M상에서 평등적으로 $\lim_{n\to\infty} f_n(x)=0$ 이지만 $\int_M f_n dx=\log 2$.

주의 정리에서 첨자 n(자연수) 대신 연속적으로 변화하는 실수 t를 보조변수로 하는 경우도 완전히 똑같다. 예를 들어 다음이 성립한다.

정리 5' $f_t(s)$ $(t>t_0)$가 가측이고 적분가능인 함수 $g(s)$가 존재하고 모든 $t>t_0$ 에 대해 S상 $|f_t(s)|\le g(s)$ 이고 $\lim_{t\to t_0} f_t(s)=f(s)$ 이면

$$\lim_{t\to t_0}\int f_t d\mu=\int f d\mu.$$

2. 이상이 기본적인 꼴이며 이것을 변형한 형태를 다음에 열기하자.

정리 6. (급수의 꼴) 가측함수를 항으로 한 급수 $\sum_{n=1}^{\infty} f_n(s)$에서 $f_n\ge 0$

$(n=1,2,\cdots)$이면

$$\int \sum_{n=1}^{\infty} f_n d\mu = \sum_{n=1}^{\infty} \int f_n d\mu.$$

증명 $g_n(s) = \sum_{k=1}^{n} f_k(s)$ 라 하면 $g_n(s) \nearrow \sum_{n=1}^{\infty} f_n(s)$. 고로 단조수렴정리에 의해

$$\int \sum_{n=1}^{\infty} f_n d\mu = \lim_{n\to\infty} \int g_n d\mu = \lim_{n\to\infty} \sum_{k=1}^{n} \int f_k d\mu = \sum_{n=1}^{\infty} \int f_n d\mu. \qquad \square$$

정리 7. 가측함수를 항으로 한 급수 $\sum_{n=1}^{\infty} f_n(s)$ 에서 $\sum_{n=1}^{\infty} \int |f_n| d\mu < \infty$ 이면

$$\int \sum_{n=1}^{\infty} f_n d\mu = \sum_{n=1}^{\infty} \int f_n d\mu.$$

증명 $\sum_{n=1}^{\infty} |f_n(s)|$에 정리 6을 적용하면

$$\int \sum_{n=1}^{\infty} |f_n| d\mu = \sum_{n=1}^{\infty} \int |f_n| d\mu < \infty.$$

고로 $g_n(s) = \sum_{k=1}^{n} f_k(s)$, $g(s) = \sum_{k=1}^{\infty} |f_k(s)|$ 라 놓으면 $|g_n| \le g$, $\int g d\mu < \infty$ 이므로 지배수렴정리를 적용할 수 있고

$$\int \sum_{n=1}^{\infty} f_n d\mu = \int \lim_{n\to\infty} g_n d\mu = \lim_{n\to\infty} \sum_{k=1}^{n} \int f_k d\mu = \sum_{n=1}^{\infty} \int f_n d\mu. \qquad \square$$

3.3 측도의 변환

1. 우선 다음 정리를 보이자.

정리 8. 가측집합 M이 $M=\bigcup_{n=1}^{\infty} M(n)$, $M(j)\cap M(k)=\varnothing$ $(j\neq k)$, $M(n)\in$ $\mathscr{M}$ 일 때 다음 두 경우에 (29)의 등식이 성립한다.

$$\int_M f d\mu=\sum_{n=1}^{\infty}\int_{M(n)} f d\mu \tag{29}$$

a. $f\geq 0$

b. f가 M상 적분가능

증명 a의 경우는 3.1절 1. D(+)에서 보인바 있다. b는

$$\int \chi_M f d\mu=\sum_{n=1}^{\infty}\int \chi_{M(n)} f d\mu$$

란 말이므로 이것의 성립에는 정리 7과 a에 의해

$$\sum_{n=1}^{\infty}\int |\chi_{M(n)} f| d\mu=\sum_{n=1}^{\infty}\int \chi_{M(n)}|f| d\mu$$
$$=\int \chi_M |f| d\mu=\int_M f d\mu<\infty$$

만 확인하면 된다. □

2. 정리 8에 의해 지금 가측함수 $a(s)\geq 0$ 에 대해

$$\mu_a(A)=\int_A a\, d\mu \tag{30}$$

라 놓으면 이것은 $(S,\mathscr{M})$상의 측도임을 안다. 이에 대해 다음 정리가 성립한다.

정리 9. (측도의 변환) $a(s)\geq 0$ 에 의해 변환된 측도 μ_a에 대해 $f(s)\geq 0$ 이면

$$\int f(s) d\mu_a(s)=\int f(s)a(s)d\mu(s) \tag{31}$$

$f(s)\geq 0$ 아닐 때는 f^+, f^-에 대해 이 식의 적용을 고려한다.

증명 $\mathscr{M}$의 부분집합의 모임 $\mathfrak{I}=\{M(1),M(2),\cdots,M(q)\}$, $M(j)\cap M(k)=\varnothing$

$(j \neq k)$ 를 하나 생각한다. 그러면

$$\sum_{j=1}^{q} f(M(j))\mu_a(M(j)) = \sum_{j=1}^{q} f(M(j)) \int_{M(j)} a(s)d\mu(s)$$

$$\leq \sum_{j=1}^{q} \int_{M(j)} f(s)a(s)d\mu(s) \leq \int f(s)a(s)d\mu(s).$$

고로 $\mathfrak{I}$에 대한 sup를 취해

$$\int f(s)d\mu_a(s) \leq \int f(s)a(s)d\mu(s).$$

역의 부등식을 보이기 위해 2.3절 정리 3을 쓰자. 그에 의하면 단순 가측함수의 열 $a_1(s), a_2(s), \cdots$ 로

$$a_n \geq 0,\ (n = 1,2,\cdots),\ a_n \nearrow a$$

와 같은 것이 존재한다. 이 때 $fa_n \nearrow fa$ 이므로 단조수렴정리에 의해

$$\int f(s)a_n(s)d\mu(s) \to \int f(s)a(s)d\mu(s). \tag{32}$$

지금 가측집합 M상에서 $a(s) \geq \alpha > 0$ 라 하면 위와 같이

$$\mathfrak{I} = \{M(1), M(2), , \cdots , M(q)\},$$

$$M(j) \subset M,\ (j = 1,2,\cdots),\ M(j) \cap M(k) = \varnothing\ \ (j \neq k)$$

를 생각하면

$$\int_M f(s)d\mu_a(s) \geq \sum_{j=1}^{q} f(M(j))\mu_a(M(j)) \geq \alpha \sum_{j=1}^{q} f(M(j))\mu(M(j))$$

이며 따라서

$$\int_M f(s)d\mu_a(s) \geq \alpha \int_M f(s)d\mu(s).$$

$a_n(s)$는 단순함수이므로 서로 소인 가측집합 $M(n,1), M(n,2), \cdots, M(n,m(n))$이 존재하고

$$a_n(s) = \sum_{k=1}^{m(n)} \alpha_k \chi_{M(n,k)}(s),\ (\alpha_1, \alpha_2, \cdots , \alpha_{m(n)}\text{는 양인 상수})$$

와 같이 표현할 수 있다. $M(n,k)$상 $a(s) \geq a_n(s) = \alpha_k$ 이므로

$$\int f(s)d\mu_a(s) \geq \sum_{k=1}^{m(n)} \int_{M(n,k)} f(s)d\mu_a(s) \geq \sum_{k=1}^{m(n)} \alpha_k \int_{M(n,k)} f(s)d\mu(s)$$

$$= \int f(s) \sum_{k=1}^{m(n)} \alpha_k \chi_{M(n,k)}(s)d\mu(s) = \int f(s)a_n(s)d\mu(s).$$

고로 (32)에 의해

$$\int f(s)d\mu_a(s) \geq \int f(s)a(s)d\mu(s) \qquad \square$$

정의 2. 가측함수 $a(s) \geq 0$ 에 의해

$$\mu_a(A) = \int_A a(s)d\mu(s)$$

에 의해 정의된 $(S, \mathscr{M})$상의 측도 μ_a에 대해 정리 9에 의해 (31)이 성립하므로, 이 **변환된 측도** μ_a를 간혹

$$d\mu_a = a\,d\mu \quad \text{혹은} \quad d\mu_a(s) = a(s)d\mu(s)$$

와 같이 쓰기도 한다.

3.4. 볼록 부등식

1. 적분을 직접 응용하는 최초의 보기로서 볼록 부등식을 생각하자.

이것은 $a \geq 0$ 에 대해

$$\varphi\left(\frac{1}{A_M}\int_M a(s)f(s)d\mu_{(s)}\right) \leq \frac{1}{A_M}\int_M a(s)\varphi(f(s))d\mu(s),$$
$$A_M = \int_M a(s)d\mu(s) \tag{33}$$

와 같은 꼴인 부등식을 말한다. 여기서 $\varphi(x)$는 $\mathbb{R}$의 어떤 유계 폐구간 $[c, d]$에서 정의된 연속인 볼록함수라 한다.

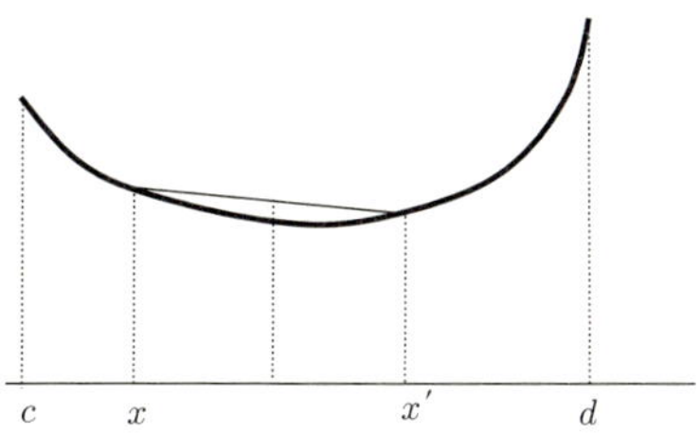

그림 3.1

볼록함수(convex function)란 $x, x' \in [c, d]$, $0 < \alpha < 1$ 일 때

$$\varphi(\alpha x + (1-\alpha)x') \leq \alpha\varphi(x) + (1-\alpha)\varphi(x') \tag{34}$$

를 만족하는 함수이며 φ는 개구간 (c, d)에서 반드시 연속으로 된다. (저학년에서 학습하는 해석학에서는 기지사실이다. 부록에 증명을 주기로 한다.) $x = c$, $x = d$ 에서는 일반적으로 연속인지 알 수 없으나 이하 φ는 $[c, d]$에서 연속으로 됨을 가정해 둔다.

(34)부터

$$\sum_{k=1}^{n}\alpha_k = 1,\ \alpha_k \geq 0,\ (k = 1, 2, \cdots, n),\ x_1, x_2, \cdots, x_n \in [c, d]$$

일 때 일반적으로

$$\varphi(\alpha_1 x_1 + \alpha_2 x_2 + \cdots + \alpha_n x_n) \leq \alpha_1\varphi(x_1) + \alpha_2\varphi(x_2) + \cdots + \alpha_n\varphi(x_n)$$

임을 당장 확인할 수 있다. 혹은 이것을 $A = \sum_{k=1}^{n}\alpha_k > 0$ 일 때

$$\varphi\left(\frac{1}{A}\sum_{k=1}^{n}\alpha_k x_k\right) \leq \frac{1}{A}\sum_{k=1}^{n}\alpha_k\varphi(x_k) \tag{35}$$

라 써도 된다. 이것을 적분의 꼴로 쓴 부등식이 (33)이다.

정리 10. $\varphi(x)$는 $\mathbb{R}$의 유계 폐구간 $[c,d]$에서 정의된 연속함수이고, 가측함수 $a(s)$가 $a\geq 0$ 이고 $M\in\mathscr{M}$ 에 대해

$$0 < A_M = \int_M a(s)d\mu(s) < \infty \tag{36}$$

이고 가측함수 $f(s)$가

$$c \leq f(s) \leq d \quad (s\in M) \tag{37}$$

라 한다. 이 때 다음 부등식이 성립한다.

$$\varphi\left(\frac{1}{A_M}\int_M a(s)f(s)d\mu(s)\right) \leq \frac{1}{A_M}\int_M a(s)\varphi(f(s))d\mu(s) \tag{33}$$

증명 $[c,d]$를 n등분하여 $c=x_0<x_1<x_2<\cdots<x_n=d$

$$\Delta(n):\ c=x_0<x_1<x_2<\cdots<x_n=d,\ x_k-x_{k-1}=\frac{d-c}{n}$$

라 하고 (필요하게 될 때까지 Δ라 쓴다),

$$M(k)=\{s: x_{k-1}\leq f(s)<x_k\},\quad (k=1,2,\cdots,n) \tag{38}$$

(단 $k=n$ 일 때는 $M(n)=\{s: x_{n-1}\leq f(s)\leq x_n\}$ 라 한다.)와 같이 놓자.

$$\alpha_k=\int_{M(k)} a(s)d\mu(s),\quad (k=1,2,\cdots,n)$$

라 하면

$$\alpha_k\geq 0,\ (k=1,2,\cdots,n),\ \sum_{k=1}^n \alpha_k=\int_M a(s)d\mu(s)=A_M$$

이다. (38)부터

$$x_{k-1}\alpha_k\leq\int_{M(k)} a(s)f(s)d\mu(s)\leq x_k\alpha_k.$$

따라서 $x_k^\Delta : x_{k-1}\leq x_k^\Delta\leq x_k$ 를 적당히 잡으면

$$\int_{M(k)} a(s)f(s)d\mu(s)=x_k^\Delta\alpha_k$$

와 같이 된다. 그러면 (35)를 써서

$$\begin{aligned}\varphi&\left(\frac{1}{A_M}\int_M a(s)f(s)d\mu(s)\right)\\ &=\varphi\left(\frac{1}{A_M}\sum_{k=1}^n\int_{M(k)} a(s)f(s)d\mu(s)\right)\\ &=\varphi\left(\frac{1}{A_M}\sum_{k=1}^n\alpha_k x_k^\Delta\right)\leq\frac{1}{A_M}\sum_{k=1}^n\alpha_k\varphi(x_k^\Delta)\end{aligned} \tag{39}$$

그러나

$$\sum_{k=1}^{n}\alpha_k\varphi(x_k^{\Delta})=\sum_{k=1}^{n}\int_{M(k)}a(s)\varphi(x_k^{\Delta})d\mu(s)$$
$$=\int_M a(s)\varphi(f^{\Delta(n)}(s))d\mu(s) \qquad (40)$$

와 같이 쓸 수 있다. 여기서

$$f^{\Delta(n)}(s)=x_k^{\Delta} \quad (s\in M(k), \quad k=1,2,\cdots,n)$$

즉

$$f^{\Delta(n)}(s)=\sum_{k=1}^{n}x_k^{\Delta}\chi_{M(k)}(s)$$

라 놓았다. 지금 $n\to\infty$ 라 하면 $f^{\Delta(n)}(s)\to f(s)$. $\varphi(x)$는 연속이라 했으므로

$$\varphi(f^{\Delta(n)}(s))\to\varphi(f(s)).$$

또 $\varphi(x)$는 연속이므로 유계 폐구간 $[c,d]$에서 유계이다. $|\varphi(x)|\le r$ 라 하면

$$|a(s)\varphi(f^{\Delta(n)}(s))|\le ra(s)$$

이며 $a(s)$는 M상 적분가능하므로 지배수렴정리에 의해 (40)의 우변은 $n\to\infty$ 일 때

$$\int_M a(s)\varphi(f(s))d\mu(s)$$

로 수렴한다. 고로 (39)에 의해 부등식 (33)이 성립한다. □

측도의 변환(3.3.절 정의 2)

$$d\mu_a(s)=\frac{1}{A_M}a(s)\chi_M(s)d\mu(s)$$

를 쓰면 ($d\mu_a$를 다시 $d\mu$라 쓰고) (33)은 $\underline{\mu(M)=1}$ 일 때

$$\varphi\left(\int_M f(s)d\mu(s)\right)\le\int_M\varphi(f(s))d\mu(s)$$

와 같이 써도 무방하다.

2. 이 정리의 직접적인 응용을 몇 가지 보이자.

A. $f(s)>0$ $(s\in M)$, $\mu(M)=1$ 일 때

$$\int_M f(s)d\mu(s)\int_M\frac{1}{f(s)}d\mu(s)\ge 1$$

풀이 $\varphi(x)=\dfrac{1}{x}$ 는 $(0,\infty)$에서 볼록함수이다. $a(s)=1$ $(s\in M)$ 와 같이 하고 정리를 적용하면 된다 (이 식은 다음 C부터 도출할 수도 있다) □

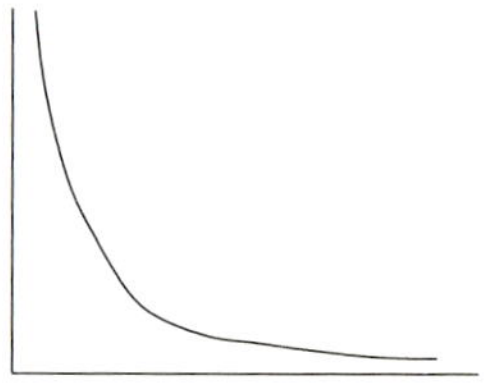

그림 3.2

B. f가 $f(s)>0$ $(s\in M)$ 인 적분가능함수, $\mu(M)=1$ 일 때

$$\int_M \log(f(s))d\mu(s)\le \log\left(\int_M f(s)d\mu(s)\right) \tag{41}$$

풀이 f를 위 아래로 자른 함수(2.3절, 2. 성질 10)

$$f_{n,m}(s)=[f]^{n}_{1/m}(s)=\begin{cases}1/m, & (f(s)<1/m)\\ f(s), & (1/m\le f(s)\le n)\\ n, & (f(s)>n)\end{cases}$$

를 생각하면 $f_{n,m}\nearrow[f]_{1/m}$ $(n\to\infty)$, $\log f_{n,m}\nearrow\log[f]_{1/m}$ $(n\to\infty)$ 이다. 또 $\varphi(x)=-\log x$ 는 $(0,\infty)$에서 볼록함수이다.

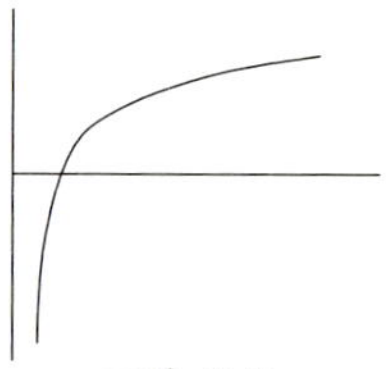

그림 3.3

따라서

$$-\log\left(\int_M f_{n,m}d\mu\right)\le -\int_M \log f_{n,m}d\mu$$

인데 $n\to\infty$ 라 하여 단조수렴정리를 적용하면(3.2절 정리3 각주 참조)

$$\int_M \log[f]_{1/m}d\mu\le \log\left(\int_M [f]_{1/m}d\mu\right). \tag{43}$$

여기서 $m\to\infty$ 라 하면 극한식으로 (41)를 얻을 수 있는데 극한을 취하기 위해 다음 고찰을 한다. (41)은 좌변이 $-\infty$ 또는 우변이 ∞이면 문제되지 않다. 따라서 $\int_M \log f d\mu>-\infty$, $\log\left(\int_M f d\mu\right)<\infty$ 라 가정한다. M상에서 $[f]_1$

$\leq f+\chi_M$ 이므로 (43)부터 얻을 수 있는

$$\int_M \log f\,d\mu \leq \int_M \log[f]_1 d\mu \leq \log\left(\int_M [f]_1 d\mu\right)$$
$$\leq \log\left(\int_M f d\mu + \mu(M)\right) \tag{44}$$

에 의해 $\log f$, $\log[f]_1$도 적분가능하다. $m\to\infty$ 일 때

$$[f]_{1/m} \searrow f \text{ 이고 } -\log[f]_{1/m} \nearrow -\log f$$

이므로 (43)의 좌변에는 지배수렴정리, 우변에는 단조수렴정리를 적용할 수 있고 (41)을 얻는다. □

이것은 산술평균, 기하평균의 관계

$$(x_1 x_2 \cdots x_n)^{1/n} \leq \frac{x_1+x_2+\cdots+x_n}{n} \tag{45}$$

를 일반화한 식이다. (실제 공간 $S=\{1,2,\cdots,n\}$ 에서 각 k에 측도 $\frac{1}{n}$을 준 것을 생각하면 (42)는 (41)의 한 경우임을 안다.)

C. $f(s)\geq 0$, $g(s)\geq 0$ 이고 p, q는 $\frac{1}{p}+\frac{1}{q}=1$ 을 만족하는 실수라 할 때

$$p>1,\ q>1 \text{ 이면 } \int fg\,d\mu \leq \left(\int f^p d\mu\right)^{1/p} \left(\int g^q d\mu\right)^{1/q} \tag{46}$$

$$0<p<1,\ q<0 \text{ 이면 } \int fg\,d\mu \geq \left(\int f^p d\mu\right)^{1/p} \left(\int g^q d\mu\right)^{1/q} \tag{47}$$

이 부등식을 **Hölder의 부등식**이라 한다. $p=q=2$ 일 때는 **Schwarz의 부등식**이라 한다.

증명 $\varphi(x)=x^p$ 는 $p>1$ 일 때 $(0,\infty)$에서 볼록이고 $0<p<1$ 이면 $-\varphi$가 볼록이다. 그 이유 때문에 (46)(47)에 역의 부등식이 성립한다. 그 외의 의논은 똑같으므로 $p>1$ 인 경우만 보이도록 한다. 또 (46)은 $\int g^q d\mu=\infty$ 일 때 분명하므로 $\int g^q d\mu<\infty$ 라 하자. $0<p<1$ 인 경우는 $\int_M g^q d\mu<\infty$ 와 같은 M상에서 보이고, 그 다음 M을 크게 하면 되므로 대체로 똑같다.

지금 $h(s)\geq 0$ 이라 하여 $\varphi(\xi)=\xi^p$, $p>1$ 에 (33)을 적용하면

$$\frac{1}{A^p}\left(\int h a\,d\mu\right)^p \leq \frac{1}{A}\int h^p a\,d\mu\,, \qquad A=\int a\,d\mu$$

또는

$$\int h\,a\,d\mu \le A^{1/q}\Big(\int h^p a\,d\mu\Big)^{1/p}.$$

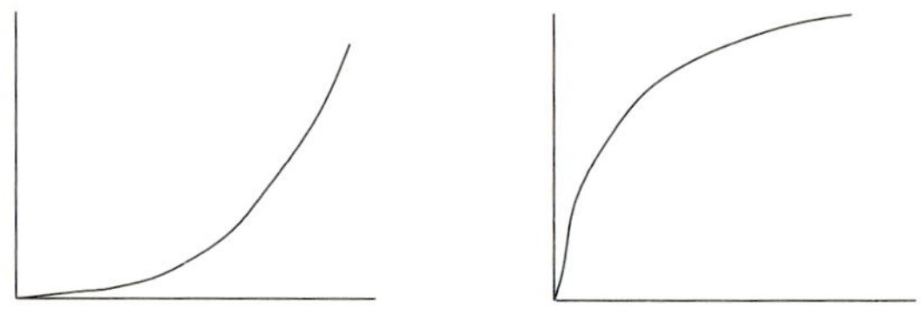

그림 3.4

여기서

$$a(s)=(g(s))^q,\ \ h(s)=f(s)(g(s))^{1-q}=f(s)(g(s))^{-q/p}$$

와 같이 하면 (46)을 얻을 수 있다((33)은 h가 유계, $\int g^q d\mu > 0$ 일 때 적용할 수 있으나 $\int g^q d\mu = 0$ 일 때는 (46)의 좌변은 0, h가 비유계일 때는 적당한 극한 이행에 의해 (33)의 적용을 확인할 수 있다). □

다음 부등식은 정리 10의 직접적인 응용이 아니지만 Hölder의 부등식부터의 결론이고, 가음 절에서 쓰이게 되므로 여기서 언급해 둔다.

D. (Minkowski의 부등식) $p \ge 1$ 이면

$$\Big(\int |f+g|^p d\mu\Big)^{1/p} \le \Big(\int |f|^p d\mu\Big)^{1/p} + \Big(\int |g|^p d\mu\Big)^{1/p} \tag{48}$$

$0<p<1$ 이면 $f \ge 0,\ g \ge 0$ 일 때

$$\Big(\int (f+g)^p d\mu\Big)^{1/p} \ge \Big(\int f^p d\mu\Big)^{1/p} + \Big(\int g^p d\mu\Big)^{1/p}. \tag{49}$$

증명 (48)도 $f \ge 0,\ g \ge 0$ 인 경우에 보이면 되므로, 이하 그렇게 가정하자. $p=1$ 이면 분명하다. $p>1$ 일 때 $q>1$ 을 $\frac{1}{p}+\frac{1}{q}=1$ 와 같이 잡고 Hölder의 부등식을 적용하자.

$$\begin{aligned}\int (f+g)^p d\mu &= \int (f+g)^{p-1}(f+g)d\mu \\ &= \int (f+g)^{p-1} f\,d\mu + \int (f+g)^{p-1} g\,d\mu \\ &\le \Big(\int f^p d\mu\Big)^{1/p}\Big(\int (f+g)^{(p-1)q} d\mu\Big)^{1/q}\end{aligned}$$

$$+\left(\int g^p d\mu\right)^{1/p}\left(\int (f+g)^{(p-1)q} d\mu\right)^{1/q}$$
$$=\left\{\left(\int f^p d\mu\right)^{1/p}+\left(\int g^p d\mu\right)^{1/p}\right\}\left(\int (f+g)^p d\mu\right)^{1/q}.$$

$\int (f+g)^p d\mu \neq 0, \infty$ 이면 양변을 $\left(\int (f+g)^p d\mu\right)^{1/q}$ 로 나누고 (48)을 얻는다. 또

$$(f+g)^p \le (2\max\{f,g\})^p = 2^p \max\{f^p, g^p\} \le 2^p(f^p+g^p) \tag{50}$$

이므로 $\int (f+g)^p d\mu = \infty$ 이면 $\int f^p d\mu = \infty$ 또는 $\int g^p d\mu = \infty$ 이며 이 때도 (48)은 성립한다. (49)도 같은 방법으로 보일 수 있다. □

E. $0 < p < 1$ 일 때

$$\int |f+g|^p d\mu \le \int |f|^p d\mu + \int |g|^p d\mu \tag{51}$$

증명 $x \ge 0$, $y \ge 0$, $x+y=1$ 이면 $x, y \le 1$ 이므로 $x \le x^p$, $y \le y^p$. 고로 $1 \le x^p + y^p$. 일반적으로 $x \ge 0$, $y \ge 0$ 에 대해 $\frac{x}{x+y}, \frac{y}{x+y}$를 생각하면

$$x \ge 0,\ y \ge 0 \text{ 일 때 } (x+y)^p \le x^p + y^p \tag{52}$$

가 성립한다. 이것부터 (51)을 얻는다. □

3.5 Riesz-Fischer의 정리와 함수공간

1. 여기서 다루는 정리는 Riesz와 Fischer에 의해 동시(1907년)에 독립적으로 발표된 정리이다. 이것은 이하의 증명에서 볼 수 있듯이 Lebesgue적분의 승리라 말할 수 있는 찬란한 결과이며 당시 사람들의 주목을 집중시키기도 하였다. 그리고 이 정리는 그 이후의 해석학의 발전에 기본적인 역할을 하고 있다.

정의 3. 측도공간 $(S, \mathscr{M}, \mu)$에서 실수 $p>0$ 에 대해

$$\int |f|^p d\mu < \infty$$

를 만족하는 함수를 L^p-**함수**라 한다. L^p-함수의 전체는 $L^p(S, \mathscr{M}, \mu)$, 또는 $L^p(S)$라 표시한다.

이 정의에 의하면 적분가능인 함수는 L^1-함수라 말할 수 있다.

3.4절 (50),(51)에 의해 $f, g \in L^p$ 이면 $f+g \in L^p$ 임을 안다. 또한 임의의 $a \in \mathbb{R}$ 에 대해 $af \in L^p$ 이므로 L^p는 벡터공간이다.

2. 지금 $p \geq 1$ 일 때

$$\|f\| = \left(\int |f|^p d\mu\right)^{1/p} \tag{53}$$

라 놓으면 Minkowski의 부등식은

$$\|f+g\| \leq \|f\| + \|g\| \tag{54}$$

라 쓸 수 있다.

일반적으로 벡터공간 V에서 각 벡터 $v \in V$ 에 대해 $\|v\| \in \mathbb{R}$ 가 정의되고 조건

$$\|v\| \geq 0 \;\; ; \;\; v=0 \;\Leftrightarrow\; \|v\|=0$$

$$\|av\| = |a|\,\|v\| \quad (a \in \mathbb{R})$$

$$\|v+w\| \leq \|v\| + \|w\|$$

을 만족할 때 $\|v\|$를 $v \in V$ 의 **norm**이라 하고 norm이 정의된 벡터공간을 **norm공간**(normed space)이라 한다. 따라서 L^p는 norm공간이다. 또

$$d(v, w) = \|v-w\|$$

라 쓰면 이것이 거리의 성질

$$d(v,w) \geq 0$$
$$d(v,w) = d(w,v)$$
$$d(u,w) \leq d(u,v) + d(v,w)$$

을 가짐을 표현하고 있다고 말할 수 있다($d(f,g)=0$ 는 $f=g$ (a.e.) 라는 뜻이다(→3.1절 정리 2)). norm공간이 이와 같이 거리를 도입하여 완비 거리공간으로 될 때 **Banach공간**(Banach space)이라 한다.

정리 11. (Riesz-Fischer의 정리) $p \geq 1$ 일 때 $L^p(S, \mathcal{M}, \mu)$는 이 거리에 관해 완비이다.

$L^p(S, \mathcal{M}, \mu)$가 완비란 $f_1(s), f_2(s), \cdots \in L^p$ 에 대해

$$\lim_{m,n\to\infty} \|f_m - f_n\| = 0 \tag{55}$$

가 성립하면 어떤 $f_0 \in L^p$ 가 존재하여

$$\lim_{n\to\infty} \|f_n - f_0\| = 0$$

로 됨을 뜻한다. 즉 $L^p(S, \mathcal{M}, \mu)$는 Banach공간이다.

이것은 마치 실수열에 대한 Cauchy의 수렴판정조건이 L^p의 함수열에 대해서도 성립한다는 것을 말하고 있다. 해석학에서 Cauchy의 수렴판정조건이 거의 모든 데에서 핵심적인 역할을 하고 있음을 생각하면 이 정리가 지닌 중요성에 대해서도 납득할 수 있을 것이다.

정리 11의 증명 (55)는

임의의 $\epsilon > 0$ 에 대해 적당히 n_ϵ을 잡으면

$$m,n \geq n_\epsilon \text{ 에 대해 } \|f_m - f_n\| < \epsilon \tag{56}$$

로 됨을 말하고 있다.

지금 각 $k=1,2,\cdots$ 에 대해 $\epsilon = 2^{-k}$ 라 하여 (56)을 만족하는 n_ϵ을 $n(k)$라 한다. $n(k)$는 크게 잡아도 무방하므로 단조증가 즉

$$n(1) < n(2) < \cdots \tag{57}$$

라 해도 된다. 이 때 $f_1, f_2, \cdots$ 부터 부분열 $f_{n(1)}, f_{n(2)}, \cdots$ 를 잡을 수 있고 이에 대해

$$\|f_{n(k)} - f_{n(k+1)}\| < 2^{-k} \qquad (k=1,2,\cdots)$$

가 성립하게 된다. 지금 급수

$$\sum_{k=1}^{\infty}|f_{n(k)}(s)-f_{n(k+1)}(s)| \tag{58}$$

를 생각한다. 그 부분합

$$\sigma_k(s)=|f_{n(1)}(s)-f_{n(2)}(s)|+\cdots+|f_{n(k)}(s)-f_{n(k+1)}(s)|$$

에 대해

$$\|\sigma_k\| \le \|f_{n(1)}-f_{n(2)}\|+\cdots+\|f_{n(k)}-f_{n(k+1)}\| \le 2^{-1}+\cdots+2^{-k}<1$$

이므로

$$\int \sigma_k^p d\mu \le 1 \qquad (k=1,2,\cdots).$$

그리고 $0 \le \sigma_1^p \le \sigma_2^p \le \cdots$ 이므로 단조수렴정리에 의해 $\sigma=\lim_{n\to\infty}\sigma_n$ 라 할 때

$$\int \sigma^p d\mu=\lim_{n\to\infty}\int \sigma_n^p d\mu \le 1.$$

고로 $\sigma(s)$는 a.e.유한인 값을 가진다. 즉 (58)은 a.a.s에 대해 수렴한다. 따라서 급수

$$\sum_{k=1}^{\infty}(f_{n(k)}(s)-f_{n(k+1)}(s)) \tag{59}$$

는 a.e.로 절대수렴한다. (59)의 k부분합은 $f_{n(1)}(s)-f_{n(k+1)}(s)$이므로 (59)가 수렴한다는 것은

$$\lim_{k\to\infty} f_{n(k)}(s) \tag{60}$$

가 a.e.로 존재하고 유한값임을 뜻한다. (60)에 의해 정해진 가측함수를 $f_0(s)$라 한다.

$$\begin{aligned}
&|f_0(s)-f_{n(k)}(s)| \\
&\quad=|(f_{n(1)}(s)-f_0(s))-(f_{n(1)}(s)-f_{n(k)}(s))| \\
&\quad=\left|\sum_{j=1}^{\infty}(f_{n(j)}(s)-f_{n(j+1)}(s))-\sum_{j=1}^{k-1}(f_{n(j)}(s)-f_{n(j+1)}(s))\right| \\
&\quad=\left|\sum_{j=k}^{\infty}(f_{n(j)}(s)-f_{n(j+1)}(s))\right| \le \sum_{j=k}^{\infty}|f_{n(j)}(s)-f_{n(j+1)}(s)| \\
&\quad\le \sigma(s)
\end{aligned}$$

이다.

$$\int \sigma^p d\mu<\infty, \quad |f_0-f_{n(k)}|^p \le \sigma^p, \quad \lim_{k\to\infty}|f_0-f_{n(k)}|^p=0 \ \text{(a.e.)}$$

이므로 $f_0-f_{n(k)}\in L^p$ 따라서 $f_0\in L^p$ 및 지배수렴정리에 의해

$$\lim_{k\to\infty}\int|f_0-f_{n(k)}|^p d\mu=0 \quad \text{즉} \quad \lim_{k\to\infty}\|f_0-f_{n(k)}\|=0$$

가 보여졌다. 다음 임의의 $\epsilon>0$ 에 대해 (56)과 같이 n_ϵ을 잡으면 (57)부터 $n(k)\geq n_\epsilon$ 와 같은 $n(k)$가 있으므로 $n\geq n_\epsilon$ 이면

$$\|f_n-f_0\|\leq\|f_n-f_{n(k)}\|+\|f_{n(k)}-f_0\|\leq\epsilon+\|f_{n(k)}-f_0\|.$$

$k\to\infty$ 로 하여

$$\|f_n-f_0\|\leq\epsilon$$

이것은 $\lim_{n\to\infty}\|f_n-f_0\|=0$ 를 뜻한다. □

3. $0<p<1$ 일 때는 3.4절 2.E에 의해 (53)의 $\|f\|$ 대신

$$\|f\|=\int|f|^p d\mu \tag{61}$$

를 잡으면 (54)가 성립하고 똑같은 결론에 도달한다.

정리 12. $0<p<1$ 일 때 정리 11의 $\|f\|$를 (61)에 의해 정하면 정리 11과 똑같은 결론이 성립한다.

증명 3.4절 (51)에 주의하면 정리 11과 같은 것이다. □

3.6 가측함수열의 수렴

1. 지금까지 측도공간 $(S, \mathscr{M}, \mu)$에서 가측함수열 $f_1(s), f_2(s), \cdots$가 $f(s)$로 수렴한다는 것은 S의 각 점에서 수렴하는 것으로 생각해 왔다. 3.1절 4에서 말했듯이 측도 0인 집합 상에서는 문제 되지 않으므로 이것은 S의 거의 모든 점에서 수렴하는 것을 생각하는 것과 같은 것이다.

그런데 이 외에도 몇 가지의 수렴의 모양을 생각할 수 있으므로 다음에 그것에 대해 논의하기로 하자.

만약 $(S, \mathscr{M}, \mu)$가 확률공간 $(\mu(S)=1)$ 일 때는, 확률론에서는, 가측함수를 **확률변수**(random variable)라 부른다. 확률론에서는 확률변수의 수렴을 논의하는 것이 그 주요한 목적이라 해도 과언이 아니다. 그리고 거기서는 보통의 적분론에서와 다른 용어가 쓰인다.

정의 4. $f_1(s), f_2(s), \cdots$가 S의 거의 모든 점에서 $f(s)$로 수렴할 때 f_n은 f로 **거의 모든 곳에서 수렴**한다고 한다. 이하 a.e.수렴한다와 같이 표현한다.

정의 5. $f_1(s), f_2(s), \cdots$ 및 $f(s)$에 대해

$$\text{임의의 } \delta>0 \text{ 에 대해 } \lim_{n\to\infty} \mu(\{|f_n - f| \geq \delta\}) = 0 \tag{62}$$

가 성립할 때 f_n이 f로 **측도수렴**(converge in measure)한다고 말한다. 확률공간에서는 f_n이 f로 **확률수렴**(converge in probability)한다고 말한다.

정의 6. $f_1(s), f_2(s), \cdots$ 및 $f(s)$가 $L^p(S, \mathscr{M}, \mu)$의 함수일 때

$$\lim_{n\to\infty} \int |f_n - f|^p d\mu = 0 \tag{63}$$

이면 f_n은 f로 **p제곱 평균수렴**한다고 말한다. 이 때 특히

$$\text{l.i.m.}_{n\to\infty} f_n = f \qquad (L^p)$$

와 같이 쓴다 (l.i.m.=limit in the mean).

2. 정리 13. 일반적인 측도공간에서 다음이 성립한다.

(1) 평균수렴 ⇨ 측도수렴

(2) 측도수렴하면 적당한 부분열을 취하면 a.e.수렴.

유한측도공간(특히 확률공간)에서는

(3) a.e.수렴 ⇨ 측도수렴.

증명 (1) $\delta > 0$ 에 대해 $M(n,\delta) = \{|f_n - f| \geq \delta\}$ 라 하면

$$\int |f_n - f|^p d\mu \geq \int_{M(n,\delta)} |f_n - f|^p d\mu \geq \delta^p \mu(M(n,\delta))$$

따라서 (63)부터 (62)가 성립한다.

(2) 지금 부분열 $f_{n(1)}, f_{n(2)}, \cdots$ 를 $k = 1, 2, \cdots$ 에 대해

$$\mu(M(n(k), 2^{-k})) = \mu(\{|f_{n(k)} - f| \geq 2^{-k}\}) \leq 2^{-k} \tag{64}$$

와 같이 택한다. 이 부분열이 a.e.수렴함을 보이자.

$$\overline{M_j} = \bigcup_{k=j}^{\infty} M(n(k), 2^{-k})$$

라 한다. $s \not\in \overline{M_j}$ 이면 $|f_{n(k)}(s) - f(s)| < 2^{-k}$ $(k = j, j+1, \cdots)$ 이며 고로

$$\lim_{k \to \infty} f_{n(k)}(s) = f(s). \tag{65}$$

(64)부터 $\mu(\overline{M_j}) \leq 2^{-j+1}$ 이다. 따라서 $\overline{M_j} \searrow N = \bigcap_{j=1}^{\infty} \overline{M_j}$ 라 하면 $\mu(N) = 0$ 이다. $s \in N$ 이면 s는 어떤 j에 대해 $s \not\in \overline{M_j}$ 와 같이 되므로 (65)가 성립한다.

(3) 2.3절 정리 2와 같이

$$\left\{s : \lim_{n \to \infty} f_n(s) = f(s)\right\} = \bigcap_{k=1}^{\infty} \bigcup_{l=1}^{\infty} \bigcap_{n=l}^{\infty} \left\{s : |f_n(s) - f(s)| < \frac{1}{k}\right\} \tag{66}$$

지금 이 집합을 M이라 하고

$$M_{k,l} = \bigcap_{n=l}^{\infty} \left\{s : |f_n(s) - f(s)| < \frac{1}{k}\right\}, \quad M_k = \bigcup_{l=1}^{\infty} M_{k,l} \tag{67}$$

라 하면

$$M_{k,l} \nearrow M_k \quad (l \to \infty), \quad M_k \searrow M \quad (k \to \infty)$$

이고 $\mu(S \setminus M) = 0$. 고로 $\mu(S \setminus M_k) = 0$ $(k = 1, 2, \cdots)$. 지금 $k^{-1} < \delta$ 라 해둔다. 그러면 $n \geq l$ 일 때

$$\{|f_n - f| \geq \delta\} \subset \{|f_n - f| \geq k^{-1}\} \subset S \setminus M_{k,l}$$

$S \setminus M_{k,l} \searrow S \setminus M_k$ 부터 $\lim_{l \to \infty} \mu(S \setminus M_{k,l}) = \mu(S \setminus M_k) = 0$ ($\mu(S) < \infty$ 이므로. →2.2절 2의 성질 7(2)). □

정리 14. 함수열 $f_1(s), f_2(s), \cdots$ 에 대해

(1) $\lim_{m,n\to\infty}(f_m(s)-f_n(s))=0$ (a.e.) 이면 이 함수열은 어떤 함수로 a.e. 수렴한다.

(2) 임의의 $\delta>0$ 에 대해 $\lim_{m,n\to\infty}\mu(\{|f_m-f_n|\geq\delta\})=0$ 이면 이 함수열은 어떤 함수로 측도수렴한다.

(3) $\lim_{m,n\to\infty}\int|f_n-f_m|^p d\mu=0$ 이면 이 함수열은 어떤 함수로 p제곱 평균수렴한다.

증명 (1) $\lim_{m,n\to\infty}(f_m(s)-f_n(s))=0$ 라는 것은 s를 고정할 때 수열 $f_1(s)$, $f_2(s),\cdots$에 관한 Cauchy의 수렴판정조건이며 이것부터 $\lim_{n\to\infty}f_n(s)$가 존재한다. 이것을 $f(s)$라 쓰면 함수열 $f_1, f_2, \cdots$ 가 f로 a.e.수렴한 것은 당연하다.

(2) 지금 $n(1), n(2), \cdots$ $(n(1)<n(2)<\cdots)$ 를

$$m,n\geq n(k) \text{ 이면 } \mu(\{|f_n-f_m|\geq 2^{-k}\})\leq 2^{-k}$$

와 같이 잡자. 그리고

$$M_k=\bigcup_{j=k}^{\infty}\{|f_{n(j)}-f_{n(j+1)}|\geq 2^{-j}\}$$

라 하면

$$M_1\supset M_2\supset\cdots, \quad \mu(M_k)\leq 2^{-k+1}$$

$s\notin M_k$ 이면

$$\sum_{j=k}^{\infty}|f_{n(j)}(s)-f_{n(j+1)}(s)|\leq\sum_{j=k}^{\infty}2^{-j}=2^{-k+1} \tag{68}$$

이므로

$$\sum_{j=k}^{\infty}(f_{n(j)}(s)-f_{n(j+1)}(s)) \tag{69}$$

는 절대수렴한다. (69)의 부분합은 $f_{n(k)}(s)-f_{n(j+1)}(s)$ 이므로 $\lim_{j\to\infty}f_{n(j)}(s)$ 가 존재한다. $M=\bigcap_{k=1}^{\infty}M_k$ 와 같이 놓으면 $M_k\searrow M$ 이며 따라서 $\mu(M)=0$ 이다. 그리고 $s\notin M$ 이면 어떤 k에 대해 $s\notin M_k$ 이므로 $\lim_{j\to\infty}f_{n(j)}(s)$가 존재한다. 지금 $f(s)=\lim_{j\to\infty}f_{n(j)}(s)$ $(s\notin M)$ 라 놓는다. (68),(69)부터

$$s \not\in M_k \text{ 이면 } |f_{n(k)}(s) - f(s)| \le 2^{-k+1}$$

즉

$$\{|f_{n(k)} - f| > 2^{-k+1}\} \subset M_k.$$

따라서 $\delta > 0$ 에 대해 $2^{-k+1} < \delta$ 와 같은 k에 대해

$$\{|f_{n(k)} - f| > \delta\} \subset M_k.$$

$\mu(M_k) \to 0$ 부터 $f_{n(1)}, f_{n(2)}, \cdots$ 가 f로 측도수렴함을 알 수 있다. 지금 $\epsilon > 0$ 에 대해 n_ϵ을

$$m, n \ge n_\epsilon \text{ 이면 } \mu(\{|f_n - f_m| \ge \delta/2\}) < \epsilon/2$$

와 같이 잡고 또 k를

$$n(k) \ge n_\epsilon \text{ 이고 } \mu(\{|f_{n(k)} - f| \ge \delta/2\}) < \epsilon/2$$

와 같이 잡으면

$$|f_n - f| \le |f_{n(k)} - f| + |f_n - f_{n(k)}|$$

부터

$$\{|f_n - f| \ge \delta\} \subset \{|f_{n(k)} - f| \ge \delta/2\} \cup \{|f_n - f_{n(k)}| \ge \delta/2\}$$

이므로 $n \ge n_\epsilon$ 이면

$$\mu(\{|f_n - f| \ge \delta\}) < \epsilon$$

가 성립함을 안다. 고로

$$\lim_{n\to\infty} \mu(\{|f_n - f| \ge \delta\}) = 0.$$

이것은 $f_1, f_2, \cdots$ 가 f에 측도수렴함을 보여주고 있다.

(3) 3.5절의 Riesz-Fischer의 정리이다. □

3. 정리 15. **(Egorov의 정리)** $\mu(M) < \infty$ 이고 $f_1(s), f_2(s), \cdots$ 가 M상 $f(s)$로 a.e.수렴하면 임의의 $\epsilon > 0$ 에 대해 부분집합 $N_\epsilon \subset M$ 을

$$\mu(N_\epsilon) \le \epsilon \text{ 및 } f_n(s)\text{가 } M \setminus N_\epsilon\text{상 평등수렴}$$

하게끔 잡을 수 있다.

증명 M상 모든 s에서 $\lim_{n\to\infty} f_n(s) = f(s)$ 라 해도 무방하다. 지금 M속에서만 생각하기로 한다. 그러면 (66)식은 M과 일치한다. (67)과 같이 $M_{k,l}, M_k$를 생각한다. $M \subset M_k$ 이므로 $M = M_k$ 이다. $M_{k,l} \nearrow M_k = M$ $(l\to\infty)$ 이므로 $M \setminus M_{k,l} \searrow \varnothing$ $(l\to\infty)$. $\mu(M) < \infty$ 부터 $\mu(M \setminus M_{k,l}) \to 0$ $(l\to\infty)$. 지금 $l(k)$ $(k = 1, 2, \cdots)$ 를

$$\mu(M \setminus M_{k,l(k)}) < 2^{-k}\epsilon$$

와 같이 잡자. 그리고

$$N_\epsilon = \bigcup_{k=1}^{\infty} (M \setminus M_{k,l(k)})$$

라 하면 $\mu(N_\epsilon) \leq \sum_{k=1}^{\infty} 2^{-k}\epsilon = \epsilon$ 이다.

$M \setminus N_\epsilon$에서 f_n이 평등수렴함을 보이자. 임의로 $\delta > 0$ 를 잡고 $k^{-1} < \delta$ 라 한다. 이 때 $M \setminus M_{k,l(k)} \subset N_\epsilon$ 부터 $M \setminus N_\epsilon \subset M_{k,l(k)}$. 고로 $M \setminus N_\epsilon$상에서는

$$n \geq l(k) \text{ 이면 } |f_n(s) - f(s)| \leq k^{-1} < \delta$$

로 되어 평등수렴함을 알았다. □

3장의 문제

특별히 말하지 않는 한 일반적인 측도공간 $(S, \mathscr{M}, \mu)$에서 생각한다. 또 함수는 모두 가측함수이다.

1. 함수 $f(s)$가 유계 : $\alpha \leq f \leq \beta$ 라 하고, 함수 $g(s)$는 $g \geq 0$ 이고 적분가능하다고 하자. 이 때

$$\alpha \leq \gamma \leq \beta, \quad \int fg\, d\mu = \gamma \int g\, d\mu$$

와 같은 γ가 존재함을 보이시오.

2. 함수열 $f_1(s), f_2(s), \cdots$ 이

$$0 \leq f_n(s) \leq g(s), \quad g(s)\text{는 적분가능}$$

를 만족하면 $\displaystyle\limsup_{n\to\infty}\int f_n\, d\mu \leq \int \limsup_{n\to\infty} f_n\, d\mu$ 임을 보이시오.

3. 단조수렴정리 또는 지배수렴정리의 조건을 만족하지 않는 함수열 $f_1(s)$, $f_2(s), \cdots$에 대해

$$f_n \to f \text{ 이고 } f,\ f_n\ (n = 1, 2, \cdots)\text{는 적분가능}$$

이라 해도

$$\int f_n\, d\mu \to \int f\, d\mu$$

로 되지 않는 반례를 만드시오.

4. $f_n \to f$ 이고 이 함수들이 적분가능이고 또

$$\lim_{n\to\infty}\int |f_n| d\mu = \int |f| d\mu$$

를 만족하면 임의의 집합 M에 대해서

$$\lim_{n\to\infty}\int_M f_n\, d\mu = \int_M f\, d\mu$$

임을 보이시오. (→문제 12 참조)

5. 구간 $I \subset \mathbb{R}$ 에 대해 $f(x, s)$는 $I \times S$에서 정의된 함수가 다음 조건을 만족한다 하자.

1) 각 $x \in I$ 에 대해 s의 함수로서 가측

2) 각 $s \in S$ 에 대해 x의 함수로서 연속

3) 모든 (x,s)에 대해 $|f(x,s)| \le g(s)$ 를 만족하는 적분가능한 함수 $g(s)$가 존재한다

이 때

$$F(x) = \int_S f(x,s)d\mu(s)$$

는 x의 함수로서 연속임을 보이시오. 더구나

4) 각 $s \in S$ 에 대해 $\dfrac{\partial f}{\partial x}(x,s)$가 존재한다

5) 모든 (x,s)에 대해 $\left|\dfrac{\partial f}{\partial x}(x,s)\right| \le g_1(s)$ 를 만족하는 적분가능한 함수 $g_1(s)$가 존재한다

를 만족하면 $F(x)$는 미분가능하며

$$F'(x) = \frac{d}{dx}\int_S f(x,s)d\mu(s) = \int_S \frac{\partial f}{\partial x}(x,s)d\mu$$

와 같이 됨을 보이시오.

주의 4),5)가 성립하면 3)은 I가 유한구간이면 성립한다.

6. f가 적분가능일 때 f가 유계이면 $|f|^2$도 적분가능함을 보이시오. f가 비유계일 때는 이것은 일반적으로 성립하지 않는 반례를 만드시오.

7. (1) (S,μ)상의 함수 f가 본질적으로 유계(essentially bounded)란, 어떤 $\gamma > 0$ 가 존재하여 $|f(s)| \le \gamma$ (a.e) 일 때를 말한다. 지금

$$L^\infty(S) = \{f : S \to \mathbb{R} \cup \{\pm\infty\} : \text{본질적으로 유계}\}$$
$$\|f\|_\infty = \inf\{\gamma : \mu(\{s : |f(s)| > \gamma\}) = 0\}$$

라 하면 $L^\infty(S)$는 $\|f\|_\infty$에 관해 Banach공간임을 보이시오.

(2) $\mu(S) < \infty$ 이면 모든 $1 \le p \le q \le \infty$ 에 대해 $L^q(S) \subset L^p(S)$ 로 됨을 보이시오.

(3) f에 대해 $|f|^p$가 적분가능인 p들은 하나의 구간을 이룸을 보이시오. 만약 $\|f\|_p < \infty$ 와 같은 p가 하나라도 존재하면

$$\lim_{p\to\infty}\|f\|_p = \|f\|_\infty$$

가 성립함을 보이시오.

8. 평균수렴하지만 a.e.수렴하지 않는 함수열의 예를 만드시오.

9. $\sum_{n=1}^{\infty}\int|f_n|d\mu<\infty$ 이면 $f_n\to 0$ (a.e.)임을 보이시오.

10. $f(s)$가 적분가능이면 임의의 $\epsilon>0$ 에 대해 적당한 $\delta>0$ 가 존재하여

$$\mu(M)<\delta \text{ 인 모든 } M\text{에 대해 } \int_M |f|d\mu<\epsilon$$

로 됨을 보이시오.

11. $(S,\mathcal{M},\mu)$가 유한측도공간이다. 가측함수의 열 $f_1,f_2,\cdots$ 이 주어질 때 이 함수열이 **평등적으로 적분가능**(uniformly integrable)이란

임의의 $\epsilon>0$ 에 대해 적당한 $\delta>0$ 가 존재하여

$$\mu(M)<\delta \text{ 인 모든 } M\text{과 모든 } n\text{에 대해 } \int_M |f_n|d\mu<\epsilon$$

일 때를 말한다. 지금 $f_1,f_2,\cdots$ 가 평등적으로 적분가능이고 어떤 함수 f로 측도수렴한다 하면 f_n은 f로 평균수렴, 즉

$$\int|f_n-f|d\mu\to 0$$

임을 보이시오. (→3.6절 2의 정리 13과 비교하시오.)

12. $(S,\mathcal{M},\mu)$가 유한측도공간이라 한다. 함수열 $f_1,f_2,\cdots$ 에 대해 문제 4의 조건이 있으면

1) f_n은 평등적으로 적분가능

2) $\int|f_n-f|d\mu\to 0$

임을 보이시오.

13. $(S,\mathcal{M},\mu)$가 측도공간이라 한다. 지금 S부터 S로의 전단사 Φ가

$$\text{임의의 } M\in\mathcal{M} \text{ 에 대해 } \Phi^{-1}(M)\in\mathcal{M}$$

를 만족할 때 Φ는 S상의 **가측변환**(measurable transformation)이라 한다. 이 때 다음을 보이시오.

1) $\mu_\Phi(M)=\mu(\Phi^{-1}(M))$ 라 하면 μ_Φ는 $\mathcal{M}$상의 측도이다.

2) $\int f(\Phi(s))d\mu(s) = \int f(s)d\mu_{\Phi}(s)$.

14. 다음 등식을 증명하고 근거를 대시오.

가) $\lim_{n\to\infty}\int_0^n\left(1-\frac{x}{n}\right)^n x^s dx = \int_0^\infty e^{-x}x^s ds$ (단 $s>-1$)

나) $\int_0^1 \log\frac{1}{1-x}dx = \int_0^1\sum_{n=1}^\infty\frac{x^n}{n}dx = \sum_{n=1}^\infty\frac{1}{n}\int_0^1 x^n dx = 1$

다) $\int_0^1\frac{x^{p-1}}{1-x}\log\frac{1}{x}dx = \sum_{n=0}^\infty\int_0^1 x^{n+p-1}\log\frac{1}{x}dx = \sum_{n=0}^\infty\frac{1}{(n+p)^2}$ 단 $p>0$

라) $\int_0^1\frac{x^{p-1}}{1+x^q}dx = \sum_{k=0}^\infty\frac{(-1)^k}{p+kq}$ 단 $p,\ q>0$

마) $\int_0^\infty\frac{\sin x}{e^x-1}dx = \sum_{n=1}^\infty\int_0^\infty e^{-nx}\sin x dx = \sum_{n=1}^\infty\frac{1}{1+n^2}$

바) $\int_0^\infty\frac{x^3}{e^x-1}dx = \int_0^\infty\sum_{n=0}^\infty x^3e^{-(n+1)x}dx = \sum_{n=1}^\infty\frac{6}{n^4} = \frac{\pi^4}{15}$

15. 다음을 구하시오.

(가) $\lim_{n\to\infty}\int_{-n}^n\left(1+\frac{x^2}{n}\right)^{-n}\cos\frac{x}{n}dx$

(나) $\lim_{n\to\infty}\int_0^n e^{-2t}\left(1+\frac{t}{n}\right)^n dt$

(다) $\lim_{n\to\infty}\int_0^1\frac{n\sqrt{x}}{1+n^2x^2}dx$

16. $\mu(E)<\infty$ 라 하자. 가측함수 $f:E\to[0,\infty]$ 와 각 $n=1,2,\cdots$ 에 대해 $E_n=\{x\in E: |f(x)|\geq n\}$ 이라 두자. 이 때 f가 E상 적분가능이기 위한 필요충분조건이 $\sum_{n=1}^\infty\mu(E_n)<\infty$ 임을 보이시오. 만약 $\mu(E)=\infty$ 이면 어떻게 되는지 살펴보시오.

17. $a>0$ 와 $f\in L^1(\mathbb{R})$ 에 대해 $E_a=\{x\in\mathbb{R}: |f(x)|>a\}$ 라 하자. 이 때

$\lim_{a\to\infty} a\mu(E_a)=0$, $\lim_{a\to 0} a\mu(E_a)=0$ 임을 보이시오.

18. 각 $1<p<\infty$ 에 대해 $f\in L^p(\mathbb{R})$ 이기 위한 필요충분조건은

$$\sum_{n=-\infty}^{\infty} 2^{np} m(\{x: 2^{n-1}<|f(x)|\le 2^n\})<\infty$$

인 것임을 보이시오.

19. f가 $\mathbb{R}$상 Lebesgue적분가능이고 $E_n=\left\{x\in\mathbb{R}: \frac{1}{n}\le |f(x)|\le n\right\}$ 라 하고 $f_n(x)=\begin{cases} f(x), & (x\in E_n) \\ 0, & (x\notin E_n)\end{cases}$ 와 같이 정의한다. 이 때 $\lim_{n\to\infty}\int_{\mathbb{R}} f_n=\int_{\mathbb{R}} f$ 임을 보이시오.

20. Lebesgue가측집합 $E\subset\mathbb{R}$ 에 대해 $f_n=\begin{cases} \chi_E, & (n\text{이 짝수}) \\ 1-\chi_E, & (n\text{이 홀수})\end{cases}$ 라 한다. 이 때 $\liminf_{n\to\infty}\int_{\mathbb{R}} f_n$와 $\int_{\mathbb{R}}\liminf_{n\to\infty} f_n$를 비교하고 Fatou의 보조명제에서 등식이 성립하지 않는 예를 구성하시오.

21. (1) 모든 $1\le p<\infty$ 에 대해 $E=\{\chi_M: \mu(M)<\infty\}$ 는 $L^p(S)$의 폐집합임을 보이시오. (정리 13을 이용하시오)

(2) E에 L^p-norm부터 정의된 거리를 생각하여 거리공간이라 하자. 임의의 $f\in L^1(S)$ 를 고정하여

$$F_f(\phi)=\int_S f\phi d\mu \quad (\phi\in E)$$

와 같이 정의하면 F_f는 E상의 연속함수임을 보이시오.

22. $\mu(S)<\infty$ 라 하자. S상 a.e.로 유한값인 가측함수 전체로 된 벡터공간을 $\mathscr{F}(S)$라 하자.

$$\|f\|=\int_S \frac{|f(s)|}{1+|f(s)|}d\mu(s), \quad f\in\mathscr{F}(S)$$

라 놓을 때 다음을 보이시오.

(1) (가) $0\le\|f\|<\infty$, $\|f\|=0 \Leftrightarrow f=0$, a.e.

(나) $\|f+g\| \le \|f\|+\|g\|$

(다) $\|-f\|=\|f\|$ 이고 $a_n \to a$, $\|f_n - f\| \to 0 \Rightarrow \|a_n f_n - af\| \to 0$

(2) $d(f,g)=\|f-g\|$ 는 $\mathscr{F}(S)$상의 거리를 준다.

(3) $f_n \to f$ (측도수렴) $\Leftrightarrow$ $\|f_n - f\| \to 0$ 로 됨을 다음 순서로 보이시오.

(가) $a \ge b \ge 0$ 이면 $\dfrac{a}{1+a} \ge \dfrac{b}{1+b}$.

(나) 임의의 $\epsilon > 0$, $n \in \mathbb{N}$ 에 대해 $A_{n,\epsilon} = \{|f_n - f| > \epsilon\}$ 라 할 때

$$\frac{\epsilon}{1+\epsilon}\mu(A_{n,\epsilon}) \le \|f_n - f\| \le \mu(A_{n,\epsilon}) + \frac{\epsilon}{1+\epsilon}\mu(S \setminus A_{n,\epsilon}).$$

(다) $f_n \to f$ (측도수렴) $\Leftrightarrow$ $\|f_n - f\| \to 0$.

23. (1) 임의의 $1 \le p < \infty$ 에 대해 $L^1 \cap L^\infty \subset L^p$ 임을 보이시오.

(2) $f_n \in L^1 \cap L^\infty$ $(n \in \mathbb{N})$, $\sup_{n \in \mathbb{N}} \|f_n\|_\infty < \infty$, $f \in L^1$, $\|f_n - f\|_1 \to 0$ 이면 임의의 $1 < p < \infty$ 에 대해 $f \in L^p \cap L^\infty$ 이고 $\|f_n - f\|_p \to 0$ 로 됨을 보이시오.

24. $\mu(S) < \infty$ 라 하자. $\sup_{n \in \mathbb{N}} \|f_n\|_\infty < \infty$ 를 만족하는 함수열 $\{f_n\}$이 어떤 함수 f로 측도수렴하면 임의의 $\infty > p \ge 1$ 에 대해 $\|f_n - f\|_p \to 0$ 로 됨을 보이시오.

25. $f \in C[a, b]$ 에 대해

$$\|f\|_\infty = \sup\{|f(x)| : a \le x \le b\} = \max\{|f(x)| : a \le x \le b\}$$

임을 보이고, $\|\cdot\|_\infty$에 의해 $C[a, b]$가 Banach공간임을 보이시오.

4 Fubini의 정리

적분의 사용상 중적분을 쓰는 것은 기보적인 수단이다. 이것은 예를 들어 중요한 적분

$$\int_0^\infty e^{-x^2}dx$$

를 구할 때의 수법을 생각하면 충분히 납득할 수 있을 것이다. 이를 위해서는

$$\text{중적분} \Leftrightarrow \text{반복적분}$$

를 도구로 쓰이게 되는 것이다.

Riemann적분의 경우에도 예를 들어 유한구간 속에서 연속인 함수에 대해 이것은 무조건적으로 적용되지만 무한구간으로 되면 이야기는 아주 복잡해진다.

Lebesgue적분은 이 점에 있어서 극히 명쾌하고 그것이 4장의 Fubini의 정리이다. 이 장에서는 Fubini의 정리를 말하고 난 다음에 그것을 사용할 때의 주의를 주기로 한다.

4.1 곱측도

1. 지금 두개의 측도공간 $(S, \mathscr{M}, \mu)$, $(T, \mathfrak{I}, \nu)$를 생각한다. 이 때 S, T의 곱공간 $S \times T$ 상에 σ-집합대수 $\mathscr{M} \otimes \mathfrak{I}$와 측도 $\mu \otimes \nu$를 구성할 것을 생각한다. 그것은 당연히

$$\mu \otimes \nu(M \times N) = \mu(M)\nu(N) \tag{1}$$

란 성질을 가지게끔 하고 싶다.

정의 1. $S \times T$ 안의 부분집합으로 곱집합 $M \times N$ ($M \in \mathscr{M}$, $N \in \mathfrak{I}$)와 같은 꼴의 유한개의 합집합으로 표시되는 집합을 **기본도형**이라 하고 그 전체를 $\mathscr{M} \times \mathfrak{I}$로 표시하자. $\mathscr{M} \times \mathfrak{I}$를 포함하는 최소의 σ-집합대수를 $\mathscr{M} \otimes \mathfrak{I}$로 표시하고 이것을 $\mathscr{M}, \mathfrak{I}$의 **곱$\sigma$-집합대수**(product of σ-algebras)라 한다.

보조명제 1. 기본도형의 전체 $\mathscr{M} \times \mathfrak{I}$는 집합대수이다. 또 임의의 기보도형은 유한개의 서로 소인 곱집합의 합집합으로 표시할 수 있다.

증명 기본도형의 유한개의 합집합이 다시 기본도형으로 됨은 금방 알 수 있다. 또

$$(M_1 \times N_1) \cap (M_2 \times N_2) = (M_1 \cap M_2) \times (N_1 \cap N_2)$$

이므로 기본도형의 유한개의 교집합이 다시 기본도형으로 된다.

$$(M \times N)^c = (M^c \times N^c) \cup (M \times N^c) \cup (M^c \times N)$$

이므로 기본도형의 여집합은 또 기본도형이다. 따라서 $\mathscr{M} \times \mathfrak{I}$는 집합대수이다. 다음에 기본도형이 서로 소인 곱집합의 합집합으로 표시하는 방법을 생각하자. 그것은 그림 4.1에서와 같이 $M^\epsilon; N^\epsilon$를 $M, M^c; N, N^c$의 둘 중 하나를 표시하기로 하면 $\bigcup_{k=1}^{n} M_k \times N_k$를

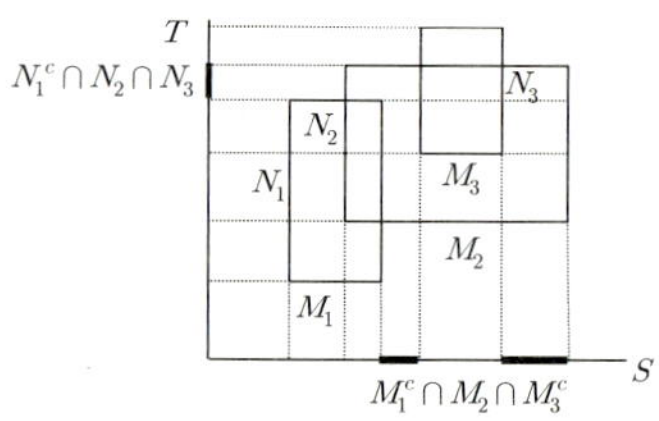

그림 4.1

$$(M_1^{\epsilon(1)} \cap M_2^{\epsilon(2)} \cap \cdots \cap M_n^{\epsilon(n)}) \times (N_1^{\eta(1)} \cap N_2^{\eta(2)} \cap \cdots \cap N_n^{\eta(n)})$$

(단 $\epsilon(k), \eta(k)$ 중에는 c가 아닌 것이 적어도 하나 있음)란 꼴의 합집합의 형태로 표시하면 된다. □

보조명제 2. 기본도형 K를

$$K = \bigcup_{k=1}^{n} M_k \times N_k, \quad (M_j \times N_j) \cap (M_k \times N_k) = \varnothing \quad (j \neq k) \tag{2}$$

란 꼴로 표시할 때

$$\mu \times \nu(K) = \sum_{k=1}^{n} \mu(M_k) \nu(N_k)$$

와 같이 놓으면 이 값은 K의 (2)와 같은 표시에는 무관하다. 그리고 $\mu \times \nu$는 $\mathscr{M} \times \mathfrak{I}$에서 가법적이다. 즉 $K_1 \cap K_2 = \varnothing$ 이면

$$\mu \times \nu(K_1 \cup K_2) = \mu \times \nu(K_1) + \mu \times \nu(K_2).$$

증명 K의 (2)와 같은 표시가 두 가지 있을 때는

$$K = \bigcup_j M_j^{(1)} \times N_j^{(1)} = \bigcup_k M_k^{(2)} \times N_k^{(2)}$$

라 하면

$$K=\bigcup_{j,k}(M_j^{(1)}\cap M_k^{(2)})\times(N_j^{(1)}\cap N_k^{(2)})$$

로 되어

$$M_j^{(1)}\times N_j^{(1)}=\bigcup_k(M_j^{(1)}\cap M_k^{(2)})\times(N_j^{(1)}\cap N_k^{(2)})$$

로 됨을 쉽게 알 수 있다. 그래서 지금

$$M\times N=\bigcup_{k=1}^{m}M_k\times N_k,\quad (M_{k(1)}\times N_{k(1)})\cap(M_{k(2)}\times N_{k(2)})=\varnothing\quad (k(1)\neq k(2))$$

와 같이 할 때 보조명제 1과 똑같이 2^m-1개씩의 집합

$$M_1^{\epsilon(1)}\cap M_2^{\epsilon(2)}\cap\cdots\cap M_n^{\epsilon(n)},\qquad N_1^{\eta(1)}\cap N_2^{\eta(2)}\cap\cdots\cap N_n^{\eta(n)}$$

를 생각하여 이들을 M_i^0, N_i^0 $(i=1,2,\cdots,2^{m-1})$ 라 하면 이들은 서로 소이며 각 $M_k\times N_k$는 $M_i^0\times N_i^0$와 같은 곱집합의 몇 개의 합집합임을 알 수 있다 (→그림 4.2).

그림 4.2

이것부터 다시 적당히 묶어줌으로써

$$\mu(M)\nu(N)=\sum_{h,i}\mu(M_h^0)\nu(N_i^0)=\sum_{k=1}^{m}\mu(M_k)\nu(N_k)$$

가 성립한다. 이것부터

$$\sum_j\mu(M_j^{(1)})\nu(N_j^{(1)})=\sum_{j,k}\mu(M_j^{(1)}\cap M_k^{(2)})\nu(N_j^{(1)}\cap N_k^{(2)})$$
$$=\sum_k\mu(M_k^{(1)})\nu(N_k^{(1)})\qquad\square$$

이것부터 1장의 Lebesgue측도를 구성할 때와 똑같은 방법으로 곱측도를 구성해가는 방향이 있으나 그것을 위해서는 여러 가지 준비가 필요하므로 여기서는 Fubini정리와의 관련으로 다음과 같은 방법으로 의논을 전개해가자.

정의 2. $S\times T$의 부분집합 A에 대해 그 **절편**(section)을

$s \in S$ 에 의한 절편 $A_{s|} = \{t \in T : (s,t) \in A\}$

$t \in T$ 에 의한 절편 $A_{|t} = \{s \in S : (s,t) \in A\}$

와 같이 정의한다.

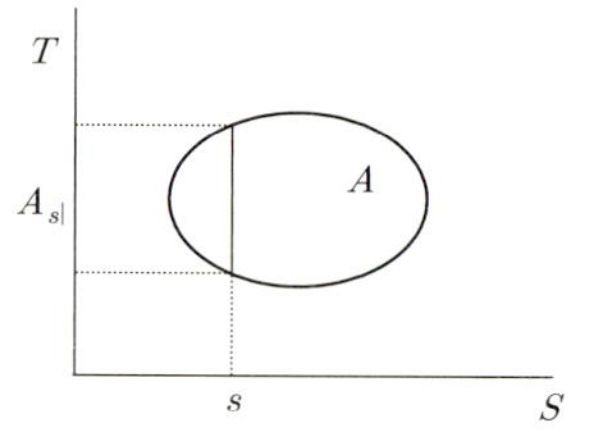

그림 4.3

이 때 이들 집합의 특성함수에 대해

$s \in S$ 에 대해 $\chi_A(s,t) = \chi_{A_{s|}}(t)$ (T상의 함수로서)

$t \in T$ 에 대해 $\chi_A(s,t) = \chi_{A_{|t}}(s)$ (S상의 함수로서)

는 분명하다.

보조명제 3. $K \in \mathscr{M} \times \mathfrak{T}$ 에 대해

$$\mu \times \nu(K) = \int_S \nu(K_{s|}) d\mu(s) = \int_S \left(\int_T \chi_K(s,t) d\nu(t) \right) d\mu(s)$$
$$= \int_T \nu(K_{|t}) d\nu(t) = \int_T \left(\int_S \chi_K(s,t) d\mu(s) \right) d\nu(t)$$

증명 우선 $K = M \times N$ 일 때

$$\nu(K_{s|}) = \begin{cases} \nu(N), & (s \in M \text{ 일 때}) \\ 0, & (s \notin M \text{ 일 때}) \end{cases} = \nu(N)\chi_M(s)$$

이므로 $\nu(K_{s|})$는 s에 관해 가측이고 이것을 μ에 관해 적분하면

$$\mu(M)\nu(N) = \mu \times \nu(K)$$

로 된다. 나머지 관계도 똑같이 확인할 수 있다. 특히 이 때는

$$\chi_K(s,t) = \chi_M(s)\chi_N(t)$$

임에 주의하자.

일반적인 경우

$$K = \bigcup M(k) \times N(k), \quad (M(j) \times N(j)) \cap (M(k) \times N(k)) = \varnothing \quad (j \neq k)$$

와 같은 경우

$$\chi_K(s,t) = \sum \chi_{M(k) \times N(k)}(s,t) = \sum \chi_{M(k)}(s)\chi_{N(k)}(t)$$

와 같이 되어 이것부터 구하는 관계를 쉽게 알 수 있다. □

2. 이제 이것을 $\mathcal{M}\otimes\mathfrak{J}$ 전체까지 성립함을 보여주는 다음 정리가 목표이다.

정리 1. $(S, \mathcal{M}, \mu)$, $(T, \mathfrak{J}, \nu)$를 σ-유한 측도공간이라 한다. 이 때 $K\in\mathcal{M}\otimes\mathfrak{J}$ 에 대해

a.1 임의의 $s\in S$ 에 대해 $K_{s|}\in\mathfrak{J}$

a.2 임의의 $t\in T$ 에 대해 $K_{|t}\in\mathcal{M}$

그리고

b.1 $\nu(K_{s|})$는 s의 가측함수이다.

b.2 $\mu(K_{|t})$는 t의 가측함수이다.

이들에 대해

c. $$\int_S \nu(K_{s|})d\mu(s)=\int_T \mu(K_{|t})d\nu(t) \tag{3}$$

지금 (3)의 값을 $\mu\otimes\nu(K)$라 쓰면 $\mu\otimes\nu$는 $\mathcal{M}\otimes\mathfrak{J}$상의

$$\mu\otimes\nu(M\times N)=\mu(M)\nu(N) \tag{4}$$

를 만족하는 측도로 된다. (4)를 만족하는 측도는 이와 같이 구성된 것뿐이다.

증명하기 위해서는 아직 여러 가지 준비가 필요하다. 그 가운데 μ, ν가 σ-유한 측도이어야 하는 이유도 명백해질 것이다.

보조명제 4. $(S, \mathcal{M}, \mu)$, $(T, \mathfrak{J}, \nu)$를 측도공간이라 한다(σ-유한이라 가정은 두지 않다). 이 때 임의의 $K\in\mathcal{M}\otimes\mathfrak{J}$ 는, 임의의 $M\in\mathcal{M}$, $\mu(M)<\infty$; 임의의 $N\in\mathfrak{J}$, $\nu(N)<\infty$ 에 대해 $K'=K\cap(M\times N)$ 가 정리 1의 조건 a,b,c를 만족한다.

증명 지금 이와 같은 성질을 가진 $\mathcal{M}\otimes\mathfrak{J}$에 속하는 집합 K의 전체를 $\mathcal{L}_0$ 라 할 때 $\mathcal{L}_0=\mathcal{M}\otimes\mathfrak{J}$ 를 보이는 것이 목적이다. 보조명제 3에 의해 $\mathcal{M}\times\mathfrak{J}$ 에 속하는 집합이 이 성질을 가진 것은 곧 안다. 즉 $\mathcal{M}\times\mathfrak{J}\subset\mathcal{L}_0$. 여기서 $\mathcal{L}_0$에 대해 다음 성질이 있음을 우선 인정해 두자.

A. $K_n\in\mathcal{L}_0$, $K_n\nearrow A$ ⇨ $A\in\mathcal{L}_0$

B. $K_n\in\mathcal{L}_0$, $K_n\searrow A$ ⇨ $A\in\mathcal{L}_0$

어느 경우나 동일하지만 B의 경우가 검토를 많이 필요로 하기 때문에 B를 보이기로 하자. 지금 $\mu(M)<\infty$, $\nu(N)<\infty$ 와 같이 하고 $K_n\cap(M\times N)$을

생각하면

$$K_n \cap (M \times N) \searrow A \cap (M \times N) \quad (n \to \infty)$$

이며

$$(K_n \cap (M \times N))_{s|} = \begin{cases} (K_n)_{s|} \cap N, & (s \in M) \\ \varnothing, & (s \notin M) \end{cases}$$

이고 $A \cap (M \times N)$에 대해서도 마찬가지이다.

$$(K_n \cap (M \times N))_{s|} \searrow (A \cap (M \times N))_{s|} \quad (n \to \infty)$$

부터 $(A \cap (M \times N))_{s|} \in \mathfrak{I}$ 이며 $\nu(N) < \infty$ 에 의해 2.2절 2.의 성질 7(2)를 쓸 수 있고[1)]

$$\nu((K_n \cap (M \times N))_{s|}) \searrow \nu((A \cap (M \times N))_{s|}) \quad (n \to \infty)$$

가 성립하고 $K_n \in \mathcal{L}_0$. 따라서 $\nu((K_n \cap (M \times N))_{s|})$가 s에 관해 가측인 것으로부터 $\nu((A \cap (M \times N))_{s|})$도 s에 관해 가측이다. 또

$$\nu((K_n \cap (M \times N))_{s|}), \quad \nu((A \cap (M \times N))_{s|}) \leq \chi_M(s)\nu(N)$$

부터 이 우변은 μ에 관해 적분가능이므로 지배수렴정리를 쓸 수 있고[2)]

$$\int_S \nu((K_n \cap (M \times N))_{s|}) d\mu(s) \to \int_S \nu((A \cap (M \times N))_{s|}) d\mu(s). \tag{5}$$

이상의 의논은 s대신 t에 대해서도 마찬가지다. 따라서 가정에 의해 $K_n \cap (M \times N)$에 대해 (3)이 성립하므로 (5)에 의해

$$\int_S \nu((A \cap (M \times N))_{s|}) d\mu(s) = \int_T \mu((A \cap (M \times N))_{|t}) d\nu(t).$$

이상으로 $A \cap (M \times N)$에 대해 a,b,c를 만족함을 확인하였다. 고로 $A \in \mathcal{L}_0$. 이렇게 보인 성질 A,B부터 $\mathcal{L}_0 = \mathcal{M} \otimes \mathfrak{I}$ 를 결론지울 수 있다. 그것은 다음 보조명제에 의한다. □

보조명제 5. 공간 L안의 집합모임 $\mathcal{L}_0$가

A. $K_n \in \mathcal{L}_0$, $K_n \nearrow A \quad \Rightarrow \quad A \in \mathcal{L}_0$

B. $K_n \in \mathcal{L}_0$, $K_n \searrow A \quad \Rightarrow \quad A \in \mathcal{L}_0$

를 만족하는 것을 **단조 집합모임**(monotone class of sets)라 한다. 지금 $\mathcal{I}$가 L의 부분집합으로 이루어진 집합대수일 때 $\mathcal{I}$부터 생성된 σ-집합대수를 $\mathcal{L}$이라 하면 $\mathcal{L}$은 $\mathcal{I}$를 포함하는 최소의 단조 집합모임이다. 즉 $\mathcal{I}$

1) 여기가 중요한 점이다. 증가열에 대해서는 이러한 걱정은 필요하지 않다.

2) 이것 또한 요점이다. 증가열에 대해서는 단조수렴정리를 쓰면 된다.

를 포함하고 $\mathcal{L}$에 포함되는 단조 집합모임 $\mathcal{L}_0$는 반드시 $\mathcal{L}_0=\mathcal{L}$.

증명 σ-집합대수가 단조 집합모임으로 됨은 분명하다. 또 단조 집합모임이 동시에 집합대수이면 2.1절 2.의 성질 1(1),(3)에서 말한 변형이 유효하므로 또한 σ-집합대수임을 알 수 있다. 고로 $\mathcal{I}$를 포함하는 최소의 단조 집합모임을 $\mathcal{L}_0$라 할 때(그런 것의 존재는 2.1절 정리 1과 같이 증명할 수 있다), $\mathcal{L}_0$가 집합대수로 됨을 보이면 된다. 지금

$$\mathcal{L}_1=\{K: K\in\mathcal{L}_0,\ K^c\in\mathcal{L}_0\}$$

라 하자. $\mathcal{I}\subset\mathcal{L}_1$ 는 분명하다. 그리고 $K_n\in\mathcal{L}_1$, $K_n\nearrow A$ 라 할 때 A에 의해 $A\in\mathcal{L}_0$ 이며 또 동시에 $K_n^c\searrow A^c$ 이므로 B에 의해 $A^c\in\mathcal{L}_0$. 고로 $A\in\mathcal{L}_1$ 이다. 똑같이 $K_n\in\mathcal{L}_1$, $K_n\searrow A$ 라 하면 $A\in\mathcal{L}_1$ 가 성립함을 알 수 있다. 이 말은 $\mathcal{L}_1$이 $\mathcal{I}$를 품은 단조 집합모임으로 됨을 보여주고 있는데 $\mathcal{I}\subset\mathcal{L}_1\subset\mathcal{L}_0$ 이므로 $\mathcal{L}_0$은 $\mathcal{I}$를 품은 최소의 단조 집합모임이라 했으므로 $\mathcal{L}_1=\mathcal{L}_0$. 고로

$$K\in\mathcal{L}_0 \Rightarrow K^c\in\mathcal{L}_0 \tag{6}$$

가 성립한다. 다음으로 $F\in\mathcal{I}$ 라 하여

$$\mathcal{L}_2=\{K\in\mathcal{L}_0: F\cup K\in\mathcal{L}_0,\ F\cap K\in\mathcal{L}_0\}$$

라 하자. $\mathcal{I}$는 집합대수이므로 $\mathcal{I}\subset\mathcal{L}_2$. $\mathcal{L}_0$가 단조 집합모임이므로 $K_n\in\mathcal{L}_2$, $K_n\nearrow A$ 일 때 $A\in\mathcal{L}_2$; $K_n\searrow A$ 일 때 $A\in\mathcal{L}_2$ 이므로 $\mathcal{L}_2$는 단조 집합모임이다. 고로 $\mathcal{L}_2=\mathcal{L}_0$. 다음 $K_0\in\mathcal{L}_0$ 라 하여

$$\mathcal{L}_3=\{K\in\mathcal{L}_0: K_0\cup K\in\mathcal{L}_0,\ K_0\cap K\in\mathcal{L}_0\}$$

라 한다. 위에서 말한 $\mathcal{L}_2=\mathcal{L}_0$ 란 것은 $\mathcal{I}\subset\mathcal{L}_3$ 임을 보여주고 있다. 또 $\mathcal{L}_3$가 단조 집합모임으로 됨은 위에서 한 것과 똑같은 방법으로 알 수 있으므로 $\mathcal{L}_3=\mathcal{L}_0$. 고로

$$K_1, K_2\in\mathcal{L}_0 \Rightarrow K_1\cup K_2\in\mathcal{L}_0,\ K_1\cap K_2\in\mathcal{L}_0 \tag{7}$$

$\mathcal{L}_0$에 대해 (6),(7)을 보였는데 이것은 $\mathcal{L}_0$가 집합대수임을 보여주고 있다.□

정리 1의 증명 S, T는 공히 σ-유한이라 가정했으므로

$$S_n\in\mathcal{M},\ \mu(S_n)<\infty\ \ (n=1,2,\cdots)\quad S_n\nearrow S \tag{8}$$
$$T_n\in\mathfrak{I},\ \nu(T_n)<\infty\ \ (n=1,2,\cdots)\quad T_n\nearrow T$$

와 같은 집합열을 잡을 수 있다. 이 때 $S_n\times T_n\nearrow S\times T$. 지금 $K\in\mathcal{M}\otimes\mathfrak{I}$ 라

할 때 $\mu(S_n)<\infty$, $\nu(T_n)<\infty$ 이므로 보조명제 4에 의해 $K\cap(S_n\times T_n)$에 대해서는 a,b,c가 성립한다. 이 때 $(K\cap(S_n\times T_n))_{s|}\nearrow K_{s|}$ 이므로 $K_{s|}\in\mathfrak{I}$. 같은 방법으로 $K_{|t}\in\mathscr{M}$. 그리고

$$\nu((K\cap(S_n\times T_n))_{s|})\nearrow\nu(K_{s|})$$

이므로 $\nu(K_{s|})$는 s의 가측함수. 같은 방법으로 $\mu(K_{|t})$는 t의 가측함수. 그러므로 단조수렴정리에 의해

$$\int_S\nu((K\cap(S_n\times T_n))_{s|})d\mu(s)\nearrow\int_S\nu(K_{s|})d\mu(s)$$

$$\int_T\mu((K\cap(S_n\times T_n))_{|t})d\nu(t)\nearrow\int_T\mu(K_{|t})d\nu(t)$$

부터

$$\int_S\nu(K_{s|})d\mu(s)=\int_T\mu(K_{|t})d\nu(t). \tag{3}$$

이상 a,b,c가 성립됨을 보였다. (3)에 의해 정해진 값을 $\lambda(K)$와 같이 쓸 때 λ가 $\mathscr{M}\otimes\mathfrak{I}$상의 측도임을 보이자.

$$K(1),K(2),\cdots\in\mathscr{M}\otimes\mathfrak{I},\ \ K(j)\cap K(k)=\varnothing\ \ (j\neq k),\ \ K=\bigcup_{n=1}^{\infty}K(n)$$

라 하자. 이 때 이들 집합의 정의함수에 대해 $\chi_K(s,t)=\sum_{n=1}^{\infty}\chi_{K(n)}(s,t)$ 이므로 a'의 꼴로 a를 써 줌으로써 적분의 성질 3.2절 정리 6을 쓰면

$$\begin{aligned}\lambda(K)&=\int_S\left\{\int_T\chi_K(s,t)d\nu(t)\right\}d\mu(s)\\&=\int_S\left\{\int_T\sum_{n=1}^{\infty}\chi_{K(n)}(s,t)d\nu(t)\right\}d\mu(s)\\&=\int_S\sum_{n=1}^{\infty}\left\{\int_T\chi_{K(n)}(s,t)d\nu(t)\right\}d\mu(s)\\&=\sum_{n=1}^{\infty}\int_S\left\{\int_T\chi_{K(n)}(s,t)d\nu(t)\right\}d\mu(s)=\sum_{n=1}^{\infty}\lambda(K(n))\end{aligned}$$

와 같이 된다. 일의성을 보이기 위해 $\mathscr{M}\otimes\mathfrak{I}$상의 측도 λ_1,λ_2로 $M\times N(M\in\mathscr{M},\ N\in\mathfrak{I})$에 대해

$$\lambda_1(M\times N)=\mu(M)\nu(N)=\lambda_2(M\times N)$$

와 같이 되어 있으면 이것부터 우선 초등적인 도형 K에 대해서는 보조명제 1과 보조명제 2에서 고찰한 것을 적용하여 $\lambda_1(K)=\lambda_2(K)$ 와 같이 된다. 지금

$$\wp = \{K \in \mathscr{M} \otimes \mathfrak{J} : \lambda_1(K \cap (S_n \times T_n)) = \lambda_2(K \cap (S_n \times T_n)), \ \forall n\}$$

(S_n, T_n은 (8)을 만족하는 집합)라 하면 $\wp$는 집합대수 $\mathscr{M} \times \mathfrak{J}$를 품은 단조 집합모임으로 되고, 보조명제 5에 의해 $\wp = \mathscr{M} \otimes \mathfrak{J}$. 이것부터 모든 $K \in \mathscr{M} \otimes \mathfrak{J}$ 에 대해 $\lambda_1(K) = \lambda_2(K)$ 와 같이 되므로 (1)을 만족하는 $\mathscr{M} \otimes \mathfrak{J}$상의 측도는 단 하나뿐이다. □

이상의 증명 중 S, T가 σ-유한이라는 것은 본질적으로 필요하다. σ-유한이 아닐 경우 이 정리가 이러한 꼴로는 성립하지 않음을 보여주는 반례는 4장의 문제 4,5에서 알 수 있다.

4.2 완비 곱측도

1. Lebesgue측도 1.4절에서는 Lebesgue측도를 수직선 $\mathbb{R}$에서 고찰하였다. d차원 실수 공간 $\mathbb{R}^d$에서도, d차원 "구간" J를 점 $\alpha=(a_1, a_2, \cdots, a_d)$, $\beta=(b_1, b_2, \cdots, b_d)$ 를 대각선의 양 끝으로 갖는 구간으로서 그 "길이"를

$$|J|=\prod_{k=1}^{d}(b_k-a_k)$$

와 같이 정의하고 임의의 집합 $A\subset \mathbb{R}^d$ 에 대해 구간으로 덮고

$$\Theta: A\subset \bigcup_{n=1}^{\infty} J_n.$$

이에 대해

$$h(\Theta)=\sum_{n=1}^{\infty}|J_n|$$

라 하고 A의 모든 덮개 Θ에 대해 만든 $h(\Theta)$의 하한을 A의 외측도라 한다.

$$m^*(A)=\inf\{h(\Theta): \Theta\text{는 } A\text{의 덮개}\}.$$

이와 같이 하면 이것이 Carathéodory의 외측도의 성질을 만족하고, 1.4절 정리 3에 의해 m^*부터 $\mathbb{R}^d$상의 측도공간 $(\mathbb{R}^d, \mathcal{L}^d, m^d)$가 구성된다. 이러한 사실은 1차원의 경우와 똑같이 보일 수 있는 것도 1.4절 5.의 마지막에서 언급하였다. 이렇게 만들어진 측도공간을 **Lebesgue공간**이라 한다.

$\mathbb{R}^d\times\mathbb{R}^e=\mathbb{R}^{d+e}$ 인데 Lebesgue공간으로서는 이 관계는 어떻게 되어 있을까? 우선 d차원 구간 J^d와 e차원 구간 J^e의 곱집합이 $d+e$차원 구간 J^{d+e}로 됨은 분명하다. 또 구간 전체부터 생성된 σ-집합대수, 즉 구간 정체를 품은 최소의 σ-집합대수를 Borel 집합대수라 불렀다(2.5절 정의 11). 따라서 d차원 Borel 집합대수 $\mathcal{B}^d$와 e차원 Borel 집합대수 $\mathcal{B}^e$의 곱 σ-집합대수가 $d+e$차원 Borel 집합대수 $\mathcal{B}^{d+e}$이다. 즉 $\mathcal{B}^d\otimes\mathcal{B}^e=\mathcal{B}^{d+e}$. 그리고

$$|J^d||J^e|=|J^d\times J^e|=|J^{d+e}|$$

이므로 Borel 집합대수 위에 Lebesgue측도를 제한한 Borel측도(2.5절 정의 12)사이의 관계로는 $m^{d+e}=m^d\otimes m^e$ 로 되고 있다. 그런데 2.5절 2. E에서 말했듯이 Lebesgue측도는 Borel측도의 완비화이다. 따라서 Lebesgue측도를 문제 삼는다면 곱측도의 이론은 4.1절만으로는 부족하다.

이 절에서는 이하 측도의 완비화를 취급한다. 2.5절 2.E의 내용은 완비화

의 이야기와 합한 이야기로 된다. 그리고 곱측도를 완비화한 것(완비 곱측도)에 관해 4.1절 정리 1이 어떻게 표현되는가 조사해 보자.

2. 측도의 완비화 측도공간 $(S, \mathcal{M}, \mu)$에서 $A \subset S$ 에 대해

$$A \subset N, \ N \in \mathcal{M}, \ \mu(N) = 0$$

와 같은 N이 존재할 때 A를 **영집합**(null set)이라 한다.

완비 측도공간 $(S, \mathcal{M}, \mu)$이란 영집합이 모두 $\mathcal{M}$에 속할 때를 말하는데, 측도공간 $(S, \mathcal{M}, \mu)$가 완비가 아닐 때 이것을 완비하게 하는 것을 생각한다.

정리 2. 측도공간 $(S, \mathcal{M}, \mu)$에 대해

$$\overline{\mathcal{M}} = \{M \cup A : M \in \mathcal{M}, A\text{는 영집합}\} \tag{9}$$

$$\overline{\mu}(M \cup A) = \mu(M), \ M \in \mathcal{M}, \ A\text{는 영집합} \tag{10}$$

라 하면 $(S, \overline{\mathcal{M}}, \overline{\mu})$는 완비인 측도공간이다. (9)와 같은 꼴 대신

$$M \setminus A, \ M \in \mathcal{M}, \ A \subset M, \ A\text{는 영집합} \tag{9'}$$

또는

$$(M \setminus A_1) \cup A_2, \ M \in \mathcal{M}, \ A_1 \subset M, \ A_1, A_2\text{는 영집합} \tag{9''}$$

와 같은 꼴의 집합 전체라 해도 된다. 이 때 (10)대신 각각

$$\overline{\mu}(M \setminus A) = \mu(M) \tag{10'}$$

$$\overline{\mu}((M \setminus A_1) \cup A_2) = \mu(M) \tag{10''}$$

와 같이 된다.

증명 (9')에서 $A \subset N, \ N \in \mathcal{M}, \ \mu(N) = 0$ 라 하자(이하 N은 항상 이 성질을 가진다 하자). 이 때 (9')꼴의 집합은

$$M \setminus A = (M \setminus (N \cap M)) \cup ((N \cap M) \setminus A)$$

와 같이 되고

$$M \setminus (N \cap M) \in \mathcal{M}, \ (N \cap M) \setminus A \subset N \cap M, \ \mu(N \cap M) = 0$$

이므로 이 집합은 (9)꼴로 되어 이 때 $\mu(M) = \mu(M \setminus (N \cap M))$ 이다. 또 (9)꼴의 집합은 (9')꼴로 된다. (9'')꼴인 집합에 대해서도 마찬가지이다. $\overline{\mu}(Y)$의 값은 Y가 (9) 또는 (9'),(9'')인 꼴로 표시하는 방법에 무관하게 일정한 값이다.

지금 $M \cup A \in \overline{\mathcal{M}}, \ A \subset N$ 일 때 $A^c \cap N^c = N^c$ 이므로

$$\begin{aligned}(M \cup A)^c &= M^c \cap A^c = (M^c \cap A^c \cap N^c) \cup (M^c \cap A^c \cap N) \\ &= (M^c \cap N^c) \cup (M^c \cap A^c \cap N)\end{aligned}$$

이며 $M^c \cap N^c \in \mathscr{M}$, $M^c \cap A^c \cap N \subset N$ 는 영집합. 고로 $(M \cup A)^c \in \overline{\mathscr{M}}$. 다음 $M_1 \cup A_1, M_2 \cup A_2, \cdots \in \overline{\mathscr{M}}$ 라 할 때

$$\bigcup_{n=1}^{\infty}(M_n \cup A_n) = \left(\bigcup_{n=1}^{\infty} M_n\right) \cup \left(\bigcup_{n=1}^{\infty} A_n\right) \tag{11}$$

이며 $A_n \subset N_n$, $n = 1, 2, \cdots$ 이면

$$\bigcup_{n=1}^{\infty} A_n \subset \bigcup_{n=1}^{\infty} N_n, \quad \bigcup_{n=1}^{\infty} N_n \in \mathscr{M}, \quad \mu\left(\bigcup_{n=1}^{\infty} N_n\right) \le \sum_{n=1}^{\infty} \mu(N_n) = 0$$

이므로 $\bigcup_{n=1}^{\infty}(M_n \cup A_n) \in \overline{\mathscr{M}}$. 고로 $\overline{\mathscr{M}}$는 σ-집합대수이다. (11)에서 $M_n \cup A_n$ 들이 서로 소이면 M_n들도 서로 소이므로

$$\overline{\mu}\left(\bigcup_{n=1}^{\infty}(M_n \cup A_n)\right) = \mu\left(\bigcup_{n=1}^{\infty} M_n\right) = \sum_{n=1}^{\infty} \mu(M_n) = \sum_{n=1}^{\infty} \overline{\mu}(M_n \cup A_n)$$

이므로 $\overline{\mu}$는 $\overline{\mathscr{M}}$상의 측도이다. 고로 $(S, \overline{\mathscr{M}}, \overline{\mu})$는 측도공간이다.

이것이 완비임을 보이자. $\overline{\mu}(M \cup A) = 0$ 이면 $\mu(M) = 0$ 이며 따라서 $A \subset N$ 일 때 $M \cup A \subset M \cup N$ 이며 $\mu(M \cup N) = 0$ 이므로 $M \cup A$는 그 자신 μ에 관한 영집합이다. 고로 $A' = M \cup A$ 라 하면 A'는 μ에 관한 영집합이고 $A' = \varnothing \cup A'$ 와 같이 쓰면 이것부터 $A' \in \overline{\mathscr{M}}$ 와 같이 됨을 안다. □

정의 3. 정리 2의 방법에 의해 측도공간 $(S, \mathscr{M}, \mu)$부터 유도되는 측도공간 $(S, \overline{\mathscr{M}}, \overline{\mu})$를 $(S, \mathscr{M}, \mu)$의 **완비화**(completion)라 한다.

3. 완비 곱측도

정의 4. 두 σ-유한 측도공간 $(S, \mathscr{M}, \mu)$, $(T, \mathfrak{I}, \nu)$에 대해 얻은 곱측도공간 $(S \times T, \mathscr{M} \otimes \mathfrak{I}, \mu \otimes \nu)$를 완비화하여 얻은 완비 측도공간을 **완비 곱측도공간**(complete product measure space)이라 하고 $(S \times T, \mathscr{M} \overline{\otimes} \mathfrak{I}, \mu \overline{\otimes} \nu)$로 표시한다.

2차원 Lebesgue측도 m^2는 $m \otimes m$의 완비화로 된다. 즉 $m^2 = m \overline{\otimes} m$.

지금 완비 곱측도에 대해 4.1절 정리 1을 어떤 꼴로 변형하면 되는가 생각하자.

정리 3. $(S, \mathscr{M}, \mu)$, $(T, \mathfrak{I}, \nu)$를 두 완비 σ-유한 측도공간이라 하고 이들의 완비 곱측도공간 $(S\times T, \mathscr{M}\overline{\otimes}\mathfrak{I}, \mu\overline{\otimes}\nu)$에 대해 다음이 성립한다.

$K\in\mathscr{M}\overline{\otimes}\mathfrak{I}$ 에 대해

a1. 거의 모든 $s\in S$ 에 대해 $K_{s|}\in\mathfrak{I}$.

a2. 거의 모든 $t\in T$ 에 대해 $K_{|t}\in\mathscr{M}$.

b1. $\nu(K_{s|})$는 거의 모든 $s\in S$ 에 대해 정의된 s의 가측함수이다(정의되지 않은 s에 대해서는 임의의 값 예를 들어 0이라 한다).

b2. $\mu(K_{|t})$는 거의 모든 $t\in T$ 에 대해 정의된 t의 가측함수이다.

c. $\displaystyle\int_S \nu(K_{s|})d\mu(s) = \int_T \mu(K_{|t})d\nu(t) = \mu\overline{\otimes}\nu(K)$.

증명 완비화의 방법에 의해 $K\in\mathscr{M}\overline{\otimes}\mathfrak{I}$ 는

$$K = K_1\cup A,\ A\subset K_0,\ K_0, K_1\in\mathscr{M}\otimes\mathfrak{I},\ \mu\otimes\nu(K_0)=0$$

와 같이 표시되고 $\mu\overline{\otimes}\nu(K) = \mu\otimes\nu(K_1)$ 이다. K_0에 대해서는 4.1절 정리 1에 의해 $\displaystyle\int_S \nu((K_0)_{s|})d\mu(s) = \mu\otimes\nu(K_0) = 0$ 이므로

$$M_0 = \{s\in S : \nu((K_0)_{s|})\neq 0\}$$

라 하면 $\mu(M_0)=0$. $A_{s|}\subset(K_0)_{s|}$ 이므로 $s\notin M_0$ 일 때 $A_{s|}$는 영집합이며 ν가 완비 측도이므로 $A_{s|}\in\mathfrak{I}$. 고로 $K_{s|} = (K_1)_{s|}\cup A_{s|}\in\mathfrak{I}$ 이고

$$\nu(K_{s|}) = \nu((K_1)_{s|}).$$

$\nu((K_1)_{s|})$는 s의 가측함수이므로 $\nu(K_{s|})$는 측도 0인 집합 M_0 밖에서 이 가측함수와 일치한다. 측도 0인 집합상, μ가 완비 측도인 것으로부터, 값을 어떻게 정해도 가측성에 영향이 없다. 그리고

$$\int_S \nu(K_{s|})d\mu(s) = \int_T \nu((K_1)_{s|})d\mu(t) = \mu\otimes\nu(K_1) = \mu\overline{\otimes}\nu(K).$$

$K_{|t}$에 대해서도 마찬가지이다. □

4.3 Fubini의 정리

1. 정리 4. (Fubini의 정리) $(S, \mathcal{M}, \mu)$, $(T, \mathfrak{I}, \nu)$를 σ-유한 측도공간, $(S\times T, \mathcal{M}\otimes\mathfrak{I}, \mu\otimes\nu)$를 그 곱측도공간이라 한다.

I. $f(s,t)$가 $S\times T$상에서 가측이고 $f(s,t)\geq 0$ 이라 하자.

a1. $f(s,t)$는 s를 고정하면 t의 가측함수이다.

a2. $f(s,t)$는 t를 고정하면 s의 가측함수이다.

b1. $\int_T f(s,t)d\nu(t)$는 s의 가측함수이다.

b2. $\int_S f(s,t)d\mu(s)$는 t의 가측함수이다.

c. $$\int_{S\times T} f(s,t)d\mu\otimes\nu(s,t)=\int_S\left(\int_T f(s,t)d\nu(t)\right)d\mu(s)=\int_T\left(\int_S f(s,t)d\mu(s)\right)d\nu(t).$$

II. $f(s,t)$가 $\mu\otimes\nu$에 관해 (s,t)의 적분가능 함수라 하자.

a'1. $f(s,t)$는 거의 모든 s에 대해 t의 적분가능 함수.

a'2. $f(s,t)$는 거의 모든 t에 대해 s의 적분가능 함수.

b'1. $\int_T f(s,t)d\nu(t)$는 s의 적분가능 함수이다.

b'2. $\int_S f(s,t)d\mu(s)$는 t의 적분가능 함수이다.

c. $$\int_{S\times T} f(s,t)d\mu\otimes\nu(s,t)=\int_S\left(\int_T f(s,t)d\nu(t)\right)d\mu(s)=\int_T\left(\int_S f(s,t)d\mu(s)\right)d\nu(t).$$

증명. I. $f(s,t)\geq 0$ 가 가측함수일 때 2.3절 정리 3에 의해 단순 가측함수 $f_1, f_2, \cdots$ 가 존재하여 $f_n\nearrow f$, $f_n\geq 0$ 이다. 단순함수는 몇 개의 집합의 정의함수의 선형결합이므로 4.1절 정리 1의 a'1, a'2, b1, b2, c에 의해 위의 a1, a2, b1, b2, c가 성립한다. 고로 단조수렴정리에 의해 f에 대해서도 성립한다.

II. 위의 결과를 $|f(s,t)|$에 쓰면

$$\int_S\left(\int_T |f(s,t)|\,d\nu(t)\right)d\mu(s)=\int_{S\times T}|f(s,t)|\,d\mu\otimes\nu(s,t)<\infty \tag{12}$$

이므로

$$M_0 = \left\{ s \in S : \int_T |f(s,t)|\, d\nu(t) = \infty \right\}$$

라 하면 $\mu(M_0) = 0$. 그리고 $s \notin M_0$ 이면 $f(s,t)$는 t에 관해 적분가능이다. 그리고

$$g(s) = \int_T f(s,t) d\nu(t) = \int_T f^+(s,t) d\nu(t) - \int_T f^-(s,t) d\nu(t)$$

이며 b1에 의해 우변의 두 항은 s에 관해 가측함수이므로 $g(s)$는 s에 관해 가측함수이다(→2.3절, 2. 성질 9). 또한 우변의 두 함수는 적분가능하다. 실제로

$$\int_S \left(\int_T f^+(s,t) d\nu(t) \right) d\mu(s) = \int_{S \times T} f^+(s,t)\, d\mu \otimes \nu(s,t)$$
$$\leq \int_{S \times T} |f(s,t)|\, d\mu \otimes \nu(s,t) < \infty.$$

$f^-(s,t)$도 마찬가지이다. 따라서 $g(s)$는 적분가능하다. 즉 b'1가 성립하고 또

$$\int_S g(s) d\mu(s) = \int_{S \times T} f^+(s,t) d\mu \otimes \nu(s,t) - \int_{S \times T} f^-(s,t) d\mu \otimes \nu(s,t)$$
$$= \int_{S \times T} f(s,t) d\mu \otimes \nu(s,t).$$

이에 의해 c도 보였다. a'2. b'2도 마찬가지이다. □

정리 5. (Fubini의 정리) $(S, \mathcal{M}, \mu)$, $(T, \mathfrak{I}, \nu)$를 σ-유한 완비 측도공간, $(S \times T, \mathcal{M} \overline{\otimes} \mathfrak{I}, \mu \overline{\otimes} \nu)$를 그 완비 곱측도공간이라 한다.

I. $f(s,t)$가 $S \times T$상에서 가측이고 $f(s,t) \geq 0$ 이라 하자.

a1. $f(s,t)$는 거의 모든 s에 대해 t의 가측함수이다.

a2. $f(s,t)$는 거의 모든 t에 대해 s의 가측함수이다.

b1. $\int_T f(s,t) d\nu(t)$는 s의 가측함수이다.

b2. $\int_S f(s,t) d\mu(s)$는 t의 가측함수이다.

c. $$\int_{S \times T} f(s,t) d\mu \otimes \nu(s,t) = \int_S \left(\int_T f(s,t) d\nu(t) \right) d\mu(s)$$
$$= \int_T \left(\int_S f(s,t) d\mu(s) \right) d\nu(t).$$

II. $f(s,t)$가 $\mu \overline{\otimes} \nu$에 관해 (s,t)의 적분가능 함수라 하자.

a'1. $f(s,t)$는 거의 모든 s에 대해 t의 적분가능 함수.

a'2. $f(s,t)$는 거의 모든 t에 대해 s의 적분가능 함수.

b'1. $\int_T f(s,t)d\nu(t)$는 s의 적분가능 함수이다.

b'2. $\int_S f(s,t)d\mu(s)$는 t의 적분가능 함수이다.

c. $$\int_{S\times T} f(s,t)d\mu\otimes\nu(s,t) = \int_S\left(\int_T f(s,t)d\nu(t)\right)d\mu(s)$$
$$= \int_T\left(\int_S f(s,t)d\mu(s)\right)d\nu(t).$$

증명. 정리 4와 마찬가지이다. 단 이 때는 4.1절 정리 1 대신 4.2절 정리 3을 쓰게 되므로 a1, a2의 꼴이 다소 변경된다. □

2. Fubini의 정리의 이용상 주의 Fubini의 정리를 이용하는 많은 경우가 **적분의 순서의 변경**이 문제될 때이다. 즉

$$\int_S\left(\int_T f(s,t)d\nu(t)\right)d\mu(s) = \int_T\left(\int_S f(s,t)d\mu(s)\right)d\nu(t) \tag{13}$$

를 이용하고 싶을 경우이다. 이 때 Riemann적분에서는 적분범위가 유한하지 않으면 많은 어려움이 수반하지만, Lebesgue적분에서는 거의 무조건적으로 허용되는 것이 강점이다. 그러나 이 적용에 관해서는 약간 주의해야할 점이 있으므로 그것을 이하 말하기로 한다.

$f(s,t)$의 $\mathscr{M}\otimes\mathfrak{J}$ (또는 $\mathscr{M}\overline{\otimes}\mathfrak{J}$) 가측성은 별도로 검증을 필요로 하지만 이것은 거의 모든 경우에 성립한다고 생각해도 된다. 그러나 2변수함수로서 가측이란 가정은 기본적이다. 사실 $f(s,t)$가

(i) s를 고정할 때 t의 적분가능인 함수이고 $s\mapsto\int_T f(s,t)d\nu(t)$ 가 s의 적분가능인 함수 즉 $\int_S\left\{\int_T f(s,t)d\nu(t)\right\}d\mu(s)$가 존재하고

(ii) t를 고정할 때 s의 적분가능인 함수이고 $t\mapsto\int_S f(s,t)d\mu(s)$ 가 t의 적분가능인 함수 즉 $\int_T\left\{\int_S f(s,t)d\mu(s)\right\}d\mu(t)$가 존재

하지만 $f(s,t)$가 $S\times T$상 비가측인 예가 존재한다. (부록 참조)

$f(s,t)\geq 0$ 인 경우에는 (13)의 적용은 항상 허용되지만, 일반적으로는 그렇지 않을 것이다. 그 때는 우선 $|f(s,t)|$에 대해 I의 꼴로 정리를 적용하고 $|f(s,t)|$의 적분이 유한인가를 조사한다. 만약 이것이 유한, 즉 $f(s,t)$가 적분

가능임을 알면 (13)을 적용할 수 있게 된다.

예 1. $f(x,y)=e^{-xy}\sin x$, $(x>0,\ y>0)$ 의 적분을 생각한다. $f(x,y)$는 x,y의 연속함수이므로 가측성은 문제없다.

$|f(x,y)| \le e^{-xy}$ 이며 $0<T(1)<T(2)<\infty$ 라 하면

$$\int_{T(1)}^{T(2)}\left\{\int_0^\infty e^{-xy}dx\right\}dy=\int_{T(1)}^{T(2)}\frac{dy}{y}=\log\left(\frac{T(2)}{T(1)}\right)<\infty$$

이므로 $f(x,y)$는 $(0,\infty)\times[T(1),\ T(2)]$에서 적분가능하다. 고로 Fubini의 정리를 적용할 수 있고

$$\int_{T(1)}^{T(2)}\left\{\int_0^\infty e^{-xy}\sin x\,dx\right\}dy=\int_0^\infty\left\{\int_{T(1)}^{T(2)}e^{-xy}\sin x\,dy\right\}dx.$$

계산하면

$$\tan^{-1}T(2)-\tan^{-1}T(1)=\int_0^\infty\left(e^{-T(1)x}-e^{-T(2)x}\right)\frac{\sin x}{x}dx$$

이다. 여기서 $x\in(0,\infty)$ 에 대해

$$\left|e^{-T(2)x}\frac{\sin x}{x}\right|\le e^{-T(2)x}\le e^{-x}\qquad (T(2)\ge 1 \text{ 일 때})$$

이며 e^{-x}는 $(0,\infty)$에서 적분가능이므로 $T(2)\to\infty$ 라 하면 지배수렴정리에 의해

$$\frac{\pi}{2}-\tan^{-1}T(1)=\int_0^\infty e^{-T(1)x}\frac{\sin x}{x}dx.$$

다음에 $T(1)\to+0$ 라 하면

$$\lim_{T(1)\to+0}\int_0^\infty e^{-T(1)x}\frac{\sin x}{x}dx=\frac{\pi}{2}. \tag{14}$$

여기서 $\dfrac{\sin x}{x}$는 $(0,\infty)$에서 적분가능하지 않으므로 여기서 적분기호와 극한 $T(1)\to+0$ 를 교환할 수 있다고 장담할 수 없다. 그러나 이것을 약간 변형해 보자.

$$a_n(y)=\int_{n\pi}^{(n+1)\pi}e^{-xy}\frac{\sin x}{x}dx\qquad(n=0,1,2,\cdots)$$

를 생각하면 $\sin x$는 $[n\pi,(n+1)\pi]$에서 부호가 일정하고, 다음 구간 $[(n+1)\pi,\ (n+2)\pi]$에서는 부호가 반대로 된다. 고로

$$a_0>0,\ a_1<0,\ a_2>0,\ a_3<0,\ \cdots \tag{15}$$

또 $\dfrac{e^{-xy}}{x}$는 x의 감소함수이므로

$$|a_{n+1}(y)| = \int_{(n+1)\pi}^{(n+2)\pi} e^{-xy}\frac{|\sin x|}{x}dx = \int_{n\pi}^{(n+1)\pi} e^{-(x+\pi)y}\frac{|\sin x|}{x+\pi}dx$$
$$< \int_{n\pi}^{(n+1)\pi} e^{-xy}\frac{|\sin x|}{x}dx = |a_n(y)|$$

즉

$$|a_0| > |a_1| > |a_2| > \cdots \tag{16}$$

또

$$|a_n(y)| \le \int_{n\pi}^{(n+1)\pi}\frac{dx}{x} \le \frac{\pi}{n\pi} = \frac{1}{n}. \tag{17}$$

(15),(16),(17)의 성질부터 $j<k$ 에 대해

$$a_{2j} + a_{2j+1} + \cdots + a_{2k-1} = (a_{2j} + a_{2j+1}) + \cdots + (a_{2k-2} + a_{2k-1}) > 0$$
$$a_{2j} + a_{2j+1} + \cdots + a_{2k-1} = a_{2j} + (a_{2j+1} + a_{2j+2}) + \cdots + a_{2k-1} < a_{2j} \le \frac{1}{2j}$$

와 같이 된다. 여기서 $0 < x(1) < x(2) < \infty$ 에 대해

$$2(j-1)\pi \le x(1) < 2j\pi,\ 2k\pi \le x(2) < 2(k+1)\pi$$

와 같은 j, k를 잡으면

$$\int_{x(1)}^{x(2)} e^{-xy}\frac{\sin x}{x}dx = \int_{x(1)}^{2j\pi} e^{-xy}\frac{\sin x}{x}dx + a_{2j}(y) + a_{2j+1}(y)$$
$$+ \cdots + a_{2k-1}(y) + \int_{2k\pi}^{x(2)} e^{-xy}\frac{\sin x}{x}dx$$

이므로 $\left|\displaystyle\int_{x(1)}^{x(2)} e^{-xy}\frac{\sin x}{x}dx\right| \le \dfrac{2\pi}{x(1)} + \dfrac{1}{2j} + \dfrac{2\pi}{2k\pi} \le \dfrac{5\pi}{x(1)}$. 이것부터 $y=0$ 에 대해 (위의 평가는 $y=0$ 에서도 성립)

$$\lim_{X\to\infty}\int_0^X \frac{\sin x}{x}dx \tag{18}$$

의 존재성을 안다. 그리고 이 극한값을 A라 할 때

$$\left|\left(A - \int_0^\infty e^{-T(1)x}\frac{\sin x}{x}dx\right) - \left(\int_0^X \frac{\sin x}{x}dx - \int_0^X e^{-T(1)x}\frac{\sin x}{x}dx\right)\right|$$
$$\le \left|A - \int_0^X \frac{\sin x}{x}dx\right| + \left|\int_X^\infty e^{-T(1)x}\frac{\sin x}{x}dx\right| \le \frac{10\pi}{X}. \tag{19}$$

$\left|e^{-xy}\dfrac{\sin x}{x}\right| \le e^{-xy} \le 1$ 이므로 유계수렴정리에 의해

$$\lim_{T(1)\to 0}\int_0^X e^{-T(1)x}\frac{\sin x}{x}dx=\int_0^X\frac{\sin x}{x}dx.$$

고로 (19)에서 $T(1)\to 0$ 라 하면 (14)에 의해

$$\left|A-\frac{\pi}{2}\right|\leq\frac{10\pi}{X}.$$

이 좌변은 X에 무관하므로 $A=\frac{\pi}{2}$ 로 된다. 즉

$$\lim_{X\to\infty}\int_0^X\frac{\sin x}{x}dx=\frac{\pi}{2}.$$

이 적분은 Fourier해석에서 기본적인 의미를 지닌다. 이 등식의 증명은 여러 가지가 있다.

4장의 문제

1. σ-유한 측도공간 $(S, \mathscr{M}, \mu)$상의 가측함수 $f(s) \geq 0$ 에 대해

$$G = \{(s, f(s)) \in S \times \mathbb{R} : s \in S\} \subset S \times \mathbb{R}$$

(f의 그래프)라 하면 $\mu \otimes m(G) = 0$ 임을 보이시오. 또

$$K = \{(s, x) \in S \times \mathbb{R} : 0 \leq x \leq f(s)\}$$

라 하면 $\int_S f(s) d\mu(s) = \mu \otimes m(K)$를 보이시오. 여기서 m은 $\mathbb{R}$상의 Lebesgue 측도이다.

2. 가측공간 $(S, \mathscr{M})$, $(T, \mathfrak{T})$에 대해, $\mathfrak{Z} \subset \mathscr{M}$ 가 σ-집합대수 $\mathscr{M}$을 생성하고, $\mathfrak{z} \subset \mathfrak{T}$ 가 σ-집합대수 $\mathfrak{T}$를 생성하다고 하자. 단 $S \in \mathfrak{Z}$, $T \in \mathfrak{z}$ 이다. 이 때 σ-집합대수 $\mathscr{M} \otimes \mathfrak{T}$는

$$\mathfrak{Z} \times \mathfrak{z} = \{G \times H : G \in \mathfrak{Z},\ H \in \mathfrak{z}\}$$

부터 생성된 σ-집합대수임을 보이시오.

이하의 문제는 Hopf-Kolmogorov의 확장정리와 관련된 문제이다(→2장 문제 9).

3. 측도공간 $(S, \mathscr{M}, \mu)$, $(T, \mathfrak{T}, \nu)$가 σ-유한일 때는 곱측도의 존재는 4.1절의 정리1에서 증명되었다. 그러나 $(S \times T, \mathscr{M} \otimes \mathfrak{T})$상의 측도 κ로

$$\kappa(M \times N) = \mu(M)\nu(N) \quad (M \in \mathscr{M},\ N \in \mathfrak{T})$$

를 만족하는 것의 존재는 σ-유한성의 가정 없이 보일 수 있다. 그것을 다음 순서를 따라 증명하시오.

(1) $M \times N = \bigcup_{n=1}^{\infty} (M_n \times N_n)$, $(M_j \times N_j) \cap (M_k \times N_k) = \varnothing$ 이면

$$\mu(M)\nu(N) = \sum_{n=1}^{\infty} \mu(M_n)\nu(N_n).$$

(2) 4.1절 보조명제 1, 보조명제 2에 의해 집합대수 $\mathscr{M} \times \mathfrak{T}$ 상에서 정해진 함수 $\mu \times \nu$는

$$K_1, K_2, \cdots \in \mathscr{M} \times \mathfrak{T},\ K_j \cap K_k = \varnothing\ (j \neq k),\ K = \bigcup_{n=1}^{\infty} K_n \in \mathscr{M} \times \mathfrak{T}$$

이면

$$\mu\times\nu(K)=\sum_{n=1}^{\infty}\mu\times\nu(K_n)$$

를 만족한다.

(3) (1)(2)에 의해 Hopf-Kolmogorov의 확장정리부터, $\mu\times\nu$는 $\mathscr{M}\times\mathfrak{J}$부터 생성된 σ-집합대수 $\mathscr{M}\otimes\mathfrak{J}$상의 측도로 확장된다.

4. 문제 3에 의해 $(S\times T, \mathscr{M}\otimes\mathfrak{J})$상의 측도는 μ,ν가 σ-유한이 아니어도 생각할 수 있다.

(1) 만약 μ,ν가 σ-유한이면 $(S\times T, \mathscr{M}\otimes\mathfrak{J})$상의 곱측도의 성질

$$\lambda(M\times N)=\mu(M)\nu(N)$$

를 가지는 측도는 단 하나다.

(2) μ,ν 중 한쪽이 σ-유한이 아닐 때, 곱측도의 성질을 가지는 측도가 유일하다고 할 수 없다. 다음이 그 반례가 됨을 보이시오.

$[0,1]$상에서 Lebesgue측도 m과 각점에 질량 1을 준 이산적 측도 ν를 생각한다. $[0,1]\times[0,1]$상에서 문제 3의 방법으로 만든 측도 κ를 생각한다. $\Delta=\{(x,x):x\in[0,1]\}$ 라 하면, Δ는 가측이고 $\kappa(\Delta)=\infty$ 임을 보이시오. 지금

$$\lambda(K)=\kappa(K\setminus(K\cap\Delta))$$

라 놓으면 λ도 곱측도의 성질을 가지는 측도이고 $\lambda\neq\kappa$ 임을 보이시오.

5. $(S,\mathscr{M},\mu)$, $(T,\mathfrak{J},\nu)$가 일반적인 측도공간이면 $K\in\mathscr{M}\otimes\mathfrak{J}$ 에 대해

$$\int_S \nu(K_{s|})d\mu(s)=\int_T \mu(K_{|t})d\nu(t)$$

가 일반적으로 성립하지 않다. 그 반례를 들으시오.

[Hint : 문제 4(2)의 반례를 참조]

6. (가) $([0,1],\wp([0,1]),c)$를 다음과 같이 정의한다. 단 $\wp([0,1])$는 모든 부분집합의 모임.

$$c(A)=\text{“}A\text{의 원소의 개수”}$$

가 측도임을 보이시오. (counting measure)

(나) $([0,1],\mathscr{M},m)$을 Lebesgue측도공간, $([0,1],\wp([0,1]),c)$를 (가)의 측도공간이라 하자. $\Delta=\{(x,x):x\in[0,1]\}$ 라 할 때 $\Delta\in\mathscr{M}\otimes\wp([0,1])$ 를

보이고 $\int_0^1\left(\int_0^1 \chi_\Delta dm\right)dc$와 $\int_0^1\left(\int_0^1 \chi_\Delta dc\right)dm$를 비교하시오.

7. $f(x,y)=(x^2+y^2)^{-1/2}$ 가 $[-1,1]^2$상 Lebesgue적분가능임을 보이시오. 임의의 $-1\le x\le 1$ 에 대해 $f(x,y)\in L^1[-1,1]$ 인가 살펴보시오.

8. $f(x,y)=\dfrac{xy}{(1-|x|)^2+(1-|y|)^2}$ 가 $[-1,1]^2$상 Lebesgue적분가능인가 살펴보고 $\int_{-1}^1\left(\int_{-1}^1 f(x,y)dx\right)dy$와 $\int_{-1}^1\left(\int_{-1}^1 f(x,y)dy\right)dx$를 비교하시오.

9. $f:[0,1]\times[0,1]\to\mathbb{R}$ 가 Lebesgue적분가능일 때

$$\int_0^1\left(\int_0^x f(x,y)dy\right)dx=\int_0^1\left(\int_y^1 f(x,y)dx\right)dy$$

가 성립함을 보이시오. 적분값 $\int_0^1\left(\int_y^1 e^{-x^2}dx\right)dy$를 구하시오.

10. f가 $(0,1]^2$에서 정의된 함수 $f(x,y)$가

y를 고정하면 x의 함수로서 Lebesgue가측

x를 고정하면 y의 함수로 단조증가

라 하자.

(1) $a\in\mathbb{R}$, $n\in\mathbb{N}$ 에 대해 $K(a)=\{(x,y):f(x,y)<a\}$,

$$A_n(a)=\bigcup_{k=1}^{2^n}\left\{x:f\left(x,\frac{k}{2^n}\right)<a\right\}\times\left(\frac{k-1}{2^n},\frac{k}{2^n}\right],$$

$$B_n(a)=\bigcup_{k=1}^{2^n}\left\{x:f\left(x,\frac{k-1}{2^n}\right)<a\right\}\times\left(\frac{k-1}{2^n},\frac{k}{2^n}\right]$$

라 하면 $A_n(a)\subset K(a)\subset B_n(a)$ 이고

$$A_n(a)\uparrow,\ B_n(a)\downarrow,\ m_2(B_n(a)\setminus A_n(a))<2^{-n}$$

로 됨을 보이시오.

(2) $f(x,y)$는 Lebesgue가측임을 보이시오. (부록 E와 비교하시오)

11. f를 $(0,1]^2$에서 $f(x,y)=\dfrac{x^2-y^2}{(x^2+y^2)^2}$ 라 하자. f는 $(0,1]^2$에서 적분가능인가? $\int_0^1 dx\int_0^1 f(x,y)dy$, $\int_0^1 dy\int_0^1 f(x,y)dx$를 구하시오.

5 Radon-Nikodym의 정리

3.3절 1에서 보인 것처럼 측도공간 $(S, \mathscr{M}, \mu)$에서 적분가능한 함수 $f(s)$가 있으면 이것부터

$$\phi(M) = \int_M f(s)d\mu(s)$$

라 하여 $\mathscr{M}$상에 σ-가법성을 가지는 측도의 성질을 가지는 것을 만들 수 있다.

그러면 역으로 $(S, \mathscr{M})$상의 측도 μ와 다른 측도 ϕ를 줄 때, 이것이 언제 위와 같은 적분의 꼴로 표현할 수 있을까? 이것의 해결을 주는 것이 표제의 정리이다. 이것은 또 가장 추상적으로 파악한 미분의 양식이라 할 수 있다.

$f(s)$는 일반적으로 부호를 가질 수 있으므로 위의 $\phi(M)$은 이제 음이 아닌 것으로 한정할 수 없다. 그리고 $\phi(M)$가 부호를 가진 것에 대해 자세히 조사해 감으로서 Radon-Nikodym의 정리의 증명에 도달한다.

5.1 실측도

1. $(S, \mathscr{M})$를 가측공간이라 할 때 2절 2.1에서 정의한 측도를 약간 변형하고 다음과 같은 것을 생각한다.

정의 1. 가측공간 $(S, \mathscr{M})$가 주어질 때 $\mathscr{M}$의 각 집합에 대해 하나씩 실수를 대응시킨 다음과 같은 함수 ϕ를 $\mathscr{M}$상의 **실측도**(real measure)라 한다.

1° $M \in \mathscr{M}$ 에 대해 $\phi(M) \in \mathbb{R}$.

2° $\phi(\varnothing) = 0$.

3° $M_1, M_2, \cdots \in \mathscr{M}$, $M_j \cap M_k = \varnothing$ $(j \neq k)$ 이면

$$\phi\left(\bigcup_{n=1}^{\infty} M_n\right) = \sum_{n=1}^{\infty} \phi(M_n). \tag{1}$$

측도와 다른 점은 $\phi(M)$의 값으로 음의 값을 취하는 것을 허용하는 대신, 그것을 모두 유한값으로 한정하는 것이다. 따라서 모든 M에 대해 $\phi(M) \geq 0$와 같은 실측도 ϕ는 유한측도이다. 이것과 구별하기 위해 이제까지 취급해왔

던 측도를 **양측도**(positive measure)라고도 말한다. 따라서 "유한 양측도=양인 실측도"라는 말이다. 여기서 (1)의 좌변의 M_n의 나열방법에 무관하므로, 우변에서도 이 급수는 항의 순서에 무관하게 일정한 값으로 수렴하는 것이 요구되어 있고 이것은 급수의 합에 관한 Dirichlet-Riemann의 정리부터 이 급수가 절대수렴, 즉

$$\sum_{n=1}^{\infty} |\phi(M_n)| < \infty$$

임을 의미한다. 실측도는 **부호측도**(signed measure)라 할 때도 있다.

실수값을 취한 측도를 더 일반화시켜 복소수값을 취한 측도 즉 **복소측도**(complex measure)도 당연히 생각할 수 있으나 이것은 실수부분, 허수부분으로 나누어줌으로써 실측도로 환원할 수 있으므로 여기서는 실측도만 논하기로 한다.

2. 실측도를 위와 같이 일반적으로 정의했으나 그 구조는 비교적 간단하다 (→정리 1). 우선 몇 가지 준비를 한다.

보조명제 1. $\phi(M_1)+\phi(M_2)=\phi(M_1\cup M_2)+\phi(M_1\cap M_2)$.

특히 $M_1\cap M_2=\varnothing$ 이면 $\phi(M_1\cup M_2)=\phi(M_1)+\phi(M_2)$.

증명 $M_1\cup M_2=M_1\cup M_2'$, $M_2'=M_2\setminus(M_1\cap M_2)$ 라 쓰면 $M_1\cap M_2'=\varnothing$ 이므로 $M_1\cup M_2=M_1\cup M_2'\cup\varnothing\cup\varnothing\cup\cdots$ 에 의해 실측도의 성질 2°, 3°을 쓰고

$$\begin{aligned}\phi(M_1\cup M_2)&=\phi(M_1)+\phi(M_2')+\phi(\varnothing)+\phi(\varnothing)+\cdots\\&=\phi(M_1)+\phi(M_2')\end{aligned}$$

그러나 $M_2=M_2'\cup(M_1\cap M_2)$ 이고 $M_2'\cap(M_1\cap M_2)=\varnothing$ 이므로 위와 같이

$$\phi(M_2)=\phi(M_2')+\phi(M_1\cap M_2).$$

고로

$$\phi(M_1)+\phi(M_2)=\phi(M_1\cup M_2)+\phi(M_1\cap M_2). \qquad \square$$

보조명제 2. $M_n\nearrow M$ 또는 $M_n\searrow M$ 이면

$$\lim_{n\to\infty}\phi(M_n)=\phi(M).$$

증명 $M_n\nearrow M$ 일 때

$$M_1' = M_1,\ M_2' = M_2 \setminus M_1,\ M_3' = M_3 \setminus M_2,\ \cdots$$

라 하면 (→2.1절, 2. 성질 1(2)),

$$M_j' \cap M_k' = \varnothing \quad (j \neq k), \quad \bigcup_{n=1}^{\infty} M_n' = M$$

이므로 실측도의 성질 3° 과 보조명제 1에 의해

$$\begin{aligned}\phi(M) &= \sum_{n=1}^{\infty} \phi(M_n') = \lim_{n\to\infty} \sum_{k=1}^{n} \phi(M_k') \\ &= \lim_{n\to\infty} \{\phi(M_1) + \phi(M_2 \setminus M_1) + \cdots + \phi(M_n \setminus M_{n-1})\} \\ &= \lim_{n\to\infty} \{\phi(M_1) + (\phi(M_2) - \phi(M_1)) + \cdots + (\phi(M_n) - \phi(M_{n-1}))\} \\ &= \lim_{n\to\infty} \phi(M_n)\end{aligned}$$

$M_n \searrow M$ 일 때는 $M_1 \setminus M_n \nearrow M_1 \setminus M$ 이므로 위의 사실부터

$$\begin{aligned}\phi(M) &= \phi(M_1) - \phi(M_1 \setminus M) = \phi(M_1) - \lim_{n\to\infty} \phi(M_1 \setminus M_n) \\ &= \lim_{n\to\infty} \{\phi(M_1) - \phi(M_1 \setminus M_n)\} = \lim_{n\to\infty} \phi(M_n).\end{aligned}$$

□

보조명제 3. $\sup\{|\phi(M)| : M \in \mathscr{M}\} < \infty$.

증명 지금 좌변이 ∞라 하면 모순임을 보이자. 실제로 이 경우

$$M_0 \supset M_1 \supset M_2 \supset \cdots \tag{2}$$

$$|\phi(M_n)| \geq n \tag{3}$$

$$\sup\{|\phi(M)| : M \in \mathscr{M},\ M \subset M_n\} = \infty \tag{4}$$

와 같은 집합열을 귀납적으로 잡을 수 있음을 보이자. 우선 $M_0 = S$ 라 한다. $M_0, M_1, M_2, \cdots, M_{k-1}$를 정했다고 하자. (4)에 의해

$$M_k^{(0)} \subset M_{k-1}, \quad |\phi(M_k^{(0)})| \geq |\phi(M_{k-1})| + k$$

와 같은 $M_k^{(0)} \in \mathscr{M}$ 가 존재한다.

지금 $\sup\{|\phi(M)| : M \in \mathscr{M},\ M \subset M_k^{(0)}\} = \infty$ 이면 $M_k = M_k^{(0)}$ 라 하여 (2), (3), (4)를 만족한다.

만약 $\sup\{|\phi(M)| : M \in \mathscr{M},\ M \subset M_k^{(0)}\} < \infty$ 이면 이 값을 α라 하면 $M \subset M_{k-1}$ 에 대해

$$|\phi(M \setminus (M \cap M_k^{(0)}))| = |\phi(M) - \phi(M \cap M_k^{(0)})|$$

$$\geq |\phi(M)| - |\phi(M \cap M_k^{(0)})| \geq |\phi(M)| - \alpha$$

이므로 좌변의 M에 관한 sup는 ∞. 지금 $M_k = M_{k-1} \setminus M_k^{(0)}$ 라 하면

$$\sup\{|\phi(M)| : M \in \mathscr{M},\ M \subset M_k\} = \infty$$

즉 (4)가 성립한다. 이 때

$$|\phi(M_k)| = |\phi(M_{k-1}) - \phi(M_k^{(0)})| \geq |\phi(M_k^{(0)})| - |\phi(M_{k-1})| \geq k$$

이므로 (3)도 성립한다. 지금 보조명제 2에 의해

$$\phi\left(\bigcap_{n=0}^{\infty} M_n\right) = \lim_{n\to\infty} \phi(M_n)$$

인데 우변의 극한은 $\mathbb{R}$ 에서 존재하기 않다. 이것은 모순. □

보조명제 4 $\alpha = \sup\{\phi(M) : M \in \mathscr{M}\}$ 라 하면 $\phi(P) = \alpha$ 와 같은 $P \in \mathscr{M}$ 가 존재한다. 그리고

$$M \subset P \quad \text{이면 } \phi(M) \geq 0$$
$$M \cap P = \varnothing \quad \text{이면 } \phi(M) \leq 0.$$

증명 보조명제 3에 의해 $\alpha < \infty$. 또 $\phi(\varnothing) = 0$ 이므로 $\alpha \geq 0$. 지금 M_n을

$$\phi(M_n) > \alpha - 2^{-n} \tag{5}$$

와 같이 잡자. 이 때 $P = \limsup_{n\to\infty} M_n$ 에 대해 $\phi(P) = \alpha$ 로 됨을 보이자.

$$M_{n,m} = \bigcup_{k=n}^{n+m} M_k, \quad \overline{M_n} = \bigcup_{k=n}^{\infty} M_k$$

라 하면 $m \to \infty$ 일 때

$$M_{n,m} \nearrow \overline{M_n} \tag{6}$$

이다. $M_{n,m+1} = M_{n,m} \cup M_{m+1}$ 이므로 보조명제 1에 의해

$$\begin{aligned}
\phi(M_{n,m+1}) &= \phi(M_{n,m}) + \phi(M_{m+1}) - \phi(M_{n,m} \cap M_{m+1}) \\
&\geq \phi(M_{n,m}) + \alpha - 2^{-n-m-1} - \alpha \\
&= \phi(M_{n,m}) - 2^{-n-m-1}
\end{aligned}$$

이다. 이것을 $m = 0, 1, 2, \cdots, p-1$ 에 대해 더하면

$$\begin{aligned}
\phi(M_{n,p}) &\geq \phi(M_n) - 2^{-n-1} - 2^{-n-2} - \cdots - 2^{-n-p} \\
&\geq \alpha - 2^{-n} - 2^{-n-1} - 2^{-n-2} - \cdots - 2^{-n-p} > \alpha - 2^{-n+1}.
\end{aligned}$$

$p \to \infty$ 라 하면 (6) 및 보조명제 2에 의해

$$\phi(\overline{M_n}) \geq \alpha - 2^{-n+1}.$$

그리고 $\overline{M_n} \searrow P = \limsup_{n\to\infty} M_n$ 이므로 보조명제 2에 의해 $\phi(P) \geq \alpha$ 이고 정의부터 $\phi(P) \leq \alpha$ 이므로 $\phi(P) = \alpha$ 이다. $M \subset P$ 일 때 만약 $\phi(M) < 0$ 이면

$$\phi(P \setminus M) = \phi(P) - \phi(M) > \phi(P) = \alpha$$

로 되어 α의 정의에 모순. 고로 $M \subset P$ 이면 $\phi(M) \geq 0$. $M \cap P = \varnothing$ 일 때 만약 $\phi(M) > 0$ 이면

$$\phi(P \cup M) = \phi(P) + \phi(M) > \phi(P) = \alpha$$

로 되어 α의 정의에 모순. 고로 $M \cap P = \varnothing$ 이면 $\phi(M) \leq 0$. □

정리1. (Hahn의 분해정리) ϕ는 가측공간 $(S, \mathcal{M})$상에서 정의된 실측도라 한다. 이 때 적당한 가측집합 $P \in \mathcal{M}$ 가 존재하여

$$M \subset P \quad \text{이면 } \phi(M) \geq 0$$
$$M \cap P = \varnothing \quad \text{이면 } \phi(M) \leq 0.$$

지금

$$\phi^+(M) = \phi(M \cap P),$$
$$\phi^-(M) = -\phi(M \setminus (M \cap P)) = -\phi(M \cap P^c) \tag{7}$$

라 하면 ϕ^+, ϕ^-는 $(S, \mathcal{M})$상의 유한 양측도이다. 또

$$\phi(M) = \phi^+(M) - \phi^-(M). \tag{8}$$

ϕ^+, ϕ^-는 다음과 같이 나타낼 수 있다.

$$\phi^+(M) = \sup\{\phi(E) : E \in \mathcal{M},\ E \subset M\}$$
$$\phi^-(M) = \sup\{-\phi(E) : E \in \mathcal{M},\ E \subset M\}. \tag{9}$$

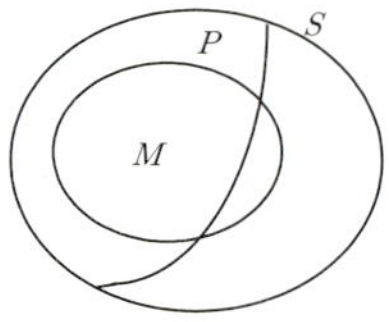

그림 5.1

여기서 당연히 $\phi^+(S \setminus P) = 0$, $\phi^-(P) = 0$ 인데 그런 의미로 (8)의 의미는 유일하다. 즉

$$\phi(M) = \mu_1(M) - \mu_2(M) \tag{10}$$

를 ϕ의 유한 양측도 μ_1, μ_2의 차로의 분해라 하고, $Q \in \mathcal{M}$ 가 존재하여

$$\mu_1(S \setminus Q) = 0,\ \mu_2(Q) = 0$$

으로 된다면 $\mu_1 = \phi^+$, $\mu_2 = \phi^-$ 이다.[1)]

증명 전반의 내용은 보조명제 4부터 거의 분명하다. 유일성을 보이자.

$$\phi(M) = \phi^+(M) - \phi^-(M) = \mu_1(M) - \mu_2(M)$$

부터

$$\mu_1(M) - \phi^+(M) = \mu_2(M) - \phi^-(M). \tag{11}$$

$M \subset P$ 이면 $\mu_2(M) - \phi^-(M) = \mu_2(M) \geq 0$.

$M \cap P = \varnothing$ 이면 $\mu_1(M) - \phi^+(M) = \mu_1(M) \geq 0$.

따라서 (11)은 모든 $M \in \mathcal{M}$ 에 대해 음 아니다. 그러면

$$0 \leq \mu_2(Q) - \phi^-(Q) = -\phi^-(Q) \leq 0$$

로 되어 $\phi^-(Q) = 0$. 똑같이

$$0 \leq \mu_1(S \setminus Q) - \phi^+(S \setminus Q) = -\phi^+(S \setminus Q) \leq 0$$

이므로 $\phi^+(S \setminus Q) = 0$. 고로 (11)부터 임의의 $M \in \mathcal{M}$ 에 대해

$$\begin{aligned}\mu_1(M) = \mu_1(M \cap Q) &= \phi^+(M \cap Q) + \mu_2(M \cap Q) - \phi^-(M \cap Q) \\ &= \phi^+(M \cap Q) \leq \phi^+(M).\end{aligned}$$

(11)에서 임의의 $M \in \mathcal{M}$ 에 대해 음 아니므로 $\mu_1(M) \geq \phi^+(M)$. 따라서 $\mu_1(M) = \phi^+(M)$. 고로 $\mu_2(M) = \phi^-(M)$. □

정의 2. 가측공간 $(S, \mathcal{M})$상의 실측도 ϕ에 대해 정리 1의 분해

$$\phi(M) = \phi^+(M) - \phi^-(M)$$

를 ϕ의 **Hahn의 분해**(Hahn's decomposition)라 한다. 그리고 ϕ^+, ϕ^-를 ϕ의 **양의 부분**(positive part), **음의 부분**(negative part)이라 한다. 또

$$|\phi|(M) = \phi^+(M) + \phi^-(M)$$

와 같이 놓고 $|\phi|$를 ϕ의 **전변동측도**(total variation measure), $|\phi|(S)$를 ϕ의 **전변동**(total variation)이라 한다.(→5장의 문제 1)

3. 실측도에 관한 적분 $f(s)$를 $(S, \mathcal{M})$상의 유계인 가측함수라 할 때 $(S, \mathcal{M})$상의 실측도 ϕ에 관해 다음과 같이 놓자.

$$\int_S f(s)d\phi(s) = \int_S f(s)d\phi^+(s) - \int_S f(s)d\phi^-(s) \tag{12}$$

---

1) 보조명제 4의 P, P^c를 **Hahn분해**라 하고 (9)에서 정한 ϕ^+, ϕ^-를 써서 (8)과 같이 표현되는 것을 **Jordan의 분해정리**라 하는 경우도 있다.

이 적분은 또 Lebesgue식으로 다음과 같이 정의된다고 생각해도 된다(→1절 4.4). $c \le f(s) \le d$ 라 하고 $f(s)$의 치역인 구간 $[c, d]$를 세분하여

$$\Delta : c = x_0 < x_1 < \cdots < x_n = d$$

라 하여

$$S_\Delta = \sum_{k=1}^{n} x_k^\Delta \phi(\{s : x_{k-1} \le f(s) < x_k\}) \qquad (x_{k-1} \le x_k^\Delta < x_k)$$

를 생각하면 분할을 잘게 해가고

$$|\Delta| = \max\{x_k - x_{k-1} : k = 1, 2, \cdots, n\} \to 0$$

라 하면 (12)에서 정의된 적분에 대해

$$S_\Delta \to \int_S f(s) d\phi(s)$$

와 같이 된다. 이것은 ϕ^+, ϕ^-에 관한 같은 식을 생각하면 곧 알 수 있다. 이렇게 정의된 적분에 대해 적분의 기본성질(→3.1절) 및 유계수렴정리(3.2절 계 1)가 성립하는 것은 쉽게 알 수 있다. 3.1절 정리 1(4)의 부등식에 대해서는

$$\left| \int_S f(s) d\phi(s) \right| \le \int_S |f(s)| d|\phi|(s)$$

로 된다. 여기서 $|\phi|$는 ϕ의 전변동측도이다.

5.2 절대연속성

1. $(S, \mathscr{M}, \mu)$를 측도공간이라 하자. $f(s)$가 적분가능함수이고 $M \in \mathscr{M}$ 에 대해

$$\phi(M) = \int_M f(s) d\mu(s)$$

라 놓으면 ϕ가 $(S, \mathscr{M})$상의 실측도로 됨은 이미 3.3절 정리 8에서 보였다. 이에 대해 다음 성질이 성립하는 것을 곧 알 수 있다.

성질 1. (1) $\mu(M) = 0$ 이면 $\phi(M) = 0$.

(2) 임의의 $\epsilon > 0$ 에 대해 적당한 $\delta > 0$ 가 존재하여

$$\mu(M) < \delta \text{ 이면 } |\phi(M)| < \epsilon.$$

증명 (1)은 분명하다. (2)를 위해 $f_n(s) = \begin{cases} f(s), & (|f(s)| \le n) \\ 0, & (|f(s)| > n) \end{cases}$ 와 같이 놓으면 $|f_n(s)| \nearrow |f(s)|$ 이다. 단조수렴정리에 의해

$$\int_S |f_n(s)| d\mu(s) \to \int_S |f(s)| d\mu(s)$$

이므로 n을

$$\int_S |f(s)| d\mu(s) - \int_S |f_n(s)| d\mu(s) < \frac{\epsilon}{2}$$

와 같이 잡아 고정시킨다. $\delta = \dfrac{\epsilon}{2n}$ 라 잡자. 지금 $\mu(M) < \delta$ 라 하면

$$\begin{aligned} |\phi(M)| &= \left| \int_M f(s) d\mu(s) \right| \le \int_M |f(s)| d\mu(s) \\ &= \int_M |f_n(s)| d\mu(s) + \int_M (|f(s)| - |f_n(s)|) d\mu(s) \\ &\le n\mu(M) + \int_M (|f(s)| - |f_n(s)|) d\mu(s) < \epsilon \end{aligned}$$

□

일반적으로 다음 정리가 성립한다.

정리 2. 측도공간 $(S, \mathscr{M}, \mu)$에서, $(S, \mathscr{M})$에서 정의된 실측도 ϕ에 대해 성질 1(1)이 성립하는 것과 성질 1(2)가 성립하는 것이 동치이다.

증명 (2)⇒(1)은 분명하다. (1)⇒(2)를 보이자. ϕ가 실측도일 때 그대로 ϕ^+,

ϕ^-에 대해 성질 1(1)이 성립한다(→정의(5.1절 (7)). ϕ^+, ϕ^-에 대해 (2)가 성립하면 당연히 $\phi = \phi^+ - \phi^-$ 에 대해 성립하게 되므로 ϕ가 양인 실측도일 때 보여주면 충분하다.

지금 ϕ가 양인 실측도이고 (1)은 만족하지만 (2)는 성립하지 않다고 할 때 모순이 일어남을 보이자. 이 때 어떻게 $\delta > 0$ 를 잡아도 $\mu(M) < \delta$, $\phi(M) \geq \epsilon$ 와 같은 M이 존재한다. 고로

$$\mu(M_n) < 2^{-n}, \quad \phi(M_n) \geq \epsilon$$

와 같은 $M_1, M_2, \cdots$ 를 잡자. 그러면 $\overline{M_n} = \bigcup_{k=n}^{\infty} M_k$ 에 대해

$$\mu(\overline{M_n}) < \sum_{k=n}^{\infty} 2^{-k} = 2^{-n+1}, \quad \phi(\overline{M_n}) \geq \epsilon.$$

그러면 $\overline{M_n} \searrow M = \lim_{n\to\infty}\sup M_n$ 이고 $\mu(M) = 0$, $\phi(M) \geq \epsilon$ 이다. 이것은 (1)에 모순. □

그래서 다음과 같은 정의를 하자.

정의 3. 가측공간 $(S, \mathscr{M})$에서 양측도 μ_1, μ_2에 대해

$$\mu_1(M) = 0 \text{ 이면 항상 } \mu_2(M) = 0$$

가 성립할 때 μ_2는 μ_1에 관해 **절대연속**(absolutely continuous)이라 한다. 기호로 $\mu_2 \prec \mu_1$ 와 같이 나타낸다. 또

$$\mu_1(N) = 0, \quad \mu_2(S \setminus N) = 0$$

와 같은 $N \in \mathscr{M}$ 이 존재할 때 μ_1, μ_2는 **서로 특이**(mutually singular)하다고 말하고 기호로 $\mu_1 \perp \mu_2$로 나타낸다.

똑같은 정의는 μ_1, μ_2의 한쪽 또는 둘 다 실측도일 때도 할 수 있으나 그것은 절대변동에 대해 성립하는 것으로 한다. 즉

$$\mu_2 \prec \mu_1 \Leftrightarrow |\mu_2| \prec |\mu_1|, \qquad \mu_1 \perp \mu_2 \Leftrightarrow |\mu_1| \perp |\mu_2|$$

이 정의에 의하면 임의의 실측도 ϕ에 대해 그 양인 부분, 음인 부분은 서로 특이한 측도이다. 즉 $\phi^+ \perp \phi^-$. μ_1, μ_2가 서로 특이한 측도란 공간 전체가 둘로 분할되어 μ_1은 $S \setminus N$상에서, μ_2는 N상에서 밖에 측도를 가지지 않다(나머지 부분에서는 측도가 0)이란 말이다.

μ_2가 유한측도(또는 실측도)일 때는 μ_2가 μ_1에 관해 절대연속이란 정리 2에 의해 성질 1(2)의 꼴로도 말할 수 있으나, μ_2가 무한측도이면(아무리 σ-유한이라 해도) 그와 같은 꼴로 말할 수 없다(→5장 문제 2).

2. 이제 1에서 보인 것처럼 적분으로 정의된 실측도는 측도 μ에 관해 절대연속이다. 이 역이 μ가 σ-유한 측도인 경우 성립하는데 이것이 이 장의 제목인 Radon-Nikodym의 정리다. 그 증명은 다음 절에서 하기로 하고 여기서는 다음 정리를 보이기로 한다.

정리 3. (Lebesgue의 분해정리) $(S, \mathscr{M}, \mu)$이 측도공간이다. $(S, \mathscr{M})$에서 정의된 σ-유한 측도(또는 실측도) ϕ는

$$\phi(M) = \phi_a(M) + \phi_s(M) \tag{13}$$

ϕ_a는 μ에 관해 절대연속인 측도(또는 실측도)

ϕ_s는 μ와 서로 특이한 측도(또는 실측도)

와 같이 분해된다. 또 $S_0 \in \mathscr{M}$ 가 존재하여

$$\mu(S_0) = 0$$

$$\phi_a(M) = \phi(M \cap S_0^c), \quad \phi_s(M) = \phi(M \cap S_0) \tag{14}$$

와 같이 표현된다. (13)과 같은 분해는 일의적으로 정해진다. 이것을 ϕ의 **Lebesgue의 분해**(decomposition)라 한다.

증명 ϕ가 실측도인 경우

$$\alpha = \sup\{|\phi|(M) : M \in \mathscr{M},\ \mu(M) = 0\} \tag{15}$$

라 놓자. 이것에 대해

$$\mu(M_n) = 0, \quad |\phi|(M_n) \geq \alpha - 2^{-n}, \quad (n = 1, 2, \cdots)$$

라 하면 $S_0 = \bigcup_{n=1}^{\infty} M_n$ 라 놓으면

$$\mu(S_0) = 0,\ |\phi|(S_0) = \alpha.$$

고로 $\phi_s(M) = \phi(M \cap S_0)$ 라 놓으면 ϕ_s는 μ와 서로 특이한 실측도이다. 다음 $\phi_a(M) = \phi(M) - \phi_s(M)$ 가 μ에 관해 절대연속임을 보이면 된다. $\mu(M) = 0$ 라 하자. 이 때 $|\phi|(M \cap S_0^c) > 0$ 라 하면 모순임을 보이자. $M' = M \cup S_0$ 라 하면

$$\mu(M') = 0,\ |\phi|(M') = |\phi|(M \cap S_0^c) + |\phi|(S_0) > |\phi|(S_0) = \alpha.$$

이것은 (15)와 모순이다. 고로 $|\phi|(M\cap S_0^c)=0$ 이다. 고로

$$\begin{aligned}|\phi_a(M)| &= |\phi(M)-\phi(M\cap S_0)| = |\phi(M\setminus(M\cap S_0))| \\ &= |\phi(M\cap S_0^c)\le|\phi|(M\cap S_0^c)=0\end{aligned}$$

로 되고 ϕ_a는 μ에 관해 절대연속이다.

ϕ가 σ-유한 측도인 경우, $S_1, S_2, \cdots \in\mathscr{M}$ 이고

$$\phi(S_n)<\infty \quad (n=1,2,\cdots)\ S=\bigcup_{n=1}^{\infty}S_n,\ S_j\cap S_k=\varnothing,\ (j\neq k)$$

와 같은 것이 존재한다. 여기서 $\phi_n(M)=\phi(M\cap S_n)$ $(n=1,2,\cdots)$ 라 놓으면 이것은 $(S,\mathscr{M})$상의 유한측도이고

$$\phi(M)=\sum_{n=1}^{\infty}\phi(M\cap S_n)=\sum_{n=1}^{\infty}\phi_n(M).$$

위에서 보인 것에 의해 각 ϕ_n에 대해 $S_{n,0\in\mathscr{M}}$ 가 존재하여

$$\phi_{n,a}(M)=\phi_n(M\cap S^c_{n,0}) \text{ 는 } \mu\text{에 관해 절대연속}$$

$$\phi_{n,s}(M)=\phi_n(M\cap S_{n,0})=\phi_n(M)-\phi_{n,a}(M) \text{ 는 } \mu\text{와 서로 특이}$$

로 된다. $S_{n,0}\subset S_n$ $(n=1,2,\cdots)$ 라 해도 무방하다(ϕ_n은 S_n밖에서는 0이므로 그 부분은 제외해서 생각할 수 있다).

$$S_0=\bigcup_{n=1}^{\infty}S_{n,0},$$

$$\phi_a(M)=\sum_{n=1}^{\infty}\phi_{n,a}(M)=\phi(M\cap S_0^c),$$

$$\phi_s(M)=\sum_{n=1}^{\infty}\phi_{n,s}(M)=\phi(M\cap S_0)$$

라 하면 이것이 (13)의 분해를 주고 있다. 분해의 유일성을 보이기 위해 (13) 외에

$$\phi(M)=\phi'(M)+\phi''(M)$$

$$\phi'\text{는 } \mu\text{에 관해 절대연속}$$

$$\phi''\text{는 } \mu\text{와 서로 특이}$$

와 같이 분해를 생각하자. ϕ''에 대해 $S_0''\in\mathscr{M}$ 를

$$\mu(S_0'')=0,\quad |\phi''|(S_0''^c)=0$$

와 같이 잡아주자. (정의부터 ϕ''가 양측도일 때 $|\phi''|=\phi''$ 라 한다) 이 때 $\phi''(M)=\phi''(M\cap S_0'')$ 이다. (14)부터

$$
\begin{aligned}
\phi_s(M) = \phi(M \cap S_0) &= \phi'(M \cap S_0) + \phi''(M \cap S_0) \\
&= \phi''(M \cap S_0) = \phi''(M \cap S_0 \cap S_0'') = \phi(M \cap S_0 \cap S_0'')
\end{aligned}
$$

$$
\begin{aligned}
\phi''(M) = \phi''(M \cap S_0'') &= \phi'(M \cap S_0'') + \phi''(M \cap S_0'') \\
&= \phi(M \cap S_0'') = \phi_a(M \cap S_0'') + \phi_s(M \cap S_0'') \\
&= \phi_a(M \cap S_0'') = \phi_a(M \cap S_0 \cap S_0'') = \phi(M \cap S_0 \cap S_0'')
\end{aligned}
$$

이것부터 $\phi_s(M) = \phi''(M)$ 로 된다.

ϕ가 실측도이면 $\phi_a(M) = \phi'(M)$ 가 따른다.

ϕ가 σ-유한 측도일 때는 각 S_n에 대해 $\phi_a(M \cap S_n) = \phi'(M \cap S_n)$ 를 얻고 이것을 더해서 $\phi_a(M) = \phi'(M)$ 를 얻는다. □

5.3 Radon-Nikodym의 정리

1. 실측도인 경우

5.2절에서 말한 정리가 다음 정리이다.

정리 4. (Radon-Nikodym의 정리) $(S, \mathcal{M}, \mu)$를 σ-유한 측도공간이라 하자. 지금 ϕ가 $(S, \mathcal{M})$)상의 μ에 관해 절대연속인 실측도라 하면 모든 곳에서 유한값을 취한 적분가능인 함수 $f(s)$가 존재하여 모든 $M \in \mathcal{M}$ 에 대해

$$\phi(M) = \int_M f(s) d\mu(s) \tag{16}$$

이다. $f(s)$는 측도 0인 집합을 제외해 유일적이다.

증명 (1) 우선 ϕ가 양인 실측도, μ가 유한측도인 경우를 생각하자. 지금 유리수 $r > 0$ 에 대해

$$\phi_r(M) = \phi(M) - r\mu(M)$$

라 놓고, ϕ_r의 Hahn의 분해에 의해 얻어진 집합 P_r 즉

$$\phi^+(M) = \phi(M \cap P_r), \quad \phi^-(M) = -\phi(M \cap P_r^c) \tag{17}$$

를 만족하는 집합을 생각한다. 이것부터

$$M \subset P_r \quad \text{이면} \quad \phi(M) \geq r\mu(M) \tag{18}$$

$$M \cap P_r = \varnothing \ \text{ 이면 } \phi(M) \leq r\mu(M) \tag{19}$$

이다. $r(1) < r(2)$ 일 때 $N_{r(1),r(2)} = P_{r(2)} \cap P_{r(1)}^c$ 라 하면 (18),(19)에 의해

$$\phi(N_{r(1),r(2)}) \leq r(1)\mu(N_{r(1),r(2)}), \quad \phi(N_{r(1),r(2)}) \geq r(2)\mu(N_{r(1),r(2)}).$$

이것이 둘 다 성립하기 위해서는 $\mu(N_{r(1),r(2)}) = 0$ 이어야 한다. 고로

$$N = \cup \{ N_{r(1),r(2)} : r(1) < r(2),\ r(1), r(2) \in \mathbb{Q} \}$$

라 하면 $\mu(N) = 0$ 이다. ϕ는 μ에 관해 절대연속이므로 $\phi(N) = 0$. 고로 P_r대신 $P_r \cup N$을 잡아도 (17)은 성립하고 또 이것에 대해서는 $r(1) < r(2)$ 일 때 $P_{r(1)} \cup N \supset P_{r(2)} \cup N$ 로 된다. 따라서 P_r을 $P_r \cup N$로 대치해 생각해줌으로써

$$r(1) < r(2) \ \text{ 일 때 } P_{r(1)} \supset P_{r(2)} \tag{20}$$

라 해도 무방하다. 또 $N_\infty = \cap \{P_r : r \in \mathbb{Q},\ r > 0\}$ 라 하면 $N_\infty \subset P_r$ 이므로

$\phi(N_\infty) \geq r\mu(N_\infty)$ 이며 $\phi(N_\infty) < \infty$ 이다. 이것이 모든 $r > 0$ 에 대해 성립하므로 $\mu(N_\infty) = 0$ 이어야 한다. 따라서 $\phi(N_\infty) = 0$ 이고 P_r을 $P_r \setminus N_\infty$로 대체해도 (17)은 성립한다. 고로 그렇게 함으로써

$$\cap \{P_r : r \in \mathbb{Q},\ r > 0\} = \varnothing \tag{21}$$

라 해도 무방하다. 더구나

$$P_{+0} = \cup \{P_r : r \in \mathbb{Q},\ r > 0\} \tag{22}$$

라 놓으면 $P_r \subset P_{+0}$ 따라서 $P_{+0}^c \subset P_r^c$ 이므로, (19)에 의해

$$0 \leq \phi(P_{+0}^c) \leq r\mu(P_{+0}^c)$$

로 되고 이것이 모든 $r > 0$ 에 대해 성립하므로 $\phi(P_{+0}^c) = 0$ 이다. ($\mu(P_{+0}^c)$는 일반적으로 0이 아니다.) 지금 $s \in S$ 에 대해

$$f(s) = \begin{cases} 0, & (s \in P_{+0}^c) \\ \sup\{r : s \in P_r\}, & (s \in P_{+0}) \end{cases} \tag{23}$$

와 같이 놓자. (21)에 의해 $f(s)$는 모든 $s \in S$ 에 대해 유한이고 음 아닌 값으로 정해진다. 이 f가 구하는 것임을 보이자. 우선 다음 관계가 성립함은 쉽게 알 수 있다.

$$s \in P_r \text{ 이면 } f(s) \geq r \tag{24}$$

$$f(s) > r \text{ 이면 } s \in P_r \tag{25}$$

(25)에 대해서는 $f(s) > r$ 이면 $s \in P_{r(1)}$, $r(1) > r$ 를 만족하는 $r(1)$이 존재하는데 (20)에 의해 $P_{r(1)} \subset P_r$ 이므로 (25)가 성립한다. (24),(25)에 의해 임의의 $\alpha \in \mathbb{R}$ 에 대해

$$\{s \in S : f(x) \geq \alpha\} = \bigcup_{\alpha > r} P_r. \tag{26}$$

이 우변은 $\mathscr{M}$에 속하는 집합의 가산개의 교집합이므로 $f(s)$는 가측이다. 또 $c, d \in \mathbb{Q}$ 를 $c < d$ 라 하고 $[c, d]$를 세분하여

$$\Delta : c = r(0) < r(1) < r(2) < \cdots < r(n) = d$$

라 하자. (24),(25)에 의해

$$r(j) < r(k) \text{ 이면 } s \in P_{r(j)} \setminus P_{r(k)} \text{ 이므로 } r(j) \leq f(s) \leq r(k)$$

이다. 고로

$$\begin{aligned} r(j)\mu(M \cap (P_{r(j)} \setminus P_{r(k)})) &\leq \int_{M \cap (P_{r(j)} \setminus P_{r(k)})} f d\mu \\ &\leq r(k)\mu(M \cap (P_{r(j)} \setminus P_{r(k)})) \end{aligned}$$

그리고 (18),(19)부터

$$r(j)\mu(M\cap(P_{r(j)}\setminus P_{r(k)}))\leq\phi(M\cap(P_{r(j)}\setminus P_{r(k)})$$
$$\leq r(k)\mu(M\cap(P_{r(j)}\setminus P_{r(k)}))$$

이므로

$$\left|\int_{M\cap(P_{r(j)}\setminus P_{r(k)})}fd\mu-\phi(M\cap(P_{r(j)}\setminus P_{r(k)}))\right|$$
$$\leq(r(k)-r(j))\mu(M\cap(P_{r(j)}\setminus P_{r(k)}))$$
$$\leq(r(k)-r(j))\mu(P_{r(j)}\setminus P_{r(k)}).$$

여기서 $j=k-1$ 라 하고, $k=1,2,\cdots,n$ 에 대해 더하면

$$\left|\int_{M\cap(P_{r(j)}\setminus P_{r(k)})}fd\mu-\phi(M\cap(P_{r(j)}\setminus P_{r(k)}))\right|\leq|\Delta|\mu(P_c\setminus P_d)$$

이다. 단 $|\Delta|=\max\{r(k)-r(k-1):k=1,2,\cdots,n\}$. $|\Delta|\to 0$ 와 같이 하면

$$\int_{M\cap(P_c\setminus P_d)}fd\mu=\phi(M\cap(P_c\setminus P_d))$$

이다. 그리고 $c\to+0$, $d\to\infty$ 라 하면

$$\int_{M\cap P_{+0}}fd\mu=\phi(M\cap P_{+0}).$$

$\phi(M\cap P^c_{+0})=0$ 이며, $s\in P^c_{+0}$ 이면 $f(s)=0$ 이므로

$$\int_M fd\mu=\phi(M)$$

이다. 특히 $M=S$ 이면 $\phi(S)<\infty$ 이므로 f는 적분가능이다.

(2) 다음 μ가 σ-유한일 때 정리가 성립함을 보이자. 지금

$$S_n\in\mathscr{M}\ \ (n=1,2,\cdots),\quad \mu(S_n)<\infty$$
$$S_j\cap S_k=\varnothing\ \ (j\neq k),\quad S=\bigcup_{n=1}^{\infty}S_n$$

와 같은 집합열이 존재한다. 위의 고찰을 S_n속에서 하면 각 $n=1,2,\cdots$에 대해 S_n상의 적분가능인 함수 $f_n(s)$를 얻는다.

$$f(s)=f_n(s)\quad s\in S_n,\ n=1,2,\cdots$$

와 같이 정의된 함수 $f(s)$는 $0\leq f(s)<\infty$ 이고 S상 가측이며, $M\in\mathscr{M}$ 에 대해

$$\phi(M\cap S_n)=\int_{M\cap S_n}f_nd\mu=\int_{M\cap S_n}fd\mu\quad n=1,2,\cdots$$

를 만족하므로 이것을 더해서

$$\int_M f d\mu = \phi(M)$$

가 성립한다. 이 f가 적분가능인 이유는 (1)인 경우와 똑같다.

(3) ϕ가 실측도인 경우에 정리가 성립함을 보이자. 이 때 $\phi^{\pm}$도 μ에 관해 절대연속인 측도이므로 위에서 본 것처럼 적분가능인 함수 $f_1(s), f_2(s) \geq 0$가 존재하여

$$\phi^+(M) = \int_M f_1 d\mu, \quad \phi^-(M) = \int_M f_2 d\mu \tag{27}$$

로 된다. 지금 $\phi^+(M) = \phi(M \cap P)$ 와 같은 집합 $P \in \mathcal{M}$ 가 존재하므로 이것을 써서

$$f(s) = \begin{cases} f_1(s), & (s \in P) \\ -f_2(s), & (s \notin P) \end{cases}$$

라 하면 (27)에 의해 f는 적분가능인 함수이고 (16)을 만족한다.

만약 $g(s)$가 모든 $M \in \mathcal{M}$ 에 대해 $\phi(M) = \int_M g\, d\mu$ 를 만족하면 모든 $M \in \mathcal{M}$ 에 대해 $\int_M (f(s) - g(s)) d\mu = 0$ 이므로 $f(s) = g(s)$ (a.e.) 이다 ($M = \{s : f(s) - g(s) > 0\}$ 등을 생각하여 3.1절 정리 2를 적용한다). □

2. σ-유한 측도인 경우

정리 5. $(S, \mathcal{M}, \mu)$를 σ-유한 측도공간이라 하자. ϕ가 $(S, \mathcal{M})$상의 μ에 관해 절대연속인 σ-유한인 양인 측도라 하면, 모든 곳에서 유한값을 취한 가측함수 $f(s) \geq 0$ 가 존재하여 모든 $M \in \mathcal{M}$ 에 대해

$$\phi(M) = \int_M f d\mu \tag{28}$$

로 된다. $f(s)$는 측도 0인 집합을 제외해서 유일적이다.

증명 ϕ가 σ-유한 측도이므로

$$S_n \in \mathcal{M}, \quad \phi(S_n) < \infty \quad (n = 1, 2, \cdots)$$

$$S_j \cap S_k = \varnothing \quad (j \neq k), \quad S = \bigcup_{n=1}^{\infty} S_n$$

와 같은 S_n을 잡을 수 있다.

$$\phi_n(M) = \phi(M \cap S_n) \quad (n = 1, 2, \cdots)$$

라 하면 ϕ_n은 μ에 관해 절대연속인 유한측도이므로, 정리 4에 의해 모든 곳에서 유한값인 가측함수 $f_n(s)$가 존재하여

$$\phi_n(M) = \int_M f_n d\mu \quad (\text{모든 } M \in \mathcal{M} \text{ 에 대해})$$

라 표현된다. (28)의 표시를 얻기 위해서는 모든 $n = 1, 2, \cdots$ 와 $s \in S_n$ 에 대해 $f(s) = f_n(s)$ 와 같이 하면 된다. □

3. 정의 4. 정리 4,5에서 얻은 $f(s)$를 ϕ의 μ에 관한 **밀도**(density) 또는 **Radon-Nikodym 도함수**(derivative)라 하고 간혹

$$\frac{d\phi}{d\mu}(s)$$

와 같이 나타낸다.

μ가 $\mathbb{R}$상의 Lebesgue측도일 때 보통의 도함수와의 관계는 8장에서 논하게 된다.

정리 6. 가측공간 $(S, \mathcal{M})$상의 σ-유한인 측도 μ_1, μ_2, μ_3에 대해

$$\mu_1 < \mu_2 < \mu_3 \text{ 이면 } \frac{d\mu_3}{d\mu_1}(s) = \frac{d\mu_3}{d\mu_2}(s) \cdot \frac{d\mu_2}{d\mu_1}(s) \ (\text{a.e. } d\mu_1).$$

증명 3.3절 정리 9를 다시 쓴 것이다. □

5.4 측도의 동치성

정의 5. 가측공간 $(S, \mathscr{M})$상의 측도 μ_1, μ_2가 $M \in \mathscr{M}$ 에 대해

$$\mu_1(M) = 0 \Leftrightarrow \mu_2(M) = 0$$

를 만족할 때 μ_1, μ_2는 **동치**(equivalent)라 하고 기호로 $\mu_1 \sim \mu_2$ 라 표시한다.

정리 7. 가측공간 $(S, \mathscr{M})$상의 동치인 σ-유한 측도 μ_1, μ_2에 대해 가측함수 $f(s)$로

$$\text{모든 } s \in S \text{ 에서 } 0 < f(s) < \infty \tag{30}$$

와 같은 것이 존재하고 임의의 $M \in \mathscr{M}$ 에 대해

$$\mu_2(M) = \int_M f(s) d\mu_1(s), \quad \mu_1(M) = \int_M \frac{1}{f(s)} d\mu_2(s) \tag{31}$$

가 성립한다.

증명 μ_2의 μ_1에 관한 Radon-Nikodym 도함수 $\frac{d\mu_2}{d\mu_1}(s)$를 생각한다. 지금

$$N = \left\{ s \in S : \frac{d\mu_2}{d\mu_1}(s) = 0 \right\}$$

라 하면

$$\mu_2(N) = \int_N \frac{d\mu_2}{d\mu_1}(s) d\mu_1(s) = 0.$$

고로 (29)에 의해 $\mu_1(N) = 0$ 이다. 또 5.3절 정리 5에 의해 $\frac{d\mu_2}{d\mu_1}(s)$는 모든 곳에서 유한값이라 해도 무방하다. 그래서 지금

$$f(s) = \begin{cases} \dfrac{d\mu_2}{d\mu_1}(s), & (s \notin N) \\ 1, & (s \in N) \end{cases}$$

라 놓으면 $f(s)$는 (30)을 만족하는 가측함수이고 (31)의 제1식도 만족함을 안다. (31)의 제2식은 5.3절 정리 6부터 $\frac{d\mu_1}{d\mu_2}(s) \frac{d\mu_2}{d\mu_1}(s) = 1$ (a.e.) 이므로 $\frac{d\mu_1}{d\mu_2}(s) = \frac{1}{f(s)}$ (a.e.) □

다음 명제는 측도론, 적분론에서의 많은 정리에서 σ-유한성이 요구되는 이

유는 실질적으로 측도를 유한측도에 관한 의논으로 하기 위함임을 잘 설명해 주고 있다.

정리 8. 가측공간 $(S, \mathcal{M})$상의 σ-유한 측도 μ에 대해 이것과 동치인 유한측도 μ_1이 존재한다.

증명 μ가 유한측도이면 할 말이 없다. $\mu(S) = \infty$ 라 하자. μ는 σ-유한 측도이므로

$$S_n \in \mathcal{M}, \ 0 < \mu(S_n) < \infty \ \ (n = 1, 2, \ldots),$$

$$S_j \cap S_k = \varnothing \ \ (j \neq k), \ \bigcup_{n=1}^{\infty} S_n = S$$

와 같은 S_n을 잡을 수 있다. 지금

$$f(s) = \frac{1}{n^2 \mu(S_n)} \quad (s \in S_n, \ n = 1, 2, \ldots) \quad \text{즉} \ f = \sum_{n=1}^{\infty} \frac{1}{n^2 \mu(S_n)} \chi_{S_n}$$

라 놓고

$$\mu_1(M) = \int_M f(s) d\mu(s)$$

와 같이 놓으면 이 μ_1이 구하는 것 중 하나다. □

5.5 조건부 기대치

$(S,\mathscr{M},\mu)$를 확률공간이라 하자. 즉 μ는 $\mu(S)=1$ 인 측도라 한다. 이 때 S 상의 가측함수를 확률변수라 부른다는 것은 3.6절 1에서 언급하였으나, 특히 $f(s)$가 적분가능일 때 그 적분

$$\int_S f(s)d\mu(s)$$

를 이 확률변수의 **기대치**(expectation 또는 **평균**(mean))라 하고, $f(s)$가 적분가능인 것을 이 확률변수는 **기대치를 가진다**고 말한다. 보통 확률변수는 X 등의 문자로 표시하여 기대치는 $E(X)$와 같이 쓰는데 여기서는 기호를 의 복잡성을 피하기 위해 $E(f)$라 쓰기로 하자.

확률론에서 중요한 개념으로 **조건부 확률**(conditional probability), **조건부 기대치**(conditional expectation)가 있다. 사상(가측집합) A,B가 있을 때 A란 조건 아래의 B의 조건부 확률이란

$$\mu(B|A)=\frac{\mu(A\cap B)}{\mu(A)} \quad (\mu(A)\neq 0 \text{ 라 한다})$$

를 말한다. 이것을 $\mathscr{M}$ 전체에서 생각하면

$$\mu(M|A)=\frac{\mu(A\cap M)}{\mu(A)} \quad (M\in\mathscr{M})$$

에 의해 $\mathscr{M}$상에 새로운 확률측도, $\mu(\cdot|A)$가 정의된다. 그리고 $f(s)$가 μ에 관해 기대치를 가지는 확률변수일 때는

$$E(f|A)=\int_S f(s)d\mu(s|A)$$

에 의해 조건부 기대치가 정의된다. 이것은

$$E(f|A)\mu(A)=\int_A fd\mu$$

로 정의했다고 해도 된다.

그래서 다음과 같은 것을 생각해보자. $A_1,A_2,\dots,A_n$을 배반사상이라 하고 그 합이 전체사상이 된다고 하자. 즉

$$A_k\in\mathscr{M}\ (k=1,2,\dots,n),\ A_j\cap A_k=\varnothing\ (j\neq k)\ S=\bigcup_{k=1}^{n}A_k$$

라 한다. 그러면 각 A_k에 관한 조건부 기대치 $E(f|A_k)$를 정의할 수 있다. 지금 사상 A가 A_k 중의 몇 개의 합이라면

$$\int_A f d\mu = \sum_{k : A_k \subset A} E(f|A_k)\mu(A_k)$$

로 된다. 바꾸어 말하면 지금

$$g(s) = E(f|A_k) \quad (s \in A_k \text{ 일 때, } k = 1, 2, \cdots, n)$$

라 하면 $g(s)$는 각 A_k상 상수인 가측함수이고 A_k 중 몇 개의 합으로 된 사상 A에 대해

$$\int_A f d\mu = \int_A g d\mu$$

를 만족하는 것이다. A_k 중의 몇 개의 합으로 된 사상의 전체는 $\mathcal{M}$의 부분집합대수를 이룬다.

이와 같은 사실을 고려하면 다음과 같은 정의에 도달하게 된다.

정의 6. $(S, \mathcal{M}, \mu)$를 확률공간이라 하자. 지금 $\mathfrak{I} \subset \mathcal{M}$ 라 하고 $\mathfrak{I}$가 σ-집합대수라 하자. (이것을 **부분 σ-집합대수**라 한다.) 이 때 S상의 적분가능인 $\mathcal{M}$-가측함수 $f(s)$에 대해 $\mathfrak{I}$-가측함수 $g(s)$로

$$\text{모든 } N \in \mathfrak{I} \text{ 에 대해 } \int_N f d\mu = \int_N g d\mu \tag{32}$$

를 만족하는 것을 $f(s)$의 **조건부 기대치**(conditional expectation)라 하고 $E(f|\mathfrak{I})$로 표시한다.

또 f를 $M \in \mathcal{M}$ 의 특성함수라 해서 얻은 함수 $E(\chi_M|\mathfrak{I})$를 M의 **조건부 확률**(conditional probability)라 한다.

정리 9. $(S, \mathcal{M}, \mu)$를 확률공간, $\mathfrak{I}$를 $\mathcal{M}$의 부분 σ-집합대수라 한다. $f(s)$를 적분가능인 $\mathcal{M}$-가측함수라 할 때

$$\text{모든 } N \in \mathfrak{I} \text{ 에 대해 } \phi(N) = \int_N f d\mu$$

라 놓자. 또 μ를 $\mathfrak{I}$상에서 생각한 확률측도를 μ_1라 한다. 이 때 ϕ는 μ_1에 관해 절대연속이고

$$g(s) = \frac{d\phi}{d\mu_1}(s)$$

라 놓으면, $g(s)$는 $\mathfrak{I}$-가측함수이고 (32)를 만족한다. 즉 $g(s)$는 $f(s)$의 조건부 기대치이다. (32)를 만족하는 $g(s)$는 μ_1측도 0인 집합을 제외하여 유일하게 정해진다.

증명은 명백하다.

예 1. 확률변수의 열 $f_1, f_2, \cdots$ 이 있을 때

$$\{f_1 < \alpha_1\},\ \cdots\ ,\ \{f_n < \alpha_n\}$$

와 같은 꼴인 집합으로 생성된 σ-집합대수 $\mathfrak{I}_n$를 생각할 수 있다. 이 때 $E(f|\mathfrak{I}_n)$를 $E(f|f_1, f_2, \cdots, f_n)$라 쓴다.

$f_1, f_2, \cdots$ 에 대해 $n=1,2,\cdots$에 대해

$$E(f_{n+1}|f_1, f_2, \cdots, f_n) = f_n$$

가 성립할 때 $f_1, f_2, \cdots$ 를 **martingale**이라 한다.

또 $M=\{f_{n+1} < \alpha\}$ 와 같은 꼴의 모든 집합에 대해

$$E(\chi_M|f_1, f_2, \cdots, f_n) = E(\chi_M|f_n) \quad (n=1,2,\cdots)$$

가 성립할 때 $f_1, f_2, \cdots$ 를 **Markov열**이라 한다. 자세히는 확률론의 책을 참조하시오.

5장의 문제

1. $(S, \mathscr{M})$을 가측공간이라 하고 ϕ는 $\mathscr{M}$상의 복소측도라 하자(5.1절 정의 1의 조건에서 $\phi(M)$을 복소수값으로 한 것). 이 ϕ에 대해 ϕ의 전변동측도 $|\phi|$를 다음과 같이 정의한다.

$$|\phi|(M) = \sup\left\{\sum_{k=1}^{n} |\phi(M_k)| : M_k \in \mathscr{M},\ M_k \subset M,\ M_j \cap M_k = \varnothing,\ (j \neq k)\right\}$$

(ϕ가 실측도일 때는 $n=2$ 라 해도 되지만 복소측도인 경우 모든 자연수에 대해 생각해야 한다.) 이에 대해 다음을 보이시오.

(1) $|\phi|$는 $(S, \mathscr{M})$상의 양측도이다.

(2) ϕ는 $|\phi|$에 관해 절대연속.

(3) μ는 $(S, \mathscr{M})$상의 σ-유한 측도라 하여 $\phi < \mu$ 라 하면 $|\phi| < \mu$. 또

$$\phi(M) = \int_M k(s)d\mu(s) \quad \Rightarrow \quad |\phi|(M) = \int_M |k(s)|d\mu(s)$$

(4) ϕ는 실측도 ϕ_1, ϕ_2를 써서 다음과 같이 됨을 보이시오.

모든 $M \in \mathscr{M}$ 에 대해 $\phi(M) = \phi_1(M) + i\phi_2(M)$.

이 때

$$|\phi| \sim |\phi_1| + |\phi_2|.$$

2. 가측공간 $(S, \mathscr{M})$에서 μ_1은 유한측도, μ_2는 유한이 아니지만 σ-유한 측도라 한다. μ_2가 μ_1에 관해 절대연속일 때, 5.2절 1, 성질 1(2)와 같은 꼴로 말할 수 없다. 그 반례를 들으시오.

3. 가측공간 $(S, \mathscr{M})$상의 측도에 대해 다음과 같은 예를 만드시오.

(1) $\nu_1 < \mu$, $\nu_2 < \mu$ 및 $\nu_1 \perp \nu_2$

(2) $\nu_1 \perp \mu$, $\nu_2 \perp \mu$ 및 $\nu_1 < \nu_2$ 그러나 $\nu_2 \not< \nu_1$

(3) $\nu_1, \nu_2, \cdots < \mu$ 이고 $\nu_j \perp \nu_k$ $(j \neq k)$

한편 8장 문제 6에서 $(\mathbb{R}, \mathscr{L})$상의 측도의 열로 (3)을 만족하고 $m \perp \nu_k$ $(k=1,2,\cdots)$ 와 같은 것의 존재를 보일 것이다.

4. 가측공간 $(S, \mathscr{M})$상의 σ-유한 측도 $\mu_1, \mu_2, \cdots, \mu$가 $f \geq 0$ 에 대해 항상

$$\sum_{n=1}^{\infty}\int f d\mu_k = \int f d\mu$$

를 만족하면 $\mu_k \prec \mu$ $(k=1,2,\cdots)$ 이고 $h_k(s)=\dfrac{d\mu_k}{d\mu}(s)$ 라 할 때

$$\sum_{n=1}^{\infty} h_n(s)=1 \quad (\text{a.e. } d\mu)$$

로 됨을 보이시오.

5. 가측공간 $(S, \mathscr{M})$상의 양인 측도 사이에

$$\mu_1 \le \mu_2 \quad \Leftrightarrow \quad \text{모든 } M \in \mathscr{M} \text{ 에 대해 } \mu_1(M) \le \mu_2(M)$$

와 같이 정의하여 순서관계를 준다.

지금 μ, ν_1, ν_2는 σ-유한 측도이며 $\nu_1 \prec \mu$, $\nu_2 \prec \mu$ 라 하자. 다음을 보이시오.

(1) $\nu_1 \le \nu_2 \quad \Leftrightarrow \quad \dfrac{d\nu_1}{d\mu}(s) \le \dfrac{d\nu_2}{d\mu}(s) \quad (\mu\text{-a.e.})$

(2) $h_1(s)=\max\left\{\dfrac{d\nu_1}{d\mu}(s), \dfrac{d\nu_2}{d\mu}(s)\right\}, \quad \lambda_1(M)=\displaystyle\int_M h_1(s)d\mu(s)$

$h_2(s)=\min\left\{\dfrac{d\nu_1}{d\mu}(s), \dfrac{d\nu_2}{d\mu}(s)\right\}, \quad \lambda_2(M)=\displaystyle\int_M h_2(s)d\mu(s)$

라 하면

λ_1은 ν_1, ν_2의 상한 (ν_1, ν_2보다 큰 것 중 최소)

λ_2은 ν_1, ν_2의 하한 (ν_1, ν_2보다 작은 것 중 최대)

이다.

6. 문제 5의 순서관계에 대해 σ-유한 측도 전체는 속(lattice)을 이룬다. 즉 임의의 σ-유한 측도 μ_1, μ_2에 대해 그 상한 $\mu_1 \vee \mu_2$, 하한 $\mu_1 \wedge \mu_2$가 존재한다. 또 $\mu_1, \mu_2, \cdots$에 대해 그 하한 $\inf \mu_n$이 존재하고, 모든 $n=1,2,\cdots$ 에 대해 $\mu_n \le \mu$ 와 같은 μ가 존재하면 상한 $\sup \mu_n$이 존재한다.(이 성질을 완비속(complete lattice)이라 한다.)

7. σ-유한 측도 μ, ν에 관해 ν를 μ에 관해 Lebesgue분해하고 $\nu=\nu_1+\nu_2$, $\nu_1 \prec \mu$, $\nu_2 \perp \mu$ 이면

$$\nu_1 = \sup(\nu \wedge n\mu), \text{ 단 } (n\mu)(M) = n\mu(M) \ (n = 1, 2, \cdots, \ M \in \mathcal{M})$$

로 됨을 보이시오.

8. $(S, \mathcal{M}, \mu)$는 σ-유한 측도공간이라 하자. $1 < p < \infty$ 라 하고 $L^p(S)$를 생각하자. $L^p(S)$상의 유계 선형범함수 $T: L^p(S) \to \mathbb{R}$ 란

$$T(f + \alpha g) = T(f) + \alpha T(g), \ f, g \in L^p(S), \ \alpha \in \mathbb{R}$$

$$\text{어떤 } \gamma > 0 \text{ 가 존재하여 } |T(f)| \le \gamma \|f\| \ (f \in L^p(S))$$

를 만족하는 것이다. 이러한 T에 대해 적당히 $h(s) \in L^q(S)$ 를 잡으면

$$T(f) = \int f(s) h(s) d\mu(s)$$

와 같이 표시됨을 보이시오(q는 $\frac{1}{p} + \frac{1}{q} = 1$ 를 만족하는 수). 이러한 $h(s)$는 $L^q(S)$의 원소로써 유일하게 정해짐을 보이시오.

9. $X = [0,1]$ 라 하고 $\mathcal{B}$를 X의 모든 Borel부분집합 전체라 하자. 측도 c를 4장 문제 6과 같이 counting측도, m을 Lebesgue측도라 하자. 이 때 $m < c$ 이지만 $m(E) = \int_E f dc \ (E \in \mathcal{B})$ 를 만족하는 c에 관해 적분가능인 함수 $f(x)$가 존재할 수 없음을 보이시오.

6 Lebesgue공간

수공간 $\mathbb{R}^d$상에 Lebesgue측도가 도입된 것 $(\mathbb{R}^d, \mathcal{L}, m)$을 **Lebesgue공간**이라 한다. 이 측도가 가지는 가장 중요한 성질이 불변성(invariance)이다. 즉 M을 임의의 가측집합, $u \in \mathbb{R}^d$ 라 할 때

$$M+u=\{x+u : x \in M\} \text{ 는 가측이고 } m(M+u)=m(M)$$

를 만족한다. 이 사실과 6.1절에서 말할 정칙성은 Lebesgue측도를 특징짓는 것이며, 6.2절에서 보이겠다. 이 두 가지 성질을 기초로 하여 Lebesgue공간상에서는 여러가지 세밀한 해석을 할 수 있다. 그 중심을 이룬 것이 convolution의 연산이고 그 성질을 이용하여 다양한 근사이론을 전개할 수 있다.

6.1 정칙 측도

1. 다음 정의에서는 좀 더 일반적인 꼴로 하기 위해 S를 국소 compact Hausdorff 공간이라 하였으나 위상공간의 일반적인 고찰에 익숙하지 못한 사람은 S는 $\mathbb{R}^d$ 또는 그 속의 개집합 또는 폐집합이라 생각해두면 된다.

정의 1. 국소 compact Hausdorff 공간을 기초의 공간으로 한 측도공간 $(S, \mathcal{M}, \mu)$에서

1° μ는 완비 측도이다.

2° $\mathcal{M}$은 S의 개집합, 폐집합을 모두 품다. 고로 Borel집합은 모두 가측이다.

3° compact집합은 측도가 유한이다.

4° $0<\mu(M)<\infty$ 인 임의의 $M \in \mathcal{M}$ 를 잡자. 임의의 $\epsilon>0$ 에 대해 개집합 O와 compact집합 C가 존재하여

$$C \subset M \subset O \tag{1}$$

$$\mu(O \setminus M) \leq \epsilon, \quad \mu(M \setminus C) \leq \epsilon. \tag{2}$$

란 조건이 충족될 때 μ를 **정칙측도**(regular measure)라 한다.

Lebesgue측도가 정칙측도임은 2.5절 1.D에서 언급하였다.

앞으로 함수 g의 **받침**(support)이란 $\{s : g(s) \neq 0\}$의 닫힘을 뜻하기로 하자. 따라서 f가 compact인 받침을 가진다는 말은 어떤 compact집합 C가 존재하여

$$f(s) = 0 \quad (s \notin C)$$

란 말이다.

정리 1. μ가 정칙측도이면 compact인 받침을 가지는 연속함수는 모두 적분가능이다.

증명 $f(s)$가 compact인 받침을 가진 연속함수라 하자. 정의 1. 2°에 의해 $f(s)$는 가측이다. $f(s)$가 적분가능이란 말은 $|f(s)|$가 적분가능인 것과 동치이다. 이 때 f는 유계이므로 모든 $s \in S$ 에 대해 $|f(s)| \leq k$ 와 같은 $k \in \mathbb{R}$가 존재한다. 고로 $|f(s)| \leq k\chi_C(s)$. 따라서

$$\int_S |f(s)| d\mu(s) \leq k\mu(C) < \infty.$$

고로 f는 적분가능이다. □

$C_c(S)$를 compact인 받침을 가진 연속함수 전체로 된 벡터공간이라 하면

$$L(f) = \int_S f(s) d\mu(s) \qquad (f \in C_c(S))$$

에 의해 L은 $C_c(S)$상의 **양인 선형범함수**(positive linear functional), 즉 선형범함수이며

$$f \geq 0 \text{ 이면 } L(f) \geq 0$$

와 같은 것을 준다.

이 역은 다음과 같이 말할 수 있으나, 이것은 함수해석학에서 가장 중요한 기본정리 중의 하나이다.

정리 2. (Riesz의 표현정리) $C_c(S)$상의 양인 선형범함수 L에 대해 S상의 정칙측도 μ가 유일하게 존재하여

$$L(f) = \int_S f(s) d\mu(s) \qquad (f \in C_c(S))$$

와 같이 표시된다.

이 정리의 증명은 상당히 길고, Lebesgue공간을 논하려한 목적과는 위배되므로 증명은 부록 D에 주기로 하자. 다만 여기서는 μ의 유일성만 증명해 둔다.

실제로 C가 compact집합일 때, 정의 1.4° 에 의해

$$\mu(O \setminus C) \le \epsilon$$

를 만족하는 개집합 $O \supset C$ 가 존재한다. 이 때 Uryson의 보조명제[1)]에 의해 C, O에 대해 연속함수 $f(s)$로

$$0 \le f(s) \le 1 \quad (s \in S)$$
$$f(s) = 1 \quad (s \in C)$$
$$f(s) = 0 \quad (s \notin O)$$

와 같은 것이 존재한다. 이에 의해

$$\mu(C) \le \int_S \chi_C \, d\mu \le \int_S f d\mu \le \int_S \chi_O \, d\mu = \mu(O) \le \mu(C) + \epsilon$$

이므로

$$\mu(C) = \inf\left\{\int_S f d\mu : f \in C_c(S),\ f(s) \ge 0 \ (s \in C)\right\}.$$

고로 compact집합의 측도는 적분값부터 일의적으로 정해지고, 또 정의 1.4° 부터 임의의 가측집합의 측도가 $C_c(S)$의 함수에 대한 적분값부터 일의적으로 결정된다. 고로 μ는 일의적이다.

2. 정리 3. $(S, \mathscr{M}, \mu)$를 정칙측도공간이라 하자. $0 < p < \infty$ 라 한다. 임의의 $f \in L^p(S)$ 에 대해 임의의 $\epsilon > 0$ 을 줄 때 $g \in C_c(S)$ 가 존재하여

$$\|f - g\| < \epsilon. \tag{3}$$

단 $\|f\|$는 3.5절에서 말한 것과 같이

$$p \ge 1 \text{ 이면 } \|f\| = \left(\int_S |f|^p d\mu\right)^{1/p}$$

$$0 < p < 1 \text{이면 } \|f\| = \int_S |f|^p d\mu$$

라 한다. ($\|f\|_p$와 같이 쓴다.) 즉 $C_c(S)$는 $L^p(S)$에서 조밀하다.

증명 $p \ge 1$ 인 경우에 대해 말하고, $0 < p < 1$ 인 경우는 필요한 변경사항을 주의하기로 하자.

가) 집합 $M \in \mathscr{M}$, $0 < \mu(M) < \infty$ 의 정의함수 $f = \chi_M$ 일 때.

---

1) 위상수학의 교재를 참고하면 된다.

M에 대해 ϵ을 $\dfrac{\epsilon^p}{2}$라 하여 (1), (2)를 만족하게끔 개집합 O, compact집합 C를 잡자. 이 때 개집합 O_1로

$$C \subset O_1 \subset \overline{O_1} \subset O \quad (\overline{O_1}\text{는 compact})$$

와 같은 것이 존재한다.[2] 그리고 이 C, O_1에 대해 Urysohn의 보조명제에 의해 연속함수 $g(s)$로

$$\text{모든 } s \in S \text{ 에 대해 } 0 \le g(s) \le 1$$
$$g(s) = 1 \quad (s \in C)$$
$$g(s) = 0 \quad (s \notin O_1)$$

와 같은 것이 존재한다. $g \in C_c(S)$ 이고

$$|f(s) - g(s)| \le 1$$
$$f(s) - g(s) = 0 \quad (s \in C \text{ 혹은 } s \notin O_1)$$

이므로

$$\int_S |f(s) - g(s)|^p d\mu(s) = \int_{O_1 \setminus C} |f(s) - g(s)|^p d\mu(s) \le \mu(O_1 \setminus C) \le \epsilon^p$$

고로

$$\|f - g\| \le \epsilon.$$

나) f가 단순함수일 때.

$$f = \alpha_1 f_1 + \alpha_2 f_2 + \cdots + \alpha_k f_k$$

$$(f_j\text{는 } M_j \in \mathcal{M},\ 0 < \mu(M_j) < \infty,\ M_j \cap M_i = \varnothing\ (i \ne j) \text{ 의 정의함수})$$

와 같이 쓸 수 있다. 각 f_j에 대해 가)에 의해 $g_j \in C_c(S)$ 로

$$\|f_j - g_j\| \le \frac{\epsilon}{|\alpha_1| + |\alpha_2| + \cdots + |\alpha_k|} \tag{4}$$

와 같이 잡자. 이 때

$$g = \alpha_1 g_1 + \alpha_2 g_2 + \cdots + \alpha_k g_k$$

라 놓으면 $g \in C_c(S)$ 이고

$$\|f - g\| \le |\alpha_1| \|f_1 - g_1\| + |\alpha_2| \|f_2 - g_2\| + \cdots + |\alpha_k| \|f_k - g_k\| \le \epsilon.$$

다) f가 음 아닌 함수일 때

2.3절 정리 3에 의해 단순함수의 열로 $f_n \ge 0$, $f_n \nearrow f$ 를 만족하는 것을 잡을 수 있다. 이 때 $f_n \in L^p(S)$ 이고 $|f - f_n|^p \le |f|^p$ 이므로 지배수렴정리에 의해

---

2) 위상수학 교재를 참조하시오.

$$\lim_{n\to\infty}\int_S |f-f_n|^p d\mu = 0 \text{ 고로 } \lim_{n\to\infty}\|f-f_n\| = 0.$$

지금

$$\|f-f_n\| \le \frac{\epsilon}{2}$$

와 같이 f_n을 잡고 이 f_n에 대해 나)에 의해

$$\|f_n - g\| \le \frac{\epsilon}{2}$$

를 만족하는 $g \in C_c(S)$ 를 잡으면

$$\|f-g\| \le \epsilon.$$

라) 일반적인 f에 대해서는 $f^{\pm}$에 대해 다)에 의해

$$\|f^+ - g_1\| < \frac{\epsilon}{2}, \quad \|f^- - g_2\| < \frac{\epsilon}{2}$$

와 같은 $g_1, g_2 \in C_c(S)$ 를 잡고 $g = g_1 - g_2$ 라 하면 된다.

$0 < p < 1$ 일 때는 가)에서 처음에 C, O를 $\frac{\epsilon^p}{2}$에 대해 잡은 것을 $\frac{\epsilon}{2}$라 하여, 나)에서는 (4)의 우변을 $\frac{\epsilon}{|\alpha_1|^p + |\alpha_2|^p + \cdots + |\alpha_k|^p}$라 하면 나머지는 완전히 똑같다. □

6.2 측도의 불변성

1. Lebesgue측도는 다음 **불변성**(translation invariant)을 가지고 있다.

M을 임의의 가측집합, $u \in \mathbb{R}^d$ 라 할 때

$$M+u=\{s+u : s \in M\}$$

라 하면 $M+u$도 가측이고

$$m(M+u)=m(M) \tag{5}$$

이것은 다음과 같은 꼴로 쓸 수 있다.

임의의 적분가능인 함수 $f(x)$에 대해, 임의의 $u \in \mathbb{R}^d$ 에 대해

$$\int_{\mathbb{R}^d} f(x)dx = \int_{\mathbb{R}^d} f(x+u)dx \tag{6}$$

여기서는 다음 정리를 증명하자.

정리 4. $\mathbb{R}^d$상의 정칙측도 μ로 불변성을 가지는 것은 Lebesgue측도 m의 상수배뿐이다.

증명 지금 측도 $\mu+m$을 생각하면 이것도 불변인 정칙측도이며 이것에 관해 m은 절대연속이다. $\nu=\mu+m$ 라 쓰자. 그러면 $m \leq \nu$ 이다. 지금 $k(x)$를 m의 ν에 관한 Radon-Nikodym도함수라 하자. 즉 임의의 가측집합 M에 대해

$$m(M)=\int_M k(x)d\nu(x)$$

라 한다. ν의 불변성 즉 임의의 적분가능인 함수 $f(x)$에 대해

$$\int_{\mathbb{R}^d} f(x)d\nu(x) = \int_{\mathbb{R}^d} f(x+u)d\nu(x)$$

인 것으로부터

$$\begin{aligned} m(M+u) &= \int_{M+u} k(x)d\nu(x) = \int_{\mathbb{R}^d} \chi_{M+u}(x)k(x)d\nu(x) \\ &= \int_{\mathbb{R}^d} \chi_M(x-u)k(x)d\nu(x) = \int_{\mathbb{R}^d} \chi_M(x)k(x+u)d\nu(x) \\ &= \int_M k(x+u)d\nu(x) \end{aligned}$$

가 모든 M에 대해 성립하므로 (5)부터

$$k(x+u)=k(x) \quad \text{(a.e. } d\nu) \tag{7}$$

가 성립한다. 실제로 M을 $\{x : k(x+u) > k(x)\}$에 품기는 $\nu(M) < \infty$ 인 임

의의 가측집합이라 하면

$$\int_M (k(x+u)-k(x))d\nu(x) = \int_M k(x+u)d\nu(x) - \int_M k(x)d\nu(x)$$
$$= \nu(M+u) - \nu(M) = 0$$

로 되기 때문이다. (7)부터 임의의 $\gamma > 0$ 에 대해

$$M_\gamma = \{x : k(x) > \gamma\}$$

라 하면 $M_\gamma + u$와 M_γ의 차집합은 측도가 0, 즉

$$\nu((M_\gamma \cup (M_\gamma + u)) \setminus (M_\gamma \cap (M_\gamma + u))) = 0$$

이다. 그리고 이것부터, 다음 정리 5에 의해,

$$\nu(M_\gamma) = 0 \text{ 또는 } \nu(\mathbb{R}^d \setminus M_\gamma) = 0$$

를 안다. $k(x) \leq 1$ 이고 $k(x) = 0$ (a.e.) 가 아니다. 또 $\gamma(1) < \gamma(2)$ 이면 $M_{\gamma(1)} \supset M_{\gamma(2)}$ 이므로

$$\gamma_0 = \inf\{\gamma : \nu(M_\gamma) = 0\}$$

라 놓으면 $0 < \gamma_0 \leq 1$ 이고

$$\gamma > \gamma_0 \text{ 이면 } \nu(M_\gamma) = 0$$
$$\gamma < \gamma_0 \text{ 이면 } \nu(\mathbb{R}^d \setminus M_\gamma) = 0$$

고로

$$k(x) = \gamma_0 \quad \text{(a.e.)}$$

로 되고,

$$m = \gamma_0 \nu$$

로 됨을 뜻한다. 즉 $\mu = \dfrac{1-\gamma_0}{\gamma_0} m.$ □

2. 이제 정리 4의 증명 중 인정했던 다음 사실을 증명하기로 하자. 위의 증명에 쓰기 위해서는 측도는 임의의 불변 정칙 측도라고 해야 하지만 이것을 일단 증명하기만 하면 정리 4와 더불어 Lebesgue측도에 관한 성질을 말한 것이 되므로 정리의 형태로는 다음과 같이 해둔다.

정리 5. $\mathbb{R}^d$의 Lebesgue가측집합 M으로 임의의 $u \in \mathbb{R}^d$ 에 대해 M과 $M-u$의 차집합의 측도가 0 즉

$$m((M \cup (M-u)) \setminus (M \cap (M-u))) = 0 \tag{8}$$

이면

$$m(M)=0 \text{ 또는 } m(\mathbb{R}^d\setminus M)=0.$$

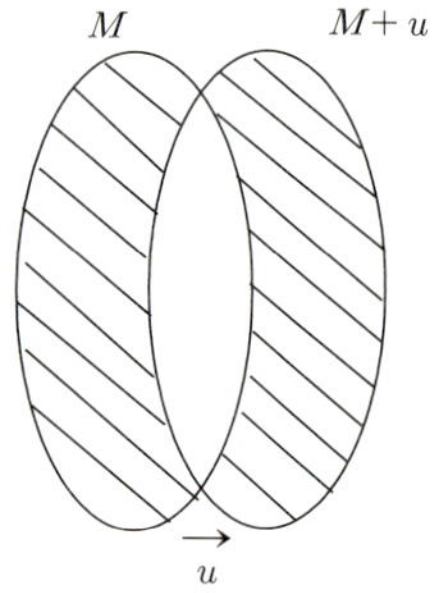

그림 6.1

증명 지금 정리 4의 증명에도 적용할 수 있게끔 ν를 불변 정칙 측도라 하고 (8)을

$$\nu((M\cup(M-u))\setminus(M\cap(M-u)))=0 \tag{9}$$

라 하면 $\nu(M)=0$ 또는 $\nu(\mathbb{R}^d\setminus M)=0$ 로 됨을 보이자.

$\nu(M)\neq 0$, $\nu(\mathbb{R}^d\setminus M)\neq 0$ 라 하면 ν의 정칙성에 의해 compact집합 C,D가 존재하여

$$C\subset M,\ \nu(C)\neq 0 \quad ; \quad D\subset \mathbb{R}^d\setminus M,\ \nu(D)\neq 0.$$

지금

$$C\cap(D-u)\subset(C\cap D)\cup((D\cup(D-u))\setminus(D\cap(D-u)))$$

이며 (9)부터 모든 $u\in\mathbb{R}^d$ 에 대해

$$\nu(C\cap(D-u))=0$$

가 성립한다. 이것은

$$\int_{\mathbb{R}^d}\chi_C(x)\chi_{D-u}(x)d\nu(x)=\int_{\mathbb{R}^d}\chi_C(x)\chi_D(x+u)d\nu(x)=0$$

와 같은 말이다. 그러면 ν의 불변성과 Fubini의 정리에 의해

$$\begin{aligned}0&=\int_{\mathbb{R}^d}\left(\int_{\mathbb{R}^d}\chi_C(x)\chi_D(x+u)d\nu(x)\right)d\nu(u)\\&=\int_{\mathbb{R}^d}\chi_C(x)\left(\int_{\mathbb{R}^d}\chi_D(x+u)d\nu(u)\right)d\nu(x)\\&=\int_{\mathbb{R}^d}\chi_C(x)\left(\int_{\mathbb{R}^d}\chi_D(u)d\nu(u)\right)d\nu(x)\\&=\nu(C)\nu(D)\neq 0\end{aligned}$$

이것은 모순이다. □

6.3 함수의 평행이동

1. 6.2절에서 말한 Lebesgue측도의 불변성과 정칙성의 응용으로써 $\mathbb{R}^d$에서의 다음과 같은 중요한 정리를 언급한다.

정의 2. $u \in \mathbb{R}^d$ 를 고정하자. 함수 $f(x)$에 대해 $g(x) = f(x-u)$ $(x \in \mathbb{R}^d)$ 와 같이 정의된 함수 g를 f를 u만큼 **평행이동**(translation)한 함수라 하고 이것을 $\tau_u(f)$라 표시한다.

$$(\tau_u(f))(x) = f(x-u) \quad (x \in \mathbb{R}^d) \tag{10}$$

다음 성질은 분명하다.

$$\tau_0(f) = f \tag{11}$$

$$\tau_{u+v} = \tau_u \circ \tau_v \tag{12}$$

이것은 $\tau_{u+v}(f) = \tau_u(\tau_v(f))$ 란 뜻이다. 또 $\mathbb{R}^d$에서의 측도의 불변성부터, 모든 $0 < p < \infty$ 에 대해

$$\|\tau(f)\|_p = \|f\|_p \tag{13}$$

정리 6. Lebesgue공간 $(\mathbb{R}^d, \mathcal{L}, m)$에서 임의의 $0 < p < \infty$ 에 대해 $L^p(\mathbb{R}^d)$에서 $\tau_u(f)$는 u에 대해 연속이다. 즉 $u(n) \to u$ $(n \to \infty)$ 라 할 때

$$\|\tau_{u(n)}(f) - \tau_u(f)\|_p \to 0 \quad (n \to \infty) \tag{14}$$

증명 6.1절 정리 3에 의해 $\epsilon > 0$ 에 대해 $g \in C_c(\mathbb{R}^d)$ 를

$$\|f - g\|_p \le \frac{\epsilon}{3} \tag{15}$$

와 같이 잡을 수 있다. g에 대해서는 (14)가 성립한다. 왜냐하면 $|g(x)| \le \gamma$ 라 하고 g의 받침을 C라 하면 $\tau_u(f)$의 받침은 $C+u$이다.

$$C_0 = \bigcup_{n=1}^{\infty} (C + u(n)) \cup (C+u) = C + \{u, u(1), u(2), \cdots\}$$

라 하자. C_0의 정의함수를 h라 하면

$$|(\tau_{u(n)}(g))(x) - (\tau_u(g))(x)| \le 2\gamma h(x) \quad (x \in \mathbb{R}^d).$$

한편 $\{u, u(1), u(2), \cdots\}$, C는 compact이므로 C_0는 compact이다. (→문제 11) 고로 $h = h^p$ 는 적분가능이다. 따라서 지배수렴정리에 의해

$$\int_{\mathbb{R}^d} |\tau_{u(n)}(g) - \tau_u(g)|^p dm \to 0$$

이다. 지금 $n \geq N$ 이면

$$\|\tau_{u(n)}(g) - \tau_u(g)\|_p \leq \frac{\epsilon}{3}$$

와 같이 $N \in \mathbb{N}$ 을 잡자. (13)에 의해

$$\|\tau_{u(n)}(f) - \tau_{u(n)}(g)\|_p = \|\tau_u(f) - \tau_u(g)\|_p = \|f - g\|_p$$

이므로 $n \geq N$ 이면

$$\begin{aligned} &\|\tau_{u(n)}(f) - \tau_u(f)\|_p \\ &\quad \leq \|\tau_{u(n)}(f) - \tau_{u(n)}(g)\|_p + \|\tau_{u(n)}(g) - \tau_u(g)\|_p + \|\tau_u(g) - \tau_u(f)\|_p \leq \epsilon. \end{aligned}$$

고로 $\|\tau_{u(n)}(f) - \tau_u(f)\|_p \to 0 \quad (n \to \infty)$. □

2. 다음 정리는 Fourier변환의 이론의 하나의 기본정리이다. 이 정리는 다변수함수의 Fourier변환에 대해서도 똑같은 꼴로 성립한다. 번잡성을 피하기 위해 여기서는 1변수의 꼴로 말하기로 하자(이하 $i = \sqrt{-1}$ 이다).

정리 7. (Riemann-Lebesgue의 정리) f가 $(\mathbb{R}, \mathcal{L}, m)$상의 적분가능인 함수이면 그 Fourier변환(계수는 무시한다)

$$\hat{f}(\xi) = \int_{\mathbb{R}} f(x) e^{-i\xi x} dx \tag{16}$$

는 ξ의 연속함수이고 또

$$\lim_{|\xi| \to \infty} \hat{f}(\xi) = 0 \tag{17}$$

증명 우선 실수 α에 대해

$$\left| \frac{e^{i\alpha} - 1}{i\alpha} \right| = \left| \int_0^1 e^{i\alpha\lambda} d\lambda \right| \leq 1$$

이므로

$$|e^{i\alpha} - 1| \leq |\alpha| \tag{18}$$

가 성립한다.

지금 $\epsilon > 0$ 을 하나 준다. f에 대해 $g \in C_c(\mathbb{R})$ 로

$$\|f - g\|_1 \leq \frac{\epsilon}{3}$$

를 만족하는 것을 잡자. 그러면

$$|\hat{f}(\xi)-\hat{g}(\xi)|=\left|\int_{\mathbb{R}}(f(x)-g(x))e^{i\xi x}dx\right|$$
$$=\int_{\mathbb{R}}|f(x)-g(x)|dx=\|f-g\|\le\frac{\epsilon}{3} \tag{19}$$

그리고 $\hat{g}(\xi)$에 대해 $g(x)=0$ $(|x|\ge\sigma)$ 라 할 때, (18)을 쓰고

$$|\hat{g}(\xi(1))-\hat{g}(\xi(2))|=\left|\int_{\mathbb{R}}g(x)(e^{-ix\xi(1)}-e^{-ix\xi(2)})dx\right|$$
$$\le\int_{\mathbb{R}}|g(x)||e^{-ix(\xi(1)-\xi(2))}-1||e^{-ix\xi(2)}|dx$$
$$\le\int_{\mathbb{R}}|g(x)||x||\xi(1)-\xi(2)|dx$$
$$\le|\xi(1)-\xi(2)|\sigma\int_{\mathbb{R}}|g(x)|dx=|\xi(1)-\xi(2)|\sigma\|g\|_1$$

고로 $|\xi(1)-\xi(2)|\le\dfrac{\epsilon}{3\sigma\|g\|_1}$ 라 하면 $|\hat{g}(\xi(1))-\hat{g}(\xi(2))|\le\dfrac{\epsilon}{3}$. (19)를 합쳐서

$$|\hat{f}(\xi(1))-\hat{f}(\xi(2))|\le\epsilon$$

로 되어 $\hat{f}(\xi)$의 연속성(평등연속성)을 보였다.

다음으로 (17)을 보이자. 이것도 (19)에 의해 $g\in C_c(\mathbb{R})$ 에 대해 (17)이 성립함을 보이면 된다. g는 연속함수이며 $g(x)=0$ $(|x|\ge\sigma)$ 이므로

$$\hat{g}(\xi)=\int_{-\sigma}^{\sigma}g(x)e^{-ix\xi}dx$$

이며 Riemann적분이라 생각하면 된다. 지금 $\epsilon>0$ 을 주고 $\delta>0$ 를

$$|x|,\ |x'|\le\sigma,\ |x-x'|\le\delta\ \Rightarrow\ |g(x)-g(x')|\le\epsilon$$

를 만족하게끔 잡자. 구간 $[-\sigma,\sigma]$의 분할

$$-\sigma=x(0)<x(1)<x(2)<\cdots<x(n)=\sigma,$$
$$x(k)-x(k-1)<\delta,\ (k=1,2,\cdots)$$

를 생각한다. 그러면

$$|\hat{g}(\xi)|=\left|\int_{-\sigma}^{\sigma}g(x)e^{ix\xi}dx\right|$$
$$\le\left|\sum_{k=1}^{n}\int_{x(k-1)}^{x(k)}(g(x)-g(x(k)))e^{ix\xi}dx\right|+\sum_{k=1}^{n}|g(x(k))|\left|\int_{x(k-1)}^{x(k)}e^{ix\xi}dx\right|$$
$$\le\sum_{k=1}^{n}\int_{x(k-1)}^{x(k)}|g(x)-g(x(k)|dx+\sum_{k=1}^{n}|g(x(k))|\frac{|e^{-ix(k)\xi}-e^{-ix(k-1)\xi}|}{|\xi|}$$

$$\leq 2\sigma\epsilon + \frac{2}{|\xi|}\sum_{k=1}^{n}|g(x(k))|$$

따라서 $|\xi| \geq \xi_0$ 일 때

$$|\hat{g}(\xi)| \leq 3\sigma\epsilon$$

과 같이 ξ_0를 잡을 수 있다. 이상으로부터

$$\lim_{|\xi|\to\infty}|\hat{g}(\xi)| = 0 \qquad \square$$

(17)이 성립할 때 ∞**에서 0이 되는**(vanish at infinity) 함수라 한다. $\mathbb{R}^d$상에서 정의된 ∞에서 0이 되는 연속함수 전체를 $C_0(\mathbb{R}^d)$라 쓴다.

6.4 함수의 convolution곱

1. 정의 3. Lebesgue공간 $(\mathbb{R}^d, \mathcal{L}, m)$상의 가측함수 f, g에 대해 만약

$$\int_{\mathbb{R}^d} f(x-y)g(y)dy \left(= \int_{\mathbb{R}^d} f(y)g(x-y)dy\right) \tag{20}$$

가 거의 모든 x에 대해 존재하면 $\mathbb{R}^d$상의 가측함수를 정의할 수 있다. 이것을 f, g의 **convolution곱**이라 하고 $f * g(x)$로 표시한다.

정리 8. (1) $f \in L^1$, $g \in L^p$ $(1 \le p \le \infty)$ 이면 $f * g \in L^p$ 이고

$$\|f * g\|_p \le \|f\|_1 \|g\|_p \tag{21}$$

(2) $p, q > 1$, $\dfrac{1}{p} + \dfrac{1}{q} = 1$ 이고 $f \in L^p$, $g \in L^q$ 이면 $f * g$는 ∞에서 0으로 되는 연속함수(즉 $f * g \in C_0(\mathbb{R}^d)$)이고

$$\|f * g\|_\infty \le \|f\|_p \|g\|_q \tag{22}$$

(3) $p, q > 1$, $\dfrac{1}{p} + \dfrac{1}{q} > 1$ 일 때 $\dfrac{1}{r} = \dfrac{1}{p} + \dfrac{1}{q} - 1$ 라 하면 $f * g \in L^r$ 이고

$$\|f * g\|_r \le \|f\|_p \|g\|_q \qquad \textbf{(Young의 부등식)} \tag{23}$$

증명 (1) $1 < p < \infty$ 일 때 이하의 식에서 $|f(y)|dy$를 측도라 생각하고(→3.3절 정의2), Hölder의 부등식을 쓰면

$$\begin{aligned}
\int_{\mathbb{R}^d} |f * g(x)|^p dx &= \int_{\mathbb{R}^d} \left| \int_{\mathbb{R}^d} f(y)g(x-y)dy \right|^p dx \\
&\le \int_{\mathbb{R}^d} \left(\int_{\mathbb{R}^d} |g(x-y)||f(y)|dy \right)^p dx \\
&\le \int_{\mathbb{R}^d} \left(\int_{\mathbb{R}^d} |g(x-y)|^p |f(y)|dy \right) \left(\int_{\mathbb{R}^d} |f(y)|dy \right)^{p/q} dx \\
&= \left(\iint_{\mathbb{R}^d \times \mathbb{R}^d} |g(x-y)|^p |f(y)|dxdy \right) \left(\int_{\mathbb{R}^d} |f(y)|dy \right)^{p/q} \\
&= \int_{\mathbb{R}^d} \left(\int_{\mathbb{R}^d} |g(x-y)|^p dx \right) |f(y)|dy \cdot \|f\|_1^{p/q} \\
&= \|g\|_p^p \|f\|_1 \|f\|_1^{p/q} = \|f\|_1^p \|g\|_p^p
\end{aligned}$$

양변의 p제곱근을 취하면 (21)을 얻는다. (물론 위의 계산은 많이 생략되어 있다. 올바르게 Fubini의 정리를 쓰기 위해서는 우선 $|f|$, $|g|$에 대해 계산하여 $|f| * |g|(x)$가 a.e.로 유한인 것을 확인을 해야 하고 위의 계산을 해야 한

다. 그러나 거의 같은 계산을 두 번 하게 되므로 위와 같은 꼴로 썼다.)

$p=1$ 일 때

$$\int_{\mathbb{R}^d} |f * g(x)| dx \le \int_{\mathbb{R}^d} \left(\int_{\mathbb{R}^d} |f(y)||g(x-y)| dy \right) dx$$
$$= \int_{\mathbb{R}^d} \left(\int_{\mathbb{R}^d} |g(x-y)| dx \right) |f(y)| \, dy = \|f\|_1 \|g\|_1$$

$p=\infty$ 일 때

$$|f * g(x)| = \left| \int_{\mathbb{R}^d} f(y) g(x-y) dy \right| \le \int_{\mathbb{R}^d} |f(y)||g(x-y)| dy$$
$$\le \|g\|_\infty \int_{\mathbb{R}^d} |f(y)| dy = \|f\|_1 \|g\|_\infty$$

(2) Hölder의 부등식을 써서

$$|f * g(x)| = \left| \int_{\mathbb{R}^d} f(y) g(x-y) dy \right|$$
$$\le \left(\int_{\mathbb{R}^d} |f(y)|^p dy \right)^{1/p} \left(\int_{\mathbb{R}^d} |g(x-y)|^q dy \right)^{1/q} = \|f\|_p \|g\|_q$$

이것부터 (22)가 성립한다.

다음 $f * g$가 ∞에서 0인 연속함수임을 보이자. compact인 받침을 가진 연속함수 f_1, g_1이 $\|f-f_1\|_p < \epsilon$, $\|g-g_1\|_q < \epsilon$ 이라 하자. 이 때 (22)를 써서

$$|f * g(x) - f_1 * g_1(x)|$$
$$= |(f-f_1) * g(x) + f * (g-g_1)(x) - (f-f_1) * (g-g_1)(x)|$$
$$\le \|f-f_1\|_p \|g\|_q + \|f\|_p \|g-g_1\|_q + \|f-f_1\|_p \|g-g_1\|_q$$
$$\le (\|f\|_p + \|g\|_q + \epsilon)\epsilon$$

이것부터 $f * g(x)$가 $f_1 * g_1(x)$와 같은 꼴의 함수의 극한으로 평등수렴함을 안다. 한편 $f_1(x), g_1(x)$는 compact인 받침을 가진 연속함수이므로

$$|x| \ge \sigma \text{ 이면 } f_1(x) = g_1(x) = 0$$

라 하면 convolution의 식 (20)부터

$$|x| \ge 2\sigma \text{ 이면 } f_1 * g_1(x) = 0$$

를 만족하는 연속함수로 됨을 안다. 왜냐하면 f_1은 평등연속이므로 임의의 $\epsilon > 0$ 에 대해 $\delta > 0$ 가 존재하여 $|x_1 - x_2| < \delta$ 이면 $|f_1(x_1) - f_1(x_2)| < \epsilon$ 이다. 고로

$$|f_1 * g_1(x_1) - f_1 * g_1(x_2)| \le \int_{\mathbb{R}^d} |f_1(x_1-y) - f_1(x_2-y)||g_1(y)| dy \le \epsilon \|g_1\|_1$$

이기 때문이다. 고로 $f*g(x)$는 연속이고, ∞에서 0이다.

(3) $\frac{1}{r}=\frac{1}{p}+\frac{1}{q}-1$ 부터 $\frac{pq}{r}=p+q-pq=1-(p-1)(q-1)<1$. 지금 $\alpha=\frac{pq}{r}$, $\frac{1}{p}+\frac{1}{\beta}=1$ 란 β를 정하자.

$$\frac{1}{\beta}=\frac{1}{q}-\frac{1}{r}=\frac{1}{q}-\frac{\alpha}{pq}=\frac{1}{q}\left(1-\frac{\alpha}{p}\right)=\frac{1}{q}\left(1-\alpha\left(1-\frac{1}{\beta}\right)\right)$$

이므로 $\alpha+(1-\alpha)\beta=q$ 가 성립한다. 이하 Hölder의 부등식을 반복해서 쓴다. 또 절대값 기호가 복잡하므로 $f\geq 0$, $g\geq 0$ 라 가정한다. $g(y)^{\alpha}dy$를 측도라 보고

$$\begin{aligned}
f*g(x) &= \int f(x-y)g(y)dy \\
&= \int f(x-y)g(y)^{1-\alpha}g(y)^{\alpha}dy \\
&\leq \left(\int f(x-y)^p g(y)^{\alpha}dy\right)^{1/p}\left(\int g(y)^{(1-\alpha)\beta}g(y)^{\alpha}dy\right)^{1/\beta} \\
&= \left(\int f(x-y)^p g(y)^{\alpha}dy\right)^{1/p}\left(\int g(y)^q dy\right)^{1/\beta}
\end{aligned}$$

고로

$$\begin{aligned}
&\|f*g\|_r^r \\
&\leq \int\left(\int f(x-y)^p g(y)^{\alpha}dy\right)^{r/p}\left(\int g(y)^q dy\right)^{r/\beta}dx \\
&\leq \int\left(\int f(x-y)^p dy\right)^{r/p-1}\left(\int f(x-y)^p g(y)^{\alpha r/p}dy\right)\left(\int g(y)^q dy\right)^{r/\beta}dx \\
&= \left(\int f(y)^p dy\right)^{r/p-1}\left(\int f(x)^p dx\right)\left(\int g(y)^q dy\right)\left(\int g(y)^q dy\right)^{r/\beta} \\
&= \|f\|_p^r\|g\|_q^{q(1+r/\beta)} = \|f\|_p^r\|g\|_q^r
\end{aligned}$$

□

2. convolution곱은 아주 유용하다. 여기서는 그 직접적인 응용으로 함수의 근사를 생각한다.

정리 9. $f\in L^p(\mathbb{R},\mathcal{L},m)$ $(1\leq p\leq\infty)$ 라 하자. $k(x)$는 compact인 받침을 가지는 C^r급 함수(즉 $\mathbb{R}$상 r계 도함수가 연속)라 하자. 단 $0\leq r\leq\infty$. 이 때 $k*f$는 C^r급 함수이며

$$\frac{d^j}{dx^j}(k*f)(x) = k^{(j)} * f(x) \quad (0 \le j \le r) \tag{24}$$

증명 $r \ge 1$ 라 하고 $j=1$ 일 때 (24)를 보이면 순차적으로 도함수의 계수를 올려줄 수 있으므로 일반적으로 성립함을 안다 ($r = \infty$ 일 때는 물론 $0 \le j < \infty$ 에 대해서이다).

우선 $k*f(x)$가 연속함수로 됨을 보이자. $1 < p < \infty$ 일 때는 $k \in L^q$ 이므로 정리 8(2)에서 이미 연속임을 보였다. $p = 1, \infty$ 일 때 $k*f(x)$가 연속임을 보이자. $k(x)$는 compact인 받침을 가지므로

$$|x| \ge \sigma \text{ 이면 } k(x) = 0$$

과 같은 $\sigma > 0$가 존재한다. 이 때 $k(x)$는 실질적으로 $[-\sigma, \sigma]$상의 연속함수이므로 평등연속이다. 고로 $\epsilon > 0$ 을 주면

$$|x - x'| < \delta \Rightarrow |k(x) - k(x')| < \epsilon$$

과 같은 $\delta > 0$ 를 잡을 수 있다. x, x'는 어떤 구간 $[-S, S]$에서 생각하면

$$\begin{aligned} |k*f(x) - k*f(x')| &= \left| \int k(x-y)f(y)dy - \int k(x'-y)f(y)dy \right| \\ &= \left| \int_{-\sigma-S}^{\sigma+S} (k(x-y) - k(x'-y))f(y)dydy \right| \\ &\le \int_{-\sigma-S}^{\sigma+S} |k(x-y) - k(x'-y)||f(y)|dy \\ &\le \epsilon \int_{-\sigma-S}^{\sigma+S} |f(y)|dy \end{aligned}$$

이다. 여기 나온 적분값은 S를 고정하는 한 일정한 유한값이므로 $k*f(x)$는 $[-S, S]$에서 연속이다. 고로 $\mathbb{R}$에서도 연속이다.

$k'(x)$도 compact인 받침을 가진 연속함수이므로 (24)의 관계가 성립하면 $k'*f(x)$도 연속이고 $k*f \in C^1$ 이다.

(24)를 보이도록 하자. $-S < x < S$ 라 하고 $|k'(x)| \le \gamma$ 라 하자. h를 충분히 작게 잡아주면

$$\begin{aligned} &\frac{k*f(x+h) - k*f(x)}{h} - k'*f(x) \\ &\quad = \int_{-\sigma-S}^{\sigma+S} \left(\frac{k(x+h-y) - k(x-y)}{h} - k'(x-y) \right) f(y)dy \end{aligned} \tag{25}$$

이며 평균값정리에 의해 $0 < |h'| < |h|$ 와 같은 h'가 존재하여

$$\left| \frac{k(x+h-y) - k(x-y)}{h} - k'(x-y) \right| = |k'(x+h'-y) - k'(x-y)| \le 2\gamma$$

이므로 (25)의 적분기호속의 함수의 절대값은 $\leq 2\gamma|f(y)|$. 이 함수는 유한구간 $[-\sigma-S, \sigma+S]$상에서 적분가능이므로 (25)에서 $|h|\to 0$ 라 하면 (25)의 적분기호 속은 $\to 0$ 와 같이 되므로 지배수렴정리에 의해 좌변은 $\to 0$. 그것은 (24)를 뜻한다. □

함수의 미분가능성이 높다는 말은 그만큼 매끄럽다는 뜻이다. 따라서 이 정리는 임의의 함수는 적당한 함수와 convolution곱을 취해줌으로서 얼마든지 매끄럽게 할 수 있다는 말이다. 또 미분은 본질적으로 1차원의 조작이므로 공간의 차원을 1이라 했다. 일반적인 $\mathbb{R}^d$인 경우 편미분기호로 대체해주면 똑같은 말을 할 수 있다.

3. 정리 10 $(\mathbb{R}^d, \mathcal{L}, m)$에서 $k_n \in L^1$ $(n=1,2,\cdots)$ 이

1° $\displaystyle\int k_n(x)dx = 1$

2° $\sup\{\|k_n\|_1 : n=1,2,\cdots\} < \infty$

3° 임의의 $\rho > 0$ 에 대해

$$\lim_{n\to\infty}\int_{|x|\geq\rho}|k_n(x)|dx = 0 \tag{26}$$

를 만족한다 하자. 이 때 임의의 $f \in L^p$ $(1 \leq p < \infty)$ 에 대해

$$\lim_{n\to\infty}\|k_n * f - f\|_p = 0 \tag{27}$$

또 $f(x)$가 유계 가측이고 개집합 O에서 연속이면 O에 품긴 임의의 compact집합 C상에서 $k_n * f(x)$는 $f(x)$로 평등수렴한다.

증명 (27)의 증명 : 지금 $0<\epsilon<1$ 을 주고 $\rho>0$ 를 6.3절 정리 6에 의해

$$|u| \leq \rho \;\Rightarrow\; \|\tau_u(f) - f\|_p \leq \epsilon \tag{28}$$

와 같이 잡자. 이 ρ에 대해 N을

$$n \geq N \;\Rightarrow\; \int_{|x|\geq\rho}|k_n(x)|dx \leq \epsilon \tag{29}$$

와 같이 잡을 수 있다. 이 때 $\gamma = \sup\{\|k_n\|_1 : n=1,2,\cdots\}$ 라 두면

$$n \geq N \;\Rightarrow\; \|k_n * f - f\|_p \leq \epsilon' = (\gamma + 2\|f\|_p)\epsilon \tag{30}$$

로 됨을 보이자. 지금

$$k_n^{(1)}(x) = \begin{cases} k_n(x), & |x| \leq \rho \\ 0, & |x| > \rho \end{cases}$$

$$k_n^{(2)}(x) = k_n(x) - k_n^{(1)}(x) \tag{31}$$

라 놓자. 그러면 $\|k_n^{(2)}\|_1 \le \epsilon$ 이므로 정리 8(1)에 의해

$$\|k_n^{(2)} * f\|_p \le \|k_n^{(2)}\|_1 \|f\|_p \le \|f\|_p \epsilon.$$

다음

$$\alpha_n = \int k_n^{(1)}(x)dx \tag{32}$$

라 놓으면 (31) 및 (29)에 의해 $|1-\alpha_n| \le \epsilon$ 이다. 따라서 또 $\alpha_n > 0$ 이다 ($0 < \epsilon < 1$ 이라 하였다).

$$\frac{1}{\alpha_n} k_n^{(1)} * f(x) - f(x) = \frac{1}{\alpha_n} \int k_n^{(1)}(y)(f(x-y) - f(x))dy$$

이므로

$$\begin{aligned}
\left\| \frac{1}{\alpha_n} k_n^{(1)} * f - f \right\|_p^p &= \frac{1}{\alpha_n^p} \int \left| \int k_n^{(1)}(y)(f(x-y) - f(x))dy \right|^p dx \\
&\le \frac{1}{\alpha_n^p} \int \left(\int |f(x-y) - f(x)|^p |k_n^{(1)}(y)| dy \right) \left(\int |k_n^{(1)}(y)| dy \right)^{p/q} dx
\end{aligned}$$

($|k_n^{(1)}(y)|dy$를 측도로 보고 Hölder의 부등식을 적용)

$$\begin{aligned}
&= \frac{\|k_n^{(1)}\|_1^{p/q}}{\alpha_n^p} \int \left(\int |f(x-y) - f(x)|^p dx \right) |k_n^{(1)}(y)| dy \\
&= \frac{\|k_n^{(1)}\|_1^{p/q}}{\alpha_n^p} \int_{|y| \le \rho} \|\tau_{-y}(f) - f\|_p^p |k_n^{(1)}(y)| dy \\
&\le \alpha_n^{-p} \|k_n^{(1)}\|_1^{p/q} \epsilon^p \|k_n^{(1)}\|_1 \qquad \text{((28)를 적용)} \\
&= \alpha_n^{-p} \|k_n^{(1)}\|_1^p \epsilon^p \le (\alpha_n^{-1} \|k_n^{(1)}\|_1 \epsilon)^p \le (\alpha_n^{-1} \gamma \epsilon)^p.
\end{aligned}$$

고로 $n \ge N$ 이면

$$\begin{aligned}
\|k_n * f - f\|_p &= \|\alpha_n (\alpha_n^{-1} k_n^{(1)} * f - f) - (1 - \alpha_n) f + k_n^{(2)} * f\|_p \\
&\le \gamma\epsilon + \|f\|_p \epsilon + \|f\|_p \epsilon = (\gamma + 2\|f\|_p)\epsilon
\end{aligned}$$

이다. 즉 (30)이 증명되었다.

다음 $f(x)$가 유계 가측이고 개집합 O에서 연속이라 하자. $C \subset O$ 가 compact이면 개집합 O_1로

$$C \subset O_1 \subset \overline{O_1} \subset O, \ \overline{O_1} \text{은 comapct}$$

와 같은 것을 잡을 수 있다. $f(x)$는 $\overline{O_1}$상 평등연속이므로 $\epsilon > 0$ 에 대해

$$x, x' \in \overline{O_1}, \ |x - x'| \le \rho \ \Rightarrow \ |f(x) - f(x')| \le \epsilon$$

를 만족하게끔 $\rho > 0$ 를 잡을 수 있다. ρ를 충분히 작게 잡고

$$\rho < d(C, O_1^c), \quad d(C, O_1^c) = \inf\{|x - x'| : x \in C,\ x' \in O_1\}$$

와 같이 해둔다. 이 ρ에 대해 (31)과 같이 $k_n^{(1)}(x), k_n^{(2)}(x)$를 정의한다. N을

$$n \geq N \quad \Rightarrow \quad \|k_n^{(2)}\|_1 = \int_{|x| > \rho} |k_n(x)| dx \leq \epsilon$$

와 같이 한다. 이 때

$$|k_n^{(2)} * f(x)| \leq \|k_n^{(2)}\|_1 \|f\|_\infty \leq \epsilon \|f\|_\infty.$$

다음 $x \in C$ 라 하면 $|y| \leq \rho$ 일 때 $x - y \in \overline{O_1}$ 이므로

$$\begin{aligned}\left|\frac{1}{\alpha_n} k_n^{(1)} * f(x) - f(x)\right| &= \frac{1}{\alpha_n}\left|\int k_n^{(1)}(y)(f(x-y) - f(x))dy\right| \\ &= \frac{1}{\alpha_n}\int_{|y| \leq \rho} |k_n^{(1)}(y)||f(x-y) - f(x)|dy \Bigg| \leq \frac{\gamma\epsilon}{\alpha_n}\end{aligned}$$

고로 $x \in C$ 일 때 $n \geq N$ 이면

$$\begin{aligned}&|k_n * f(x) - f(x)| \\ &= \left|\alpha_n\left(\frac{1}{\alpha_n} k_n^{(1)} * f(x) - f(x)\right) - (1 - \alpha_n) f(x) + k_n^{(2)} * f(x)\right| \\ &\leq \gamma\epsilon + \|f\|_\infty \epsilon + \|f\|_\infty \epsilon = (\gamma + 2\|f\|_\infty)\epsilon\end{aligned}$$

이에 의해 $k_n * f(x)$가 C상 $f(x)$로 평등수렴함을 알았다. □

1차원의 경우는 다음과 같이 된다.

$f(x)$가 $\mathbb{R}$상 유계 가측이며, 개구간 (a, b)에서 연속이면 $[\alpha, \beta] \subset (a, b)$ 라 할 때, $k_n * f(x)$는 $[\alpha, \beta]$에서 $f(x)$로 평등수렴한다.

이와 같은 함수열 $k_1, k_2, \cdots$를 **근사단위**(approximate unit)라 한다. 정리 9에서 말했듯이, convolution곱은 성질이 좋은 함수로 변환시키는 역할이 있으므로, 이 두 가지 정리를 활용해줌으로써 임의의 함수를 좋은 함수로 근사할 수 있게 된다(→예 2). 한편 이 정리는 $\{k_n\}$가 함수열이 아니라 어떤 매개변수를 따른 $\{k_\lambda\}$와 같은 꼴인 경우일 때도 적용할 수 있으나 그것은 유추에 맡긴다.

예 1. 지금 $\mathbb{R}^d$에서 x를 중심으로 한 반경 ρ인 구를 $B(x;\rho)$라 쓴다.

$$B(x;\rho) = \{x' : |x - x'| < \rho\}$$

이 때 $m(B(x;\rho)) = \pi_d \rho^d$ ($\pi_d = \pi^{d/2}/\Gamma(2^{-1}d + 1)$ 는 d차원 단위구의 부피).

그리고 $\left\{(\pi_d \rho^d)^{-1}\chi_{B(0;\rho)} : \rho > 0\right\}$가 정리 10의 조건을 만족할 것은 명백하다. 고로 $f \in L^p$ $(1 \le p < \infty)$ 라 할 때

$$\lim_{\rho \to 0}\left\| \frac{1}{\pi_d \rho^d}\int_{|x|<\rho} f(x+y)dy - f(x)\right\|_p = 0.$$

예 2. 정리 10에서의 $k_n(x)$를 적당히 잡으면 다양한 꼴의 근사를 할 수 있다. 이하 1차원에서 생각한다.

C^∞급 함수에 의한 근사

$$k(x) = \begin{cases} c\exp(-(1-x^2)^{-1}), & |x| < 1 \\ 0, & |x| \ge 1 \end{cases}$$

라 하자. c는 적분이 1이 되게끔 잡아둔다. 그리고

$$k_n(x) = nk(nx) \quad (n = 1, 2, \cdots)$$

라 하면 이것은 정리 10의 조건을 만족한다. $k_n(x)$는 C^∞급인 함수이므로 정리 9에 의해 이것에 의한 근사는 C^∞함수에 의한 근사로 된다.

다항식에 의한 근사

$$k_n(x) = \begin{cases} J_n^{-1}(1-x^2)^n, & |x| \le 1 \\ 0, & |x| > 1 \end{cases}$$

라 한다. 단 $J_n = \int_{-1}^{1}(1-x^2)^n dx$. 이것도 역시 정리 10의 조건을 만족한다. 지금 $f(x) = 0$ $(x < 0,\ x > 1)$ 라 하면 $0 \le x, y \le 1$ 일 때 $-1 \le x - y \le 1$ 이므로

$$k_n * f(x) = \int_0^1 k_n(x-y)f(y)dy = \frac{1}{J_n}\int_0^1 (1-(x-y))^2)^n f(y)dy.$$

고로 이 적분의 결과는 x의 다항식이다. 그리고

$$\int_0^1 |k_n * f(x) - f(x)|^p dx \le \|k_n * f - f\|_p^p \to 0$$

이므로 $[0,1]$에서 $f(x)$가 x의 다항식에 의해 근사된다. $f(x)$가 $[0,1]$에서 연속일 때 임의의 부분구간 $[\alpha, \beta] \subset (0,1)$ 상에서 이 다항식이 $f(x)$로 평등수렴하는 것도 정리 10부터 안다. 특별히 다음과 같이 이 사실을 정리로 기록해 두자.

정리 11. (**Weierstrass의 다항식 근사정리**) 유계폐구간 $[a,b]$에서 연속함수 $f(x)$가 있으면 임의의 $\epsilon>0$ 에 대해 적당히 다항식 $p(x)$가 존재하여

$$|f(x)-p(x)|<\epsilon \qquad (\text{모든 } x\in[a,b]).$$

즉 $\|f-p\|_\infty<\epsilon$ 인 뜻이므로 norm $\|\cdot\|_\infty$를 준 Banach공간 $C[a,b]$에서 다항식 전체가 조밀함을 뜻한다.

증명 위에서 알았듯이 임의의 $[\alpha,\beta]\subset(0,1)$ 에서 임의의 연속함수 $g(t)$는 다항식 $p(t)$로 근사할 수 있다. 즉

$$\text{임의의 } \epsilon>0 \text{ 에 대해 } |g(t)-p(t)|<\epsilon \quad (t\in[\alpha,\beta]). \tag{33}$$

지금 $x=a+\dfrac{t-\alpha}{\beta-\alpha}(b-a)$ 라 하면 $x\in[a,b] \Leftrightarrow t\in[\alpha,\beta]$ 이다. $[a,b]$상의 임의의 연속함수 $f(x)$에 대해 $g(t)=f\left(a+\dfrac{t-\alpha}{\beta-\alpha}(b-a)\right)$ 라 하면 g는 $[\alpha,\beta]$상의 연속함수이므로 (33)을 만족하는 다항식 $p(t)$가 존재하므로

$$q(x)=p\left(\alpha+\frac{x-a}{b-a}(\beta-\alpha)\right)$$

는 x의 다항식이고 $|f(x)-q(x)|<\epsilon$ (모든 $x\in[a,b]$). □

삼각다항식에 의한 근사

$$k_n(x)=\begin{cases}\dfrac{1}{2\pi(n+1)}\left(\dfrac{\sin((n+1)/2)x}{\sin(1/2)x}\right)^2, & |x|\le\pi\\ 0, & |x|>\pi\end{cases}$$

를 써서 주기 2π인 함수에 대해 위와 같은 고찰을 하면 $[-\pi,\pi]$에서 함수가 삼각다항식에 의해 근사된다.

6장의 문제

1. S는 국소 compact공간, $\mathscr{M}$은 개집합을 모두 품은 σ-집합대수라 하자. S 상의 함수 $f(s)$는 임의의 $s \in S$ 와 $\epsilon > 0$ 에 대해 s의 적당한 근방 V가 존재하여

$$t \in V \quad \Rightarrow \quad f(t) \leq f(s) + \epsilon \quad (\text{또는 } f(t) \geq f(s) + \epsilon)$$

를 만족할 때 **상반연속**(upper semi-continuous) (또는 **하반연속**(lower semi-continuous))이라 한다. 상반연속함수, 하반연속함수는 $\mathscr{M}$에 관해 가측임을 보이시오.

2. (1) S는 제2가산공리를 만족한 국소 compact Hausdorff공간, μ가 S상의 정칙측도라 하자. $f(s)$를 가측함수라 하면 임의의 $\epsilon > 0$ 에 대해

$$F\text{는 폐집합, } \mu(F^c) < \epsilon, \ f\text{는 } F\text{상 연속}$$

과 같은 집합 F가 존재함을 보이시오(**Lusin의 정리**).

(2) $f(x)$를 Lebesgue가측집합 $E \subset \mathbb{R}^d$ 에서 정의된 함수라 한다. 만약 임의의 $\epsilon > 0$ 에 대해

$$F \subset E \text{ 는 폐집합, } \mu(E \setminus F) < \epsilon, \ f\text{는 } F\text{상 연속}$$

과 같은 집합 F가 존재하면 f는 E상 Lebesgue가측임을 보이시오. ((1)의 역)

3. S, μ는 문제 2와 동일하다. $f(s)$가 S상의 가측함수라 하면 다음과 같은 함수열 $\{g_n(s)\}$, $\{h_n(s)\}$가 존재함을 보이시오.

(1) $g_n(s)$는 상반연속, $h_n(s)$는 하반연속함수

(2) $g_1(s) \leq g_2(s) \leq \cdots \leq f(s) \leq \cdots \leq h_2(s) \leq h_1(s)$, (a.e. $d\mu$)

(3) $\lim_{n \to \infty} g_n(s) = \lim_{\to \infty} h_n(s) = f(s)$

(4) 집합 M이 유계이고 f가 M상 적분가능이면

$$\lim_{n - \infty} \int_M g_n(s) d\mu(s) = \lim_{n - \infty} \int_M h_n(s) d\mu(s) = \int_M f(s) d\mu(s)$$

4. S, μ는 문제 2와 동일하다. S상의 가측함수 f가 임의의 $g \in C_c(S)$ 에 대해

$$\int fgd\mu = 0$$

를 만족하면 f는 국소적으로(즉 임의의 compact집합상) a.e. 0임을 보이시오.

5. $\mathbb{R}$상의 구간 $[a,b]$에서 정의된 Lebesgue 가측함수 $f(x)$가 모든 $t \in [a,b]$에 대해

$$\int_a^t f(x)dx = 0$$

를 만족하면 $f(x) = 0$ (a.e.) 임을 보이시오.

6. (1) f가 $\mathbb{R}$상의 적분가능인 함수, g가 유계 가측함수이면

$$\lim_{h \to 0} \int |g(x)(f(x+h) - f(x))| dx = 0$$

임을 보이시오.

(2) $p \geq 1$ 이고 $f \in L^p(\mathbb{R})$ 라 할 때 $\lim_{h \to 0} \int_{\mathbb{R}} |f(x+h) - f(x)|^p dx = 0$ 로 됨을 보이시오.

7. f가 $\mathbb{R}$상의 가측함수이고, $f(x), xf(x)$가 모두 적분가능이면 그 Fourier변환 $\hat{f}(\xi)$는 C^1급 함수임을 보이시오.

8. $\mathbb{R}^d$상의 집합 A, B에 대해

$$A + B = \{x + y : x \in A,\ y \in B\}$$

와 같이 둔다. 만일 A, B가 Lebesgue가측집합이고 $m(A) > 0$, $m(B) > 0$이면 $A + B$는 어떤 구간을 품은 것을 보이시오. (**Sierpinski의 정리**)

9. $\mathbb{R}$상

$$f(x+y) = f(x) + f(y)$$

를 만족하는 함수가 다음의 조건을 만족하면 $f(x) = cx$ 로 됨을 보이시오. (무조건적으로는 이것은 성립하지 않다→부록 B 참조).

(1) $f(x)$가 어떤 x_0에서 연속일 때

(2) $f(x)$가 어떤 구간에서 유계일 때

(3) $f(x)$가 가측함수일 때

10. $\mathbb{R}^2$상의 개집합 O로, 경계 $\overline{O} \setminus O$의 2차원 Lebesgue측도가 양인 보기를 들으시오.

11. (1) $A, B \subset \mathbb{R}^d$ 가 compact이면 $A+B$는 compact임을 보이시오.
(2) A는 compact, B는 폐집합이라 하면 $A+B$는 폐집합임을 보이시오.

12. $L^1(\mathbb{R}^d, \mathcal{M}, m)$은 다음을 만족함을 보이시오.
(1) $(f * g) * h(x) = f * (g * h)(x)$, ($m$-a.e.) $f, g, h \in L^1(\mathbb{R}^d)$
(2) $(f+g) * h(x) = f * h(x) + g * h(x)$, ($m$-a.e.) $f, g, h \in L^1(\mathbb{R}^d)$
(3) 다음과 같은 $f \in L^1(\mathbb{R}^d)$ 는 존재하지 않다.

$$\text{모든 } g \in L^1(\mathbb{R}^d) \text{ 에 대해 } f * g(x) = g(x)$$

(이와 같이 Banach공간이면서 환(ring)인 대수계를 **Banach대수**(Banach algebra)라 한다. 여기서 (3)에서는 단위원의 부재를 말하고 있는데 그것을 보완하는 것이 정리 10의 근사단위이다.)

7 Lebesgue-Stieltjes적분

이것에 대해서는 1.5절에서 약간 언급하였으나, 이하 이 장에서는 상세하게 논하기로 하자. 의논은 일반적인 $\mathbb{R}^d$에서도 할 수 있으나, 불필요하게 형태가 복잡해지므로, 1변수, $\mathbb{R}$에서 논하기로 하자. (확률론에서는 많은 확률변수의 동시분포를 생각하면, 필연적으로 다변수인 경우가 나와서 그런 의미로 다변수인 상황에서 논해 두는 것이 필요하지만 기본적인 사항은 1변수인 경우에서 모두 취급할 수 있으므로 다변수인 경우는 단순히 그 확장이라 생각해도 무방하다고 사료된다.) Stieltjes가 이런 꼴의 적분을 생각한 것은 Lebesgue적분이 출현하기 이전이며, Riemann적분의 꼴로 고찰하였다. Stieltjes적분이 진정으로 그 진가를 발휘하게 된 것은 Riesz의 표현정리(6.1절 정리 2)를 통해서 함수해석학의 기초를 지탱하는 도구로 된 것과, 확률론에서 기대치가 분포함수에 의한 적분의 꼴로 표시되고 난 다음부터이다.

7.1 Lebesgue-Stieltjes측도

1. 수직선 $\mathbb{R}$의 구간 I상에서($I=\mathbb{R}$ 라도 무방), 하나의 단조증가함수 $g(x)$가 주어졌다고 하자. 이 때 $\alpha, \beta \in I$, $\alpha < \beta$ 를 양 끝점으로 한 개구간 J에 대해

$$|J| = g(\beta - 0) - g(\alpha + 0)$$

와 같이 정의한다. 그리고 $A \subset I$ 에 대해 A를 I에 품긴 많아야 가산개의 개구간으로 덮는다.

$$\Theta : A \subset \bigcup_{n=1}^{\infty} J_n.$$

그리고 이들 구간의 길이의 합 $h(\Theta)$를 생각한다.

$$h(\Theta) = \sum_{n=1}^{\infty} |J_n|.$$

덮개 Θ를 모두 생각하여 그에 따른 $h(\Theta)$를 생각하고, 이 값들의 하한을 $m_g^*(A)$로 표기한다.

$$m_g^*(A) = \inf\{h(\Theta) : \Theta\text{는 } A\text{의 덮개}\}.$$

m_g^*가 1.4절 정의 1의 뜻으로 I의 부분집합에 대해 정의된 Carathéodory의 외측도로 됨은 분명하다. 따라서 I의 부분집합 M으로 임의의 $A \subset I$ 에 대해

$$m_g^*(A) = m_g^*(A \cap M) + m_g^*(A \cap M^c)$$

를 만족하는 것을 g**-가측**이라 부르면 1.4절 정리 3에 의해 g-가측집합의 전체 $\mathscr{M}_g$는 I상의 σ-집합대수를 구성하고

$$m_g(M) = m_g^*(M), \quad M \in \mathscr{M}_g$$

는 $\mathscr{M}_g$상의 측도로 된다.

정의 1. 수직선상의 하나의 구간 I에서 단조증가함수 $g(x)$부터 출발하여 위와 같이 구성된 측도를 **Lebesgue-Stieltjes측도**라 한다.

예 1. 한 점으로 된 집합 $\{a\}$는 g-가측이고

$$m_g(\{a\}) = g(a+0) - g(a-0).$$

모든 구간은 g-가측이다. 예를 들어

$$m_g([a,b]) = g(b+0) - g(a-0), \quad m_g([(a,b)) = g(b-0) - g(a+0)$$

이 사실들은 분명하다고 말할 수는 없으나 큰 어려움 없이 검증할 수 있을 것이다. 고로 I에 품긴 Borel집합은 모두 g-가측으로 됨을 안다. 그러나 g-가측이고 Lebesgue가측이 아닌 것, Lebesgue가측이지만 g-가측이 아닌 것이 있을 수 있다. 이것은 g의 성질에 의한 것이다.

예 2. 수직선상의 구간 I를 기초의 공간으로 한 측도공간 $(I, \mathscr{M}, \mu)$에 대해 $\alpha \in I$ 를 하나 고정시켜서

$$g(x) = \begin{cases} \mu([a,x)), & x > a \\ -\mu([x,a)), & x < a \\ 0, & x = a \end{cases}$$

와 같이 정의하면 I상의 단조증가함수 $g(x)$를 얻는다. (물론 구간은 가측이고 또 이들 측도값은 유한이라 한다.)

이 $g(x)$부터 정해진 Lebesgue-Stieltjes측도 m_g는 임의의 구간 J에서 μ와 같은 값을 취하므로, $\mathscr{M}$속의 Borel집합상에서는 $\mu = m_g$ 로 된다. 따라서 수직선상에서 측도를 생각하는 것은 이러한 뜻으로 Lebesgue-Stieltjes측도만을 생각하는 것과 같다고 말할 수 있다.

2. 정의 2. I상의 g-가측함수 $f(x)$의 m_g에 관한 적분을 $f(x)$의 $g(x)$에 관한 **Lebesgue-Stieltjes적분**이라 하고

$$\int f(x)dg(x)$$

로 표시한다.

정리 1. Lebesgue-Stieltjes측도는 정칙측도이다.

증명은 Lebesgue측도인 경우와 마찬가지이므로 2.5절 1.D를 참조하도록 하자. 이것부터 Lebesgue 가측집합의 경우와 같이 $(I, \mathscr{M}_g, m_g)$는 $(I, \mathscr{B}, m_g)$ (즉 m_g의 Borel집합대수로의 제한)의 완비화임을 안다. 따라서 주된 고찰은 Borel집합대수에서만 하면 충분하다.

3. 정리 2. $g(x)$부터 정의된 Lebesgue-Stieltjes측도 m_g가 Lebesgu측도 m에 관해 절대연속, 즉

$$g(b)-g(a)=\int_a^b k(x)dx, \quad (a, b \in I,\ a<b) \tag{1}$$

와 같은 Borel가측함수 $k(x)$가 존재하기 위한 필요충분조건은

임의의 $a, b \in I$, $a<b$, 및 임의의 $\epsilon>0$ 에 대해 적당한 $\delta>0$ 가 존재하여

$$a \leq x_1 \leq x_2 \leq x_3 \leq x_4 \leq \cdots \leq x_{2m-1} \leq x_{2m} \leq b$$

와 같은 $x_1, x_2, \cdots, x_{2m}$로

$$(x_2-x_1)+(x_4-x_3)+\cdots+(x_{2m}-x_{2m-1})<\delta$$

를 만족하는 것에 대해서는 항상

$$(g(x_2)-g(x_1))+(g(x_4)-g(x_3))+\cdots+(g(x_{2m})-g(x_{2m-1})) \leq \epsilon \tag{2}$$

가 성립한다.

를 만족하는 것이다. 이 때 3.3절 정리 9에서 보였듯이

$$\int f(x)dg(x)=\int f(x)k(x)dx \tag{3}$$

증명 지금 $I=[a, b]$ 라 해서 생각하자(정리의 꼴을 위와 같이 한 이유는

$I=\mathbb{R}$ 이 경우 등, 양끝점이 I에 품기지 않은 구간의 경우를 겉이 논하기 위함이다). 이 때 5.2절 정리 2에 의해 m_g의 m에 관한 절대연속성은

임의의 $\epsilon>0$ 에 대해 적당히 $\delta>0$ 를 잡으면

$$m(M)<\delta \quad \text{이면} \quad m_g(M)\le\epsilon \tag{4}$$

와 같이 말할 수 있다. 지금 $M=[x_1,x_2]\cup\cdots\cup[x_{2m-1},x_{2m}]$ 라 하면 정리의 조건은 필요조건으로 됨을 보여주고 있다.

역을 보이자. 지금 정리의 조건에 있는 것과 같이 $\epsilon>0$ 에 대해 $\delta>0$ 를 잡았다 하자. 이 ϵ,δ에 대해 (4)가 성립함을 보이겠다. (4)대신 외측도에 대해

$$m^*(A)<\delta \quad \text{이면} \quad m_g^*(A)\le\epsilon$$

를 말하면 된다. A의 개구간에 의한 덮개 Θ를 생각한다.

$$\Theta: A\subset\bigcup_{n=1}^{\infty}J_n,\quad h(\Theta)<\delta.$$

$M_n=\bigcup_{k=1}^{n}J_k$ 라 하면 M_n은 유한개의 개구간의 합집합이며

$$M_n=(x_1,x_2)\cup(x_3,x_4)\cup\cdots\cup(x_{2p-1},x_{2p})$$

와 같이 표시된다. 그리고

$$m(\Theta)=(x_2-x_1)+(x_4-x_3)+\cdots+(x_{2p}-x_{2p-1})\le h(\Theta)<\delta.$$

고로 정리의 조건부터

$$m_g(M_n)=(g(x_2)-g(x_1))+(g(x_4)-g(x_3))+\cdots+(g(x_{2p})-g(x_{2p-1}))\le\epsilon.$$

지금 $M_n\nearrow\bigcup_{n=1}^{\infty}J_n$ 부터 $m_g\left(\bigcup_{n=1}^{\infty}J_n\right)=\lim_{n\to\infty}m_g(M_n)\le\epsilon$. 고로

$$m_g^*(A)\le m_g^*\left(\bigcup_{n=1}^{\infty}J_n\right)=m_g\left(\bigcup_{n=1}^{\infty}J_n\right)\le\epsilon. \qquad \square$$

정리 2에서 기술한 조건을 만족한 단조증가함수 $g(x)$를 **절대연속함수**(absolutely continuous function)라 한다. 일반적으로 $g(x)$를 단조증가란 가정없이 (2)식의 각 항을 $|g(x_{2k})-g(x_{2k-1})|$로 대체한 꼴로 표시한 조건을 만족할 때 절대연속이라 한다. (→7.2절 정의 5)

이 때 (1)을 만족하는 음 아닌 Borel가측함수 $k(x)$가 존재하게 된다. 이 $k(x)$는 국소적으로 적분가능(locally integrable), 즉 임의의 유한구간상에서 적분가능이다. (1)은 $g(x)$가 $k(x)$의 부정적분 꼴임을 보여주고 있는데, 이것

부터 당장 $g(x)$가 미분가능이고 도함수가 $k(x)$이라고 결론지울 수 없다. 이 미분적분법의 기본정리의 증명에는 보통 $k(x)$가 연속함수임이 절대조건으로 되어있다. 일반적인 경우의 결과는 다음 장에서 기술하겠는데 이것은 Lebesgue의 이론의 가장 심대한 결과이다.

4. 정리 3. 단조증가함수 $g(x)$는 세 개의 단조증가함수의 합으로

$$g(x) = g_a(x) + g_s(x) + g_d(x)$$

$g_a(x)$는 절대연속인 단조증가함수

$g_s(x)$는 특이인 단조증가함수

$g_d(x)$는 이산적인 단조증가함수

인 꼴로 상수를 제외하여 유일하게 표시할 수 있다.

여기서 특이인 단조증가함수란 대응하는 Lebegue-Stieltjes측도가 Lebesgue측도에 관해 특이임을 뜻한다.

이산적인 단조증가함수란 값의 증가가 점에서밖에 일어나지 않은 것이다. 즉 단조증가함수 $g(x)$의 불연속점 x_0이란

$$g(x_0 - 0) < g(x_0 + 0)$$

와 같은 점인데 이러한 점은 많아야 가산개 밖에 존재하지 않다. 이들을 $x(1), x(2), \cdots$라 하면(크기의 순서로 된 것이 아님에 주의)

$$g(b) - g(a) = (g(b) - g(b-0)) + (g(a+0) - g(a)) + \sum_{x(k) \in (a,\, b)} (g(x(k)+0) - g(x(k)-0)) \qquad (5)$$

와 같이 된 것이다.

증명 a를 $g(x)$의 연속점이라 하자. 지금 (5)에 따라 $g_d(x)$를

$$a < x \text{ 이면 } g_d(x) = g(a) + \sum_{a < x(k) < x} (g(x(k)+0) - g(x(k)-0))$$

$$x < a \text{ 이면 } g_d(x) = g(a) - \sum_{x < x(k) < a} (g(x(k)+0) - g(x(k)-0))$$

$$g_d(a) = 0$$

에 의해 정의하자. 그러면 $g_d(x)$는 $x(1), x(2), \cdots$에서만 증가하는 단조증가함수이고

$$g_c(x) = g(x) - g_d(x)$$

는 연속인 단조증가함수로 도는 것도 쉽게 안다.

$g_c(x)$에 대응하는 Lebesgue-Stieltjes측도를 ϕ라 하고, 이것의 Lebesgue

측도 m에 관한 Lebesgue의 분해(5.2절 정리 3)를

$$\phi(M) = \phi_a(M) + \phi_s(M)$$

$$\phi_a(M) = \phi(M \cap S_0^c), \quad \phi_s(M) = \phi(M \cap S_0), \quad m(S_0) = 0$$

라 한다. 그리고 위의 예 2에서 말하였듯이 이것부터

$$g_a(x) = \begin{cases} \phi_a([a,x]), & (a \le x) \\ -\phi_a([x,a]), & (x < a) \end{cases} \qquad g_s(x) = \begin{cases} \phi_s([a,x]), & (a \le x) \\ -\phi_s([x,a]), & (x < a) \end{cases}$$

와 같이 g_a, g_s를 정의하면 이들은 각각 그 대응하는 Lebesgue-Stieltjes측도가 ϕ_a, ϕ_s가 되어진 단조증가함수이며, 따라서 절대연속, 및 특이한 연속인 단조증가함수이다. 이상으로부터

$$g(x) = g_a(x) + g_s(x) + g_d(x)$$

와 같이 정리에서의 합의 꼴로 표시됨을 안다. 유일성은 위의 각각의 과정에서의 유일성을 검토하면 된다. □

5. 정의 3. 임의의 측도공간 $(S, \mathcal{M}, \mu)$에서 $f(s)$를 음 아닌 적분가능인 함수라 할 때, $0 < x < \infty$ 에 대해

$$g(x) = \mu(\{f > x\})$$

로 정의된 함수 g를 f의 **분포함수**(distribution function)라 한다.

분포함수는 단조감소함수이다. 따라서 $-g$는 단조증가이므로 앞으로의 Lebesgue-Stieltjes적분은 $-g$에 대해 생각하여, 나중에 다시 부호를 바뀐 것으로 하면 된다.

정리 4. $\phi(x)$를 $(0, \infty)$에서 정의된 음 아닌 Borel가측함수라 하면

$$\int \phi(f(s)) d\mu(s) = -\int \phi(x) dg(x). \tag{6}$$

증명 지금 $\phi(x)$가 유한구간 J의 특성함수인 경우를 생각한다.

$J = (a, b)$ 일 때

(6)의 좌변$= \mu(\{a < f < b\})$

(6)의 우변$= -(g(b-0) - g(a+0)) = \mu(\{f > a\}) - \mu(\{f \ge b\})$

$J = [a, b)$ 일 때

(6)의 좌변$= \mu(\{a \le f < b\})$

(6)의 우변$= -(g(b-0) - g(a-0)) = \mu(\{f \ge a\}) - \mu(\{f \ge b\})$

구간 J의 꼴이 그 외의 꼴인 경우도 마찬가지이다. 고로 (6)은 ϕ가 유한구간

의 특성함수인 경우는 참이다.

지금 (6)이 성립하게 되는 함수 ϕ에 대해 생각한다.

ϕ가 어떤 유한구간 $I=[a,b]$ $(0<a<b<\infty)$ 의 밖에서 0으로 될 때, 이와 같은 ϕ로 (6)을 만족하고 또 어떤 일정한 값 γ보다 작게 된 것들 전체는 지배수렴정리에 의해 극한조작에 의해 닫혀있다. 그리고 위에서 보았듯이 그것은 구간의 정의함수의 선형결합을 모두 품으므로 결국 Borel가측함수 전체를 품게 된다. 비유계인 Borel가측함수 ϕ에 대해서는

$$[\phi]^n(x)=\begin{cases}\phi(x), & (\phi(x)\le n)\\ n, & (\phi(x)>n)\end{cases}$$

라 정의하면 $[\phi]^n$에 대해 (6)이 성립하고 또 $[\phi]^n\nearrow\phi$ 이므로 단조수렴정리에 의해 역시 (6)이 성립하게 된다.

ϕ가 어떤 유한구간의 밖에서 0으로 되는 성질을 갖지 않을 때는

$$\phi_n(x)=\begin{cases}\phi(x), & (1/n\le x\le n)\\ 0, & (x<1/n,\ x>n)\end{cases}$$

라 하면 ϕ_n에 대해서 (6)이 성립하고 $\phi_n\nearrow\phi$ 이므로 단조수렴정리에 의해 역시 (6)이 성립한다. □

7.2 유계변동함수, 절대연속함수

1. 지금 수직선 $\mathbb{R}$상의 하나의 구간 I상에서 함수 $g(x)$가 정의되어있다 하자. a, b $(a<b)$를 이 구간상의 임의의 점이라 할 때 구간 $[a,b]$를 분점 $a=x_0$, x_1, $x_2,\cdots$, $x_n=b$ 에 의해 세분한다.

$$\Delta:[a,b]=[x_0,x_1]\cup[x_1,x_2]\cup\cdots[x_{n-1},x_n]$$

그리고 합

$$\Sigma_\Delta=\sum_{k=1}^{n}|g(x_k)-g(x_{k-1})| \tag{7}$$

를 생각한다.

정의 4. $[a,b]$의 모든 분할 Δ에 관해 (7)이 유계일 때 즉

$$V(a,b)=\sup\{\Sigma_\Delta:\Delta\text{는 } [a,b]\text{의 분할}\}<\infty \tag{8}$$

이면 $g(x)$는 $[a,b]$에서 **유계변동함수**(function of bounded variation)라 한다. $V(a,b)$를 $g(x)$의 구간 $[a,b]$에서의 **전변동**(total variation)이라 한다. 또

$$\sup\{V(a,b):a,b\in I,\ a<b\}<\infty$$

를 만족할 때 $g(x)$는 구간 I에서 유계변동함수라 한다.

$g(x)$가 단조함수(증가 또는 감소함수)이면, (7)에서 $g(x_k)-g(x_{k-1})$의 부호는 항상 일정하므로 $\Sigma_\Delta=|g(b)-g(a)|$ 로 되어 $g(x)$는 $[a,b]$에서 유계변동임을 안다. 또 유계변동함수의 합 또는 스칼라곱이 다시 유계변동임을 쉽게 알 수 있으므로, 두개의 단조증가함수의 차는 유계변동함수로 되는데 실은 유계변동함수는 반드시 이런 꼴로 된다.

정리 5. $g(x)$가 구간 I상의 유계변동함수인 것과

$$g(x)=g_1(x)-g_2(x),\quad g_1(x),\ g_2(x)\text{는 단조증가함수} \tag{9}$$

와 같이 표시되는 것은 필요충분하다.

증명 $g(x)$가 유계변동함수라 하자. $a,b\in I$, $a<b$ 를 잡아 합 (7)을 생각하

고 $\Sigma_\Delta(a,b)$라 표시하고 다음을 정의한다.

$$\Sigma_\Delta^+(a,b)=\sum_{k=1}^{n}(g(x_k)-g(x_{k-1}))^+,$$

$$\Sigma_\Delta^-(a,b)=\sum_{k=1}^{n}(g(x_k)-g(x_{k-1}))^-.$$

여기서 수 x에 대해 $x^+=\begin{cases}x, & (x\ge 0)\\ 0, & (x<0)\end{cases}$, $x^-=\begin{cases}0, & (x\ge 0)\\ -x, & (x<0)\end{cases}$ 라 한다. 그러면 다음과 같이 됨을 쉽게 안다.

$$\Sigma_\Delta^+(a,b)\ge 0,\qquad \Sigma_\Delta^-(a,b)\ge 0 \tag{10}$$

$$\Sigma_\Delta^+(a,b)-\Sigma_\Delta^-(a,b)=g(b)-g(a) \tag{11}$$

$$\Sigma_\Delta^+(a,b)+\Sigma_\Delta^-(a,b)=\Sigma_\Delta(a,b) \tag{12}$$

그래서

$$V^+(a,b)=\sup\left\{\Sigma_\Delta^+ : \Delta\text{는 } [a,b]\text{의 분할}\right\}$$

$$V^-(a,b)=\sup\left\{\Sigma_\Delta^- : \Delta\text{는 } [a,b]\text{의 분할}\right\}$$

라 하자. (8), (10), (11), (12)부터 다음을 안다(7장 문제 9).

$$\begin{aligned}&V^+(a,b)\ge 0,\quad V^-(a,b)\ge 0\\ &V^+(a,b)-V^-(a,b)=g(b)-g(a)\\ &V^+(a,b)+V^-(a,b)=V(a,b)\end{aligned} \tag{13}$$

지금 $x_0\in I$ 를 고정하고

$$g_1(x)=\begin{cases}g(x_0)+V^+(x_0,x), & (x>x_0)\\ g(x_0)-V^+(x,x_0), & (x<x_0)\\ g(x_0), & (x=x_0)\end{cases}$$

$$g_2(x)=\begin{cases}V^-(x_0,x), & (x>x_0)\\ -V^-(x,x_0), & (x<x_0)\\ 0, & (x=x_0)\end{cases}$$

와 같이 하면 $g_1(x)$, $g_2(x)$는 단조증가함수이고 (13)에 의해 (9)가 성립함을 안다. □

$g_1(x)$, $g_2(x)$에 대응하는 Lebesgue-Stieltjes측도를 $m_{g(1)}$, $m_{g(2)}$라 할 때,

$g(x)$에 대응하는 Lebesgue-Stieltjes측도 m_g를

$$m_g = m_{g(1)} - m_{g(2)} \tag{14}$$

와 같이 정의한다. 이것은 I상의 하나의 실측도이다. g를 (9)와 같이 단조증가함수의 차로 표시하는 방법은 여러가지로 있을 수 있으나, (14)로 정해진 실측도는 그러한 표시방법에 무관하게 일의적으로 정해지는 것을 쉽게 알 수 있다.

이렇게 유계변동함수에 대응하는 Lebesgue-Stieltjes측도는 단조증가함수에 대응하는 측도의 차에 불과하므로 7.1절에서 언급한 내용은 모두 여기서도 해당되어지는데 여기서는 절대연속성에 대해 조금 더 주의하도록 하자.

2. 정의 5. 수직선 $\mathbb{R}$상의 구간 I에서 정의된 함수 $g(x)$에 대해

임의의 $a, b \in I$, $a < b$ 및 임의의 $\epsilon > 0$ 에 대해 적당히 $\delta > 0$ 가 존재하여

$$a \le x_1 \le x_2 \le x_3 \le x_4 \le \cdots \le x_{2m-1} \le x_{2m} = b \tag{15}$$

와 같은 $x_1, x_2, \cdots, x_{2m}$으로

$$(x_2 - x_1) + (x_4 - x_3) + \cdots + (x_{2m} - x_{2m-1}) < \delta \tag{16}$$

를 만족하는 것에 대해 항상

$$|g(x_2) - g(x_1)| + |g(x_4) - g(x_3)| + \cdots + |g(x_{2m}) - g(x_{2m-1})| \le \epsilon \tag{17}$$

가 성립한다.

를 만족할 때 $g(x)$는 **절대연속함수**(absolutely continuous function)라 한다.

(15), (16), (17)에서 $m=1$ 일 때가 g가 $[a, b]$에서 평등연속이라는 것이고, 여기서는 점의 개수는 아무리 많아도 되는 꼴이므로 절대연속성은 평등연속성보다 강한 조건이다.

정리 6. 절대연속함수는 유계변동함수이다. 절대연속함수는 두 개의 절대연속인 단조증가함수의 차로 표시된다. 고로

$$g(b)-g(a)=\int_a^b k(x)dx \qquad (a,\ b\in I,\ a<b)$$

와 같은 꼴이 된다.

유계변동함수 $g(x)$부터 정의된 Lebesgue-Stieltjes측도가 Lebesgue측도에 관해 절대연속이 되기 위한 필요충분조건은 $g(x)$가 절대연속함수인 것이다.

증명 $[a,b]$의 분할 Δ를 생각할 때, 분할을 세분하면 세분할수록 (7)의 Σ_Δ의 값은 커지므로 필요하면 더 세분해줌으로써 Δ에서 $t_k-t_{k-1}<\dfrac{\delta}{2}$ $(k=1,2,\cdots,n)$ 가 성립하고 있다고 가정해도 무방하다. 지금 Δ를 구성하는 소구간을 몇개씩 묶어서 그 길이의 합이 $\frac{\delta}{2}$와 δ사이에 있게 되게끔 몇개의 조로 나눈다(마지막에 나머지가 생기지만 그것은 하나의 조로 간주한다). 이와 같은 조의 총수는 $\dfrac{b-a}{\delta/2}+1=\dfrac{2(b-a)}{\delta}+1$ 보다 크지 않다. 그리고 각 구간의 조에 대해 만든 합은 (17)에 의해 $\leq\epsilon$. 고로

$$\Sigma_\Delta\leq\left(\frac{2(b-a)}{\delta}+1\right)\epsilon$$

로 되어 (8)이 성립한다.

또 (16)일 때 (17)이 성립하고 있으면, 각 소구간을 더 세분하여 생각해줌으로서 (16)일 때

$$V(x_1,x_2)+V(x_3,x_4)+\cdots+V(x_{2m-1},x_{2m})\leq\epsilon$$

이 성립한다. 그런데 정리 5의 증명 중 얻은 $g_1(x)$, $g_2(x)$에 대해

$$g_1(x_{2k})-g_1(x_{2k-1})=V^+(x_{2k-1},x_{2k})\leq V(x_{2k-1},x_{2k})$$

$$g_2(x_{2k})-g_2(x_{2k-1})=V^-(x_{2k-1},x_{2k})\leq V(x_{2k-1},x_{2k})$$

이므로 (16)일 때

$$\sum_{k=1}^m(g_1(x_{2k})-g_1(x_{2k-1}))\leq\sum_{k=1}^m V(x_{2k-1},x_k)\leq\epsilon,$$

$$\sum_{k=1}^m(g_2(x_{2k})-g_2(x_{2k-1}))\leq\epsilon$$

와 같이 되고 , $g_1(x), g_2(x)$는 둘다 절대연속인 단조증가함수이다. □

3. 부분적분법 마지막으로 적분법의 기법으로 중요한 부분적분법에 대해 말한다.

정리 7. (부분적분법) $f(x), g(x)$가 구간 $I=[a, b]$ 에서 유계변동함수이고, 공통인 불연속점을 갖지 않으면

$$\int_a^b f(x)dg(x) = [f(x)g(x)]_a^b - \int_a^b g(x)df(x) \tag{18}$$

$f(x), g(x)$가 절대연속 즉

$$f(\beta)-f(\alpha) = \int_\alpha^\beta f_1(t)dt, \quad g(\beta)-g(\alpha) = \int_\alpha^\beta g_1(t)dt \quad (\alpha < \beta)$$

로 표시될 때는 (18)식은 7.1절(3)에 의해 보통 잘 알려진

$$\int_a^b f(x)g_1(x)dx = [f(x)g(x)]_a^b - \int_a^b f_1(x)g(x)dx$$

와 같은 꼴이 된다.

증명 $f(x), g(x)$가 단조증가함수인 경우 증명하면 된다.

$$\gamma = \max\{f(b)-f(a),\ g(b)-g(a)\}$$

라 하자.

지금 임의로 $\epsilon > 0$ 을 줄 때, $f(x+0)-f(x-0) > \frac{\epsilon}{8\gamma}$ 와 같은 $f(x)$의 불연속점은 유한개밖에 없다. $g(x)$에 대해서도 마찬가지이다. 그러한 점을 모두 나열하여 $x_1, x_2, \cdots, x_k$라 한다. 가정에 의해 x_h가 f의 불연속점이라 하면 g의 연속점이고, g의 불연속점이라 하면 f의 연속점이므로 적당히 $\delta_1 > 0$ 이 존재하고

$$x_h\text{가 } f\text{의 불연속일 때는 } g(x_h+\delta_1)-g(x_h-\delta_1) \le \frac{\epsilon}{4k\gamma}$$

$$x_h\text{가 } g\text{의 불연속일 때는 } f(x_h+\delta_1)-f(x_h-\delta_1) \le \frac{\epsilon}{4k\gamma}$$

와 같이 할 수 있다. 또 δ_1을 충분히 작게 잡고, 구간 $[x_h-\delta_1, x_h+\delta_1]$와

$[x_{h'}-\delta_1, x_{h'}+\delta_1]$ $(h \neq h')$ 가 서로 소라 해도 무방하다.

다음으로 $x_1, x_2, \cdots, x_k$이외의 점 x에서는 $\delta_x > 0$ 를 충분히 작게 잡ㄱ으며

$$f(x+\delta_x)-f(x-\delta_x) \leq \frac{\epsilon}{4\gamma}, \quad g(x+\delta_x)-g(x-\delta_x) \leq \frac{\epsilon}{4\gamma}$$

와 같이 할 수 있다. 폐집합 $[a,b] \setminus \bigcup_{h=1}^{k}(x_h-\delta_1, x_h+\delta_1)$ 의 각 x에 대해 이 개구간 $(x-2^{-1}\delta_x, x+2^{-1}\delta_x)$를 대응시키면 이 폐집합의 이들 개구간의에 의한 하나의 덮개를 얻으므로, Heine-Borel의 정리에 의해, 이 폐집합은 이 개구간의 유한개로 덮인다. 그것을 $(x(j)-2^{-1}\delta_{x(j)}, x(j)+2^{-1}\delta_{x(j)})$ $(j=1,2,\cdots,l)$ 라 하자. $\delta_2 = \min\{2^{-1}\delta_{x(j)} : j=1,2,\cdots,l\}$ 라 하면, x를 이 폐집합의 점이라 할 때 $x \in (x(j)-2^{-1}\delta_{x(j)}, x(j)+2^{-1}\delta_{x(j)})$ 이고 $|x-x'| < \delta_2$ 이면

$$|x'-x(j)| \leq |x-x(j)|+|x-x'| \leq 2^{-1}\delta_{x(j)}+\delta_2 \leq \delta_{x(j)}$$

로 되고, 따라서 $x(j)-\delta_{x(j)} \leq x, x' \leq x(j)+\delta_{x(j)}$ 이므로

$$|f(x)-f(x')| \leq f(x(j)+\delta_{x(j)})-f(x(j)-\delta_{x(j)}) \leq \frac{\epsilon}{4\gamma}$$

$$|g(x)-g(x')| \leq g(x(j)+\delta_{x(j)})-g(x(j)-\delta_{x(j)}) \leq \frac{\epsilon}{4\gamma}$$

이다.

그래서 a, b사이에 점 $t_1, t_2, \cdots, t_{m-1}$을

$$a = t_0 < t_1 < t_2 < \cdots < t_{m-1} < t_m = b$$

그리고 t_p는 $x_h \pm \delta_1$ $(h=1,2,\cdots,k)$ 중 하나, 또는

$$t_p \in [a,b] \setminus \bigcup_{h=1}^{k}(x_h-\delta_1, x_h+\delta_1) \text{ 이며 } t_p - t_{p-1} < \delta_2, \ t_{p+1}-t_p < \delta_2$$

인 것으로 잡자.

$$f(b)g(b)-f(a)g(a)-\int_a^b f(x)dg(x)-\int_a^b g(x)df(x)$$

$$=\sum_{p=1}^{m}\left\{f(t_p)g(t_p)-f(t_{p-1})g(t_{p-1})-\int_{t_{p-1}}^{t_p} f(x)dg(x)-\int_{t_{p-1}}^{t_p} g(x)df(x)\right\}$$

$$= \sum_{p=1}^{m} \left\{ \int_{t_{p-1}}^{t_p} (f(t_p) - f(x)) dg(x) - \int_{t_{p-1}}^{t_p} (g(x) - g(t_{p-1})) df(x) \right\}$$

이다.[1] 여기서

$$\begin{aligned} & f(t_p) g(t_p) - f(t_{p-1}) g(t_{p-1}) \\ &= f(t_p)(g(t_p) - g(t_{p-1})) + g(t_{p-1})(f(t_p) - f(t_{p-1})) \\ &= f(t_p) \int_{t_{p-1}}^{t_p} dg(x) + g(t_{p-1}) \int_{t_{p-1}}^{t_p} df(x) \end{aligned}$$

와 같은 변형을 썼다.

이 합의 항 중 $[t_{p-1}, t_p]$가 $[x_h - \delta_1, x_h + \delta_1]$인 꼴일 때는 x_h가 f의 불연속점이면

$$\begin{aligned} 0 &\le \int_{t_{p-1}}^{t_p} (f(t_p) - f(x)) dg(x) \\ &\le (f(x_h + \delta_1) - f(x_h - \delta_1))(g(x_h + \delta_1) - g(x_h - \delta_1)) \\ &\le (f(b) - f(a)) \frac{\epsilon}{4k\gamma} \le \frac{\epsilon}{4k} \end{aligned}$$

$$\begin{aligned} 0 &\le \int_{t_{p-1}}^{t_p} (g(x) - g(t_{p-1})) df(x) \\ &\le (g(x_h + \delta_1) - g(x_h - \delta_1))(f(x_h + \delta_1) - f(x_h - \delta_1)) \le \frac{\epsilon}{4k} \end{aligned}$$

x_h가 g의 불연속점일 때도 마찬가지이며, 이러한 항이 k개 있으므로, 그 총합의 절대값은 $2^{-1}\epsilon$보다 작다.

그렇지 않을 때는 $t_p - t_{p-1} < \delta_2$ 이고

$$f(t_p) - f(t_{p-1}) \le \frac{\epsilon}{4\gamma}, \quad g(t_p) - g(t_{p-1}) \le \frac{\epsilon}{4\gamma}.$$

고로 이러한 항만 모은 합을 생각하면

$$0 \le \sum \int_{t_{p-1}}^{t_p} (f(t_p) - f(x)) dg(x) \le \sum (f(t_p) - f(t_{p-1}))(g(t_p) - g(t_{p-1}))$$

---

1) 실은 적분을 이와 같이 상단, 하단을 붙인 합으로 표시할 때는 $f(x)$, $g(x)$의 불연속성에 의해 끝점에서 의문이 생기지만 그것을 피하기 위해서는 끝점을 연속점으로 잡으면 된다. 그렇게 안 해도 $[a, b]$를 서로 구간의 합집합으로 분할을 생각하면 각 소구산에서 끝점을 어느 한 쪽으로 속하게 하는가 정하고 고찰하면 된다.

$$\leq \frac{\epsilon}{4\gamma}\sum(g(t_p)-g(t_{p-1})) \leq \frac{\epsilon}{4\gamma}\sum_{p=1}^{m}(g(t_p)-g(t_{p-1}))$$

$$\leq \frac{\epsilon}{4\gamma}(g(b)-g(a)) \leq \frac{\epsilon}{4}$$

마찬가지로

$$0 \leq \sum\int_{t_{p-1}}^{t_p}(g(x)-g(t_{p-1}))df(x) \leq \frac{\epsilon}{4}.$$

이상으로부터 (19)식의 절대값은 ϵ보다 작게 됨을 안다. $\epsilon > 0$ 은 임의로 잡았으므로 (19)가 0임을 보여주고 있다. 이에 의해 (18)이 성립함을 안다.

□

7장의 문제

1. 급수 $\sum_{n=1}^{\infty} a_n$을 Stieltjes적분의 꼴로 표시하시오.

이것부터 적분론과 급수론은 상호 교환하여 얻을 내용이 많음을 이해할 수 있을 것이다.

2. $g(x)$는 이산부분뿐이며 연속부분을 갖지 않은 단조증가함수라 하면, $g(x)^2$도 같은 꼴의 함수로 됨을 보이시오. 지금 $g(x)^2$부터 유도된 Lebesgue-Stieltjes측도 m_{g^2}는 m_g에 관해 절대연속임을 보이고, 그 Radon-Nikodym도함수를 구하시오.

일반적으로 μ가 이산적 측도일 때, $\mu^2(\{x\}) = (\mu(\{x\})^2$ 와 같이 정의된 이산적 측도 μ^2의 μ에 관한 Radon-Nikodym도함수를 구하시오.

$\mu = m_g$ ($g(x)$는 위의 함수)인 경우, 왜 이 두 가지는 다른가?

3. $g(x) = x^2 \sin \frac{1}{x}$ $(x \neq 0)$, $g(0) = 0$ 라 할 때 $g(x)$는 $\mathbb{R}$상에서 유계변동함수인가 또는 절대연속인가? 일반적으로 $p, q > 0$ 일 때 $x^p \sin \frac{1}{x^q}$에 대해 같은 고찰을 하시오.

4. $f(x)$가 Lipschitz조건, 즉

어떤 상수 $L > 0$ 가 존재하여 $|f(x) - f(x')| \leq L|x - x'|$ 가 항상 성립

를 만족하면 f는 절대연속임을 보이시오.

5. 유계변동함수의 합, 곱은 다시 유계변동함수임을 보이시오.

6. $f(x)$, $g(x)$, $f(x)g(x)$가 모두 단조증가함수라 하자. $f(x)g(x)$부터 유도된 Lebesgue-Stieltjes측도 m_{fg}는 $m_f + m_g$에 관해 절대연속임을 보이시오.

7. $f(x)$가 $[a,b]$에서 Lebesgue적분가능이면, Δ를 분점

$$a=x(0)<x(1)<\cdots<x(n)=b$$

에 의한 $[a,b]$의 분할이라 할 때

$$\int_a^b |f(x)|dx = \lim_{|\Delta|\to 0}\sum_{k=1}^{n}\left|\int_{x(k-1)}^{x(k)} f(x)dx\right|$$

로 됨을 보이시오.

8. $f(x)$가 $[a,b]$에서 적분가능이며, $g(x)$가 단조함수(증가 또는 감소)이면 $a\le c\le b$ 를 적당히 잡아서

$$\int_a^b f(x)g(x)dx = g(a)\int_a^c g(x)dx + g(b)\int_c^b g(x)dx$$

와 같이 할 수 있다(**적분의 제2평균값정리**).

특히 $g(x)\ge 0$ 이고 단조증가일 때는 $g(a)=0$ 와 같이 잡아줌으로서

$$\int_a^b f(x)g(x)dx = g(b)\int_c^b g(x)dx$$

와 같은 $a\le c\le b$ 가 존재한다.

9. 정리 5, 즉 유계변동함수가 두 개의 단조증가함수의 차로 표시됨을 증명하기 위해 (11), (12)부터 (13)을 유도했는데 이를 위해서는 다음과 같은 고찰이 필요하다. 다음을 보이시오.

$[a,b]$의 두 분할 $\Delta(1)$, $\Delta(2)$를 생각하여, 이들의 분점을 합친 분할을 Δ라 하자. 이 때

$$\Sigma^+_{\Delta(1)},\ \Sigma^+_{\Delta(2)} \le \Sigma^+_{\Delta},\qquad \Sigma^-_{\Delta(1)},\ \Sigma^-_{\Delta(2)} \le \Sigma^-_{\Delta}.$$

이것부터 $\Delta(1)$, $\Delta(2)$를 독립적으로 $[a,b]$의 분할로 잡아서

$$V(a,b)=\sup\left\{\Sigma^+_{\Delta(1)}\right\}+\sup\left\{\Sigma^-_{\Delta(2)}\right\}= V^+(a,b)+V^-(a,b)$$

로 된다.

$$V^+(a,b)-V^-(a,b)=g(b)-g(a)$$

는 (11)을

$$\Sigma^+_{\Delta}=g(b)-g(a)+\Sigma^-_{\Delta}$$

와 같이 써서 Δ에 관한 sup를 잡으면 된다.

10. $f \in L^1([0,1]^2)$ 에 대해

$$F(x) = \int_{[0,x]\times[0,x]} f, \quad x \in [0,1]$$

라 할 때 F가 절대연속임을 보이고 그 도함수를 f에 관한 식으로 표시하시오.

8 미분법

고전적인 미분적분법은, 미분적분법의 기본정리 즉 $f(x)$가 구간 (a,b)에서 연속일 때

$$F(x)=\int_a^x f(t)dt$$

라 하면 $F(x)$는 미분가능이며 $F'(x)=f(x)$ 로 되는 것이 근간으로 자리잡은 중요한 정리로 되어 있다.

$f(x)$를 미분가능인 함수라 하고, 위의 $F(x)$의 꼴--부정적분--로 되고 있는 함수는 7.1절 정리 2, 7.2절 정리 6에서 절대연속성을 가짐을 보였다. 이 장에서는 이러한 함수가 a.e. 미분가능이며 그 도함수가 $f(x)$와 같음을 보이겠다. 즉 이런 꼴로 미분적분법의 기본정리는 Lebesgue적분의 상황에서도 성립한다.

8.1 극대함수

6.4절 3의 예 1에서는 1차원의 경우

$$\lim_{h\to 0}\frac{1}{2h}\int_{-h}^{h} f(x+t)dt=f(x)$$

가 L^p에서의 평균수렴의 뜻으로 성립함을 보여 주었다. 이것은 부정적분의 미분이 원래 함수로 돌아간다는 소위 미분적분법의 기본정리의 꼴인데, 거기서는 평균수렴에 대하여 말했을 뿐 값으로서 실제 어떻게 되는지는 아직 모른다. 사실 값으로서 위의 극한관계가 성립하는 것이 거의 모든 x에 대해 성립하는데, 그것은 다음 절의 문제로 하고, 이 절에서는 그 준비를 할 겸 극대함수에 대해 논하기로 한다.

위에서 lim를 sup로 바꾸어 f의 값 대신 그 절대값을 취해 다음과 같은 정의를 한다.

정의 1. $(\mathbb{R}^d, \mathcal{L}, m)$에서 $f(x)$는 국소적으로 적분가능(임의의 유계인 가측 집합상 적분가능, locally integrable)이라 하고, 각 점 x를 중심으로 한 구에서의 $|f(x)|$의 평균

$$\frac{1}{m(B(x;\rho))}\int_{B(x;\rho)}|f(t)|dt \tag{1}$$

의 $\rho>0$ 에 대한 상한을 취해 이것을 f의 **극대함수**(maximal function)라 하고 $Mf(x)$로 표시한다.

$$Mf(x)=\sup\left\{\frac{1}{m(B(x;\rho))}\int_{B(x;\rho)}|f(t)|dt:\rho>0\right\} \tag{2}$$

이 생각은 1930년 Hardy와 Littlewood의 공저 논문에서 도입되었으나, 그 후 아주 많이 활용되어 중요한 개념이다. 이에 관한 다음 정리는 보통 **maximal theorem**라 부른다.

정리 1. 가) $f\in L^p(\mathbb{R}^d)$ $(1\le p\le\infty)$ 에 대해 $Mf(x)$는 a.e. 유한값을 취한 가측함수이다.

나) $f\in L^1(\mathbb{R}^d)$ 이면 임의의 $\alpha>0$ 에 대해

$$m(\{x:Mf(x)>\alpha\})\le\frac{A}{\alpha}\|f\|_1 \tag{3}$$

여기서 A는 차원 d에만 관계하는 상수이다[1]($A=5^d$ 이면 충분하다).

다) $f\in L^p(\mathbb{R}^d)$ $(1<p\le\infty)$ 이면 $Mf\in L^p(\mathbb{R}^d)$ 이고

$$\|Mf\|_p\le A_p\|f\|_p \tag{4}$$

여기서 A_p는 p와 차원 d에만 관계되는 상수이다.

$$1<p<\infty \text{ 이면 } A_p=2\left(\frac{5^dp}{p-1}\right)^{1/p},\quad p=\infty \text{ 이면 } A_\infty=1.$$

증명 A. $m(B(x;\rho))=m(B(0;\rho))=\dfrac{\pi^{d/2}}{\Gamma(2^{-1}d+1)}\rho^d$ 는 (x,ρ)에 관해 연속이고, $\left|\int_{B(x;\rho)}|f(t)|dt-\int_{B(x';\rho')}|f(t)|dt\right|=\int_{B(x;\rho)\triangle B(x';\rho')}|f(t)|dt$ 이며 $x'\to x$, $\rho'\to\rho$ 이면 $m(B(x;\rho)\triangle B(x';\rho'))\to 0$ 이므로 $\int_{B(x;\rho)\triangle B(x';\rho')}|f(t)|dt\to 0$ 이다. 고로 $\dfrac{1}{m(B(x;\rho))}\int_{B(x;\rho)}|f(t)|dt$는 (x,ρ)의 연속함수이다. 고로 (2)에서의

---

1) $L^p(\mathbb{R}^d)$부터 $L^q(\mathbb{R}^d)$로의 선형사상 T에 대해

$\|Tf\|_q\le C\|f\|_p$ 가 성립할 때 (p,q)형인 사상

$m(\{x:|Tf(x)|>\alpha\})\le C\alpha^{-q}\|f\|_p^q$ 가 성립할 때 약(p,q)형인 사상

이라 한다. M은 약$(1,1)$형, 그리고 $1<p\le\infty$ 일 때 (p,p)형인 사상이다.

상한은 어떤 조밀한 가산집합(예를 들어 유리수의 집합 $\mathbb{Q}$)에 대해 취하면 되고 따라서 $Mf(x)$는 x의 가측함수이다.

B. $p=\infty$ 일 때는 가)다)는 당연하다.

C. 나)가 성립한다 가정하고 $1<p<\infty$ 일 때 다)를 보이자. 다)가 성립하면 가)도 자동적으로 성립하게 된다.

지금 $\alpha>0$ 에 대해

$$E_\alpha=\{x: Mf(x)>\alpha\}$$

라 둔다. 또

$$f_1(x)=\begin{cases} f(x), & (|f(x)|>\alpha/2) \\ 0, & (|f(x)|\le\alpha/2) \end{cases}$$

라 둔다. 이 때

$$\left(\frac{\alpha}{2}\right)^p m\left(\left\{|f|>\frac{\alpha}{2}\right\}\right)\le\int_{\{|f|>\alpha\}}|f(x)|^p dx\le\|f\|_p^p<\infty$$

이므로 가정에 의해 $\|f_1\|_1=\int_{\{|f|>\alpha/2\}}|f(x)|dx<\infty$. 고로 $f_1\in L^1$ 이다. 그리고 $|f(x)|\le|f_1(x)|+\frac{\alpha}{2}$ 이므로 $Mf(x)\le Mf_1(x)+\frac{\alpha}{2}$. 그러므로

$$E_\alpha=\{x: Mf(x)>\alpha\}\subset\left\{x: Mf_1(x)>\frac{\alpha}{2}\right\}.$$

고로 (3)을 f_1에 적용하여

$$m(E_\alpha)\le m\left(\left\{x: Mf_1(x)>\frac{\alpha}{2}\right\}\right)\le\frac{A}{\alpha/2}\|f_1\|_1,$$

즉

$$m(E_\alpha)\le\frac{2A}{\alpha}\int_{\{|f|>\alpha/2\}}|f(x)|dx.$$

지금 φ를 Mf의 분포함수라 한다. 즉

$$\varphi(\lambda)=m(\{x: Mf(x)>\lambda\})=m(E_\lambda).$$

이렇게 하면

$$\begin{aligned}\int(Mf(x))^p dx&=\int\left(\int_0^{Mf(x)}p\lambda^{p-1}d\lambda\right)dx=\int_0^{Mf(x)}p\lambda^{p-1}\left(\int_{\{Mf>\lambda\}}dx\right)d\lambda\\&=\int_0^\infty p\lambda^{p-1}\varphi(\lambda)d\lambda\le\int_0^\infty p\lambda^{p-1}\left(\frac{2A}{\lambda}\int_{\{|f|>\lambda\}}|f(x)|dx\right)d\lambda\\&=2Ap\int\left(\int_0^{2|f(x)|}\lambda^{p-2}d\lambda\right)|f(x)|dx\end{aligned}$$

$$= \frac{2Ap}{p-1}\int |2f(x)|^{p-1}|f(x)|dx$$
$$= \frac{2^pAp}{p-1}\int |f(x)|^p dx = \frac{2^pAp}{p-1}\|f\|_p^p$$

위에서 둘째와 다섯째 등식에서 Fubini의 정리를 썼다. 즉 둘째 등식에서는 λx공간에서

$$\{(\lambda, x) : x \in \mathbb{R}^d,\ 0 < \lambda < Mf(x)\} = \{(\lambda, x) : 0 < \lambda < \infty, Mf(x) > \lambda\}$$

라는 집합상에서의 적분이므로 Fubini의 정리를 적용하였고, 다섯째 등식도 마찬가지이다. 고로 $A_p = 2\left(\dfrac{Ap}{p-1}\right)^{1/p}$ 라 하여 (4)가 증명되었다. (3)을 보이기 위해서는 약간의 준비가 필요하다. 여기서 증명을 중단하고 다음 보조명제 1을 보이고 나서 증명을 계속하기로 하자. □

보조명제 1. A를 $\mathbb{R}^d$의 임의의 집합이라 하자(가측집합 아니라도 무방하다). 지금 A가 $\mathbb{R}^d$의 구의 모임 $\mathcal{B} = \{B_\kappa : \kappa \in K\}$ 에 의해 덮였다고 하자. 그리고 $\mathcal{B}$에 속하는 구의 지름은 유계라 한다. 즉

$$\sup\{\mathrm{diam}B : B \in \mathcal{B}\} < \infty.$$

이 때 많아야 가산개의 서로 소인 구 $B_1, B_2, \cdots \in \mathcal{B}$ 가 존재하여

$$\sum m(B_n) \geq 5^{-d} m^*(A) \tag{5}$$

와 같이 할 수 있다.

증명 A. 지금 $\delta_1 = \sup\{\mathrm{diam}B : B \in \mathcal{B}\}$ 라 하고 $B_1 \in \mathcal{B}$ 가 $\mathrm{diam}B_1 > \delta_1/2$ 로 되게끔 존재한다. 다음 $\delta_2 = \{\mathrm{diam}B : B \in \mathcal{B}, B_1 \cap B = \varnothing\}$ 라 하면 diam $B_2 > \delta_2/2$ 와 같은 $B_2 \in \mathcal{B}$ 가 존재한다. 이 조작을 계속한다. 즉 $B_1, \cdots, B_n$을 택했을 때

$$\delta_{n+1} = \{\mathrm{diam}B : B \in \mathcal{B},\ B_1 \cap B = B_2 \cap B = \cdots = B_n \cap B = \varnothing\} \tag{6}$$

라 하고 $B_{n+1} \in \mathcal{B}$ 는

$$\mathrm{diam}B_{n+1} > \frac{\delta_{n+1}}{2},\ B_1 \cap B_{n+1} = B_2 \cap B_{n+1} = \cdots = B_n \cap B_{n+1} = \varnothing \tag{7}$$

와 같이 잡자.

이 조작은 중간에 멈추든가 무한히 이어진다. 이와 같이 $B_1, \cdots, B_n, \cdots$를 정한다.

B. 이와 같이 얻은 $B_1, \cdots, B_n, \cdots$에 대해 (5)의 좌변이 ∞로 되면, (5)는 성

립한다. 고로 $\sum m(B_n) < \infty$ 인 경우를 생각하자. 이 때 (4)를 생각하기 위해 각 B_n과 중심을 같이 하고, 지름이 5배인 구를 생각하고 그것을 $\widetilde{B_n}$이라 하면

$$\cup \widetilde{B_n} \supset A \tag{8}$$

로 됨을 보이자.

만약 (8)이 성립하지 않으면 $x \in A$, $x \notin \widetilde{B_n}$ $(n = 1, 2, \cdots)$ 와 같은 x가 존재한다. x는 $\mathscr{B}$에 있는 어떤 구 B에 속한다. 지금 $B \subset \cup \widetilde{B_n}$ 임을 보이면 모순이고 (8)이 증명된다. 그런데 $B_k \cap B \neq \varnothing$ 와 같은 k가 존재한다. 왜냐하면 $\sum m(B_n) < \infty$ 이므로 $m(B_n) \to 0$ 이고 $\mathrm{diam} B_{n+1} < \frac{1}{2} \mathrm{diam} B$ 와 같은 n이 존재하고 (7)부터 $\mathrm{diam} B > 2 \mathrm{diam} B_{n+1} > \delta_{n+1}$. 따라서 δ_{n+1}의 정의 (6)부터

$$B_1 \cap B = B_2 \cap B = \cdots = B_n \cap B = \varnothing$$

일 수 없다. 그래서 k를 $B_k \cap B \neq \varnothing$ 로 되는 가장 작은 k라 하면, (6)부터 $\mathrm{diam} B_k \leq \delta_k$ 이다. 따라서 $\mathrm{diam}\ B_k > \dfrac{\delta_k}{2} > \dfrac{1}{2} \mathrm{diam} B$ 이므로 $B \subset \widetilde{B_k}$ 로 된다(→그림 8.1)

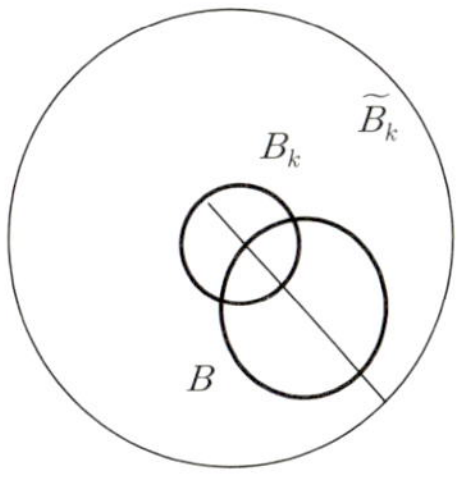

그림 8.1

(8)이 증명되었으므로 이것부터

$$m^*(A) \leq \sum m(\widetilde{B_n}) \leq 5^d \sum m(B_n). \qquad \square$$

정리 1의 증명의 나머지 D. $Mf(x)$의 정의에 의해, $Mf(x) > \alpha$ 이면 x를 중심으로 한 구 B로

$$\int_B |f(t)| dt > \alpha m(B) \tag{9}$$

를 만족하는 B가 존재한다. B의 반지름을 ρ라 하면, (9)부터 $\|f\|_1 \geq \alpha \pi_d \rho^d$ 이다. 고로 (9)를 만족하는 구의 반지름 ρ는 유계이다. 고로 (9)를 만족하는 구 전체를 $\mathscr{B}$라 하면 $\mathscr{B}$는 E_α에 대해 보조명제 1의 조건을 만족하는 구의 모임이고 따라서

$$B(1), B(2), \cdots \in \mathscr{B}, \quad B(j) \cap B(k) = \varnothing \ \ (j \neq k)$$
$$\sum m(B(k)) \geq 5^{-d} m(E_\alpha)$$

를 만족하는 것이 존재한다. (9)를 감안하면

$$m(E_\alpha) \le 5^d \sum m(B(k)) \le \frac{5^d}{\alpha} \sum \int_{B(n)} |f(t)| dt \le \frac{5^d}{\alpha} \|f\|_1.$$

이것부터 (3)이 증명되었다. □

정리 1에서 $Mf(x)$는 (2)에서 정의된 것과 같은 x를 중심으로 한 구 위에서의 평균의 상한으로 하지 않아도 더 일반적인 꼴로 성립한다. 즉

$$Mf(x) = \sup\left\{ \frac{1}{m(E)} \int_E |f(t)| dt : x \in E,\ E\text{는 가측이고 } m(E) > 0 \right\}.$$

다음 절의 정리의 증명에 적용하기 좋게, 1차원의 경우의 주장을 말해둔다. 증명은 보조명제 1을 쓰고 정리 1의 증명 D와 완전히 같은 꼴로 할 수 있으므로 독자에게 맡긴다.

정리 2. $f \in L^1(\mathbb{R})$ 에 대해

$$M'f(x) = \sup\left\{ \frac{1}{h} \int_x^{x+h} |f(t)| dt : h \ne 0 \right\} \tag{10}$$

라 하면 임의의 $\alpha > 0$ 에 대해

$$m(\{x : M'f(x) > \alpha\}) \le \frac{A}{\alpha} \|f\|_1.$$

8.2 미분적분법의 기본정리

1. 정리 3. $\mathbb{R}$에서 정의된 $f(x)$가 국소적으로 적분가능인 함수라 하고, $f(x)$의 부정적분을 $F(x)$라 한다. 즉

$$F(x)=\int_a^x f(t)dt. \tag{11}$$

이 때 $F(x)$는 a.e.로 미분가능이고

$$F'(x)=f(x) \quad \text{(a.e.)} \tag{12}$$

$f(x)$가 유한구간에서 정의되어 있으면, $f(x)$는 그 외에서는 0이라 하고 이 정리를 적용할 수 있다. 또 $f(x)$가 연속함수일 때는 이 정리의 내용은 잘 알려져 있는 사실이다. 또 정리는 임의의 유한구간에서 성립함을 보이면 되므로 $f(x)$는 적분가능이라 가정하여 증명하면 된다.

증명 A. 지금

$$f_h(x)=\frac{F(x+h)-F(x)}{h}=\frac{1}{h}\int_x^{x+h} f(t)dt \tag{13}$$

라 놓자. $h\to 0$ 일 때 이 극한값이 a.e.로 존재하는 것 즉 $F(x)$가 a.e.로 미분가능임을 보이자. 이를 위해

$$\Omega f(x)=\limsup_{h\to 0} f_h(x)-\liminf_{h\to 0} f_h(x)$$

라 정의하고 $\Omega f(x)=0$ (a.e.) 임을 보이면 된다.

$$M'f(x)=\sup\left\{\frac{1}{h}\int_x^{x+h}|f(t)|dt : h\neq 0\right\}$$

라 한다(→8.1절 (10)). $|f_h(x)|\le Mf(x)$ 이며

$$\Omega f(x)\le 2\limsup_{h\to 0}|f_h(x)|\le 2\sup\{|f_h(x)| : h\neq 0\}\le 2M'f(x).$$

고로 임의의 $\epsilon>0$ 을 임의로 잡으면 8.1절 정리 2부터

$$m(\{x:\Omega f(x)>\epsilon\})\le m\left(\left\{M'f(x)>\frac{\epsilon}{2}\right\}\right)\le\frac{2A}{\epsilon}\|f\|_1 \tag{14}$$

지금 $\eta>0$ 를 임의로 잡고 이에 대해 6.1절 정리 3부터

$$\|f-g\|_1<\eta$$

를 만족하는 $g\in C_c(\mathbb{R})$ 를 잡자. $\lim_{h\to 0} g_h(x)=g(x)$ 이므로 $f^{(1)}=f-g$ 와 같

이 놓으면

$$
\begin{aligned}
\Omega f(x) &= \limsup_{h\to 0}\,(g_h(x)+f_h^{(1)}(x)) - \liminf_{h\to 0}\,(g_h(x)+f_h^{(1)}(x)) \\
&= (\lim_{h\to 0} g_h(x) + \limsup_{h\to 0} f_h^{(1)}(x)) - (\lim_{h\to 0} g_h(x) + \liminf_{h\to 0} f_h^{(1)}(x)) \\
&= \Omega f^{(1)}(x)
\end{aligned}
$$

(14)를 $f^{(1)}$에 대해 적용하면

$$m(\{x : \Omega f(x) > \epsilon\}) = m(\{x : \Omega f^{(1)}(x) > \epsilon\}) \le \frac{2A}{\epsilon}\|f^{(1)}\|_1 < \frac{2A}{\epsilon}\eta.$$

$\eta > 0$ 는 임의로 택했으므로 이 부등식은

$$m(\{x : \Omega f(x) > \epsilon\}) = 0$$

를 뜻한다. $\epsilon > 0$ 은 임의이므로

$$m(\{x : \Omega f(x) > 0\}) = 0$$

즉 $\Omega f(x) = 0$ (a.e.) 를 안다.

B. 다음 $\lim_{h\to 0} f_h(x) = f(x)$ (a.e.) 를 보이자. 6.4절, 3 예 1에서

$$\lim_{\rho\to 0}\left\| \frac{1}{2\rho}\int_{-\rho}^{\rho} f(x+t)dt - f(x)\right\|_1 = 0$$

이다. 이것은 (13)에 의해

$$\lim_{\rho\to 0}\left\| \frac{f_\rho + f_{-\rho}}{2} - f\right\|_1 = 0$$

를 뜻한다. 그러면 그러면 3.6절, 정리 13(1), (2)에 의해 적당한 $\rho(1)$, $\rho(2)$, $\cdots$, $\rho(n)\searrow 0$ 를 잡으면

$$\frac{f_{\rho(n)}(x) + f_{-\rho(n)}(x)}{2} \to f(x) \quad (\text{a.e. } x)$$

이다. A에 의해 a.e.로 $\lim_{h\to 0} f_h(x)$가 존재하므로 위의 부분열에 대해 그 극한은 $f(x)$이다. □

2. (12)식은

$$\lim_{h\to 0}\frac{1}{h}\int_0^h (f(x+t) - f(x))dt = 0 \quad (\text{a.e. } x)$$

와 같이 쓸 수 있다. 그런데 Lebesgue는 더욱 강하게 다음이 성립함을 보였다.

정리 4. $f(x)$가 $\mathbb{R}$에서 국소적으로 적분가능인 함수라 하면

$$\lim_{h\to 0}\frac{1}{h}\int_0^h |f(x+t)-f(x)|dt=0 \quad (\text{a.e. } x) \tag{15}$$

증명 임의의 $\alpha\in\mathbb{R}$ 에 대해 $|f(x)-\alpha|$는 국소적으로 적분가능인 함수이므로, 이것에 정리 3을 적용하면

$$\lim_{h\to 0}\frac{1}{h}\int_0^h |f(x+t)-\alpha|dt=|f(x)-\alpha| \tag{16}$$

가 a.e. x에 대해 성립한다.

그래서 지금 $\rho\in\mathbb{Q}$ 에 대해 (16)에서 $\alpha=\rho$ 라 할 때 (16)이 성립하지 않은 측도 0인 집합을 N_ρ라 하여 $N=\cup\{N_\rho:\rho\in\mathbb{Q}\}$ 라 하면 $m(N)=0$ 이고, α를 임의의 유리수라 할 때, $x\notin N$ 이면 (16)이 성립한다. 이 때 α를 임의의 실수라 하여, $x\notin N$ 이면 (16)이 성립함을 보이자.

임의의 $\epsilon>0$ 에 대해 $|\alpha-\rho|\le\epsilon$ 와 같은 유리수 ρ를 한 잡아 고정한다. $x\notin N$ 이면 이 ρ에 대해, (16)에 의해 어떤 $h_0>0$ 가 존재하여

$$|h|\le h_0 \quad\Rightarrow\quad \left|\frac{1}{h}\int_0^h |f(x+t)-\rho|dt-|f(x)-\rho|\right|\le\epsilon.$$

그러면

$$||f(x)-\alpha|-|f(x)-\rho||\le|\alpha-\rho|\le\epsilon,$$

$$\left|\frac{1}{h}\int_0^h |f(x+t)-\alpha|dt-\frac{1}{h}\int_0^h |f(x+t)-\rho|dt\right|$$

$$\le\frac{1}{h}\int_0^h ||f(x+t)-\alpha|-|f(x+t)-\rho||dt\le|\alpha-\rho|\le\epsilon$$

이므로

$$|h|\le h_0 \quad\Rightarrow\quad \left|\frac{1}{h}\int_0^h |f(x+t)-\alpha|dt-|f(x)-\alpha|\right|\le 3\epsilon$$

로 되어 이것부터 (16)이 임의의 $\alpha\in\mathbb{R}$ 에 대해 성립함을 안다.

$x\notin N$ 일 때 (16)에서 특히 $\alpha=f(x)$ 라 놓으면

$$\lim_{h\to 0}\frac{1}{h}\int_0^h |f(x+t)-f(x)|dt=0.$$

이 식이 모든 $x\notin N$ 에 대해 성립하므로 (15)가 성립한다. □

3. 정리 5. $g(x)$가 $\mathbb{R}$에서 정의된 절대연속인 함수이면 $g(x)$는 $\mathbb{R}$상 a.e.로 미분가능이다. 그리고 도함수 $g'(x)$는 국소적으로 적분가능이고

$$g(b)-g(a)=\int_a^b g'(x)dx \tag{17}$$

증명 $g(x)$에 의해 정의된 Lebesgue-Stieltjes측도 m_g는 Lebesgue측도 m에 관해 절대연속이다(7.2절 정리 6). 따라서 임의의 유한구간 $[a,b]$에 대해 m_g를 $[a,b]$상의 측도라 볼 때, 적분가능인 함수 $f(x)$가 존재하여 $[a,b]$에 품기는 임의의 Borel집합 M에 대해

$$m_g(M)=\int_M f(t)dt$$

로 된다.

$$F(x)=\int_a^x f(t)dt, \quad (a \le x \le b) \tag{18}$$

라 하면 구간 $[a,x]$는 Borel집합이므로

$$g(x)-g(a)=m_g([a,x])=\int_a^x f(t)dt=F(x) \tag{19}$$

그리고 정리 3부터 $F(x)$는 a.e.로 미분가능이므로 $g(x)$도 a.e.로 미분가능이며

$$g'(x)=F'(x)=f(x) \quad \text{(a.e.)}$$

고로 (18), (19)에 의해 (17)이 성립한다. □

8.3 단조함수, 유계변동함수의 미분가능성

1. 이 절에서는 $\mathbb{R}$상의 단조증가함수는 거의 모든 곳에서 미분가능임을 증명한다. 유계변동함수는 두개의 단조증가함수의 차로 표시할 수 있으므로 이에 의해 모든 유계변동함수 또한 a.e.로 미분가능임을 안다. 이를 증명하기 위해 8.1절 보조명제 1을 더욱 정밀하게 한 다음 보조명제가 필요하다.

8.1절 보조명제 1에서는 A의 불완전한 덮개밖에 얻을 수 없었으나 다음 보조명제에서는 거의 덮어버리는 것을 얻는다.

보조명제 2. (Vitali의 덮개정리) $A \subset \mathbb{R}^d$ 라 하자(가측이 아니어도 무방). $\mathcal{B}$는 $\mathbb{R}^d$의 구의 모임 $\mathcal{B} = \{B_\kappa : \kappa \in K\}$ 이고 각 $x \in A$ 에 대해, x를 품고, 지름이 얼마든지 작은 구가 있는 것으로 한다. 이 때

$$B_1, B_2, \cdots \in \mathcal{B}, \quad B_j \cap B_k = \varnothing \quad (j \neq k),$$

$$m^*\left(A \setminus \bigcup_n B_n\right) = 0 \tag{20}$$

와 같이 많아야 가산개의 $B_1, B_2, \cdots \in \mathcal{B}$ 가 존재한다.

증명 A. 우선 A가 유계집합 : $A \subset B(0;m) = \{x : |x| < m\}$ 인 경우를 생각하자. $\mathcal{B}$는 각 $x \in A$ 를 품고 지름이 얼마든지 작은 구를 품으므로, 각 $B \in \mathcal{B}$ 는 $B(0;m)$에 속한다 해도 무방하다. 이 때 $\sup\{\operatorname{diam} B : B \in \mathcal{B}\} < \infty$ 이다. 또 각 $B \in \mathcal{B}$ 는 열린 구이던 닫힌 구이던 그 차는 측도가 0이므로 모두 닫힌 구라 가정해도 된다.

이하 8.1절 보조명제 1의 증명 A와 똑같이 유한개 또는 가산개의 구의 열 $B_1, B_2, \cdots \in \mathcal{B}$ 를 잡을 수 있다.

B. $B_1, B_2, \cdots \in \mathcal{B}$ 는 서로 소이고 또 $B(0;m)$에 속하므로 $\sum m(B_n) < \infty$ 이다. 지금 (20)이 성립하지 않다하고

$$\alpha = m^*\left(A \setminus \bigcup_n B_n\right) > 0$$

라 둔다. 보조명제 1의 증명 B와 같이 각 B_n과 중심을 같이 하고 반지름을 5배로 한 구 $\widetilde{B}_n$을 생각한다. $m(\widetilde{B}_n) = 5^d m(B_n)$ 이므로 $\sum m(\widetilde{B}_n) < \infty$ 이다. 그러면 $\displaystyle\sum_{n=N+1}^{\infty} m(\widetilde{B}_n) < \alpha$ 와 같은 N이 존재한다. 그러면 $\displaystyle\bigcup_{n=N+1}^{\infty} \widetilde{B}_n \not\supset A \setminus \cup B_n$ 이므로 $x \in A$, $x \notin B_n$ $(n = 1, 2, \cdots, N)$, $x \notin \widetilde{B}_n$ $(n = N+1, \cdots)$ 와

같은 x가 존재한다. $B_1, B_2, \cdots, B_N$이 폐집합이고 x를 포함하지 않고, $\mathscr{B}$는 x를 품은 반지름이 얼마든지 작은 구가 있으므로, $x \in B$, $B \cap B_n = \varnothing$ ($n = 1,2,\cdots,N$)와 같은 $B \in \mathscr{B}$ 가 존재한다. 보조명제 1, 증명 B에서와 같이 이 B는 B_n ($n = N+1,\cdots$) 중 하나와 교집합이 공집합이 아니다. 지금 $B \cap B_k \neq \varnothing$ 를 만족하는 k 중 최소를 잡으면 $\widetilde{B}_k \supset B \ni x$. 이것은 모순. 고로 (20)이 증명되었다.

C) 비유계인 A에 대해서는 $A_m = \{x \in A : m-1 < |x| < m\}$ ($m = 1,2,\cdots$)라 하자. $m^*(A \setminus \cup A_m) = 0$ 이므로 각 A_m에 대해 생각한다.

$\mathscr{B}$의 성질에 의해 $\mathscr{B}_m = \{B \in \mathscr{B} : B \subset \{x : m-1 < |x| < m\}\}$ 라 놓으면 $\mathscr{B}_m$은 A_m에 대해 보조명제의 가정을 만족하는 구의 모임이므로 위의 A,B에 의해

$$B_{m1}, B_{m2}, \cdots \in \mathscr{B}_m, \quad m^*\Big(A_m \setminus \bigcup_n B_{mn}\Big) = 0$$

와 같은 구의 열을 얻는다.

이 때 $\{B_{mn} : m,n = 1,2,\cdots\}$는 A에 대해 (20)을 만족하고 있다. □

다음 보조명제는 정리 6의 증명에서 필요하게 되는데 이 명제 자체적으로도 의미심장하다. 즉 가산개의 구의 합집합은 당연히 가측집합이지만 임의개의 구의 합집합이 가측으로 됨을 주장한다. 단 여기서의 구는 반지름이 0, 즉 1점집합은 생각하지 않다.

보조명제 3. $\mathbb{R}^d$에서의 구의 모임 $\mathscr{B} = \{B_\kappa : \kappa \in K\}$ 이 있을 때 $\bigcup_{\kappa \in K} B_\kappa$는 가측집합이다.

증명 $A = \bigcup_{\kappa \in K} B_\kappa$ 라 하자. 각 $x \in A$ 에 대해 $x \in B$ 와 같은 $B \in \mathscr{B}$ 를 잡고 x를 포함하여 B에 포함되는 구를 모두 잡아 이들 구 전체의 모임을 $\mathscr{B}_0$라 한다. $\mathscr{B}_0$는 보조명제 2의 의미로 A를 덮는 구의 모임으로 되고 있다. 따라서 적당히 $B_1, B_2, \cdots \in \mathscr{B}_0$ 를 잡아서

$$A = \bigcup_n B_n \cup \Big(A \setminus \bigcup_n B_n\Big), \quad m^*\Big(A \setminus \bigcup_n B_n\Big) = 0$$

이것부터 A가 가측집합임을 안다. □

정리 6. $\mathbb{R}$상의 단조증가함수 $f(x)$는 a.e.미분가능이고 도함수 $f'(x)$는 가측이다. 만약 $f(x)$가 절대연속이면

$$f(b)-f(a)=\int_a^b f'(t)dt \tag{21}$$

만약 $f(x)$가 특이이면

$$f'(x)=0 \quad \text{(a.e.)} \tag{22}$$

증명 A. 우선

$$\underline{D}f(x)=\liminf_{h\to 0}\frac{f(x+h)-f(x)}{h} \tag{23}$$

라 한다. $\underline{D}f(x)\geq 0$ 인데 이것이 가측함수임을 보이자.

h의 함수 $\varphi(h)=\dfrac{f(x+h)-f(x)}{h}$ 에 대해

$$\liminf_{h\to 0}\varphi(h)=\sup_{\delta>0}(\inf_{0<|h|<\delta}\varphi(h))=\sup_{n\geq 1}(\inf_{0<|h|<1/n}\varphi(h)) \tag{24}$$

이므로

$$\underline{D}f(x)<\gamma \Leftrightarrow (\exists\, m\in\mathbb{N})(\forall\, n\in\mathbb{N})\left(\exists\, h: 0<|h|\leq\frac{1}{n}\right)\left(\frac{f(x+h)-f(x)}{h}\leq\gamma-\frac{1}{m}\right)$$

이것부터

$$\{x:\underline{D}f(x)<\gamma\}=\bigcup_{m=1}^{\infty}\bigcap_{n=1}^{\infty}\bigcup\left\{[\alpha,\beta]:0<\beta-\alpha<\frac{1}{n},\ \frac{f(\beta)-f(\alpha)}{\beta-\alpha}\leq\gamma-\frac{1}{m}\right\} \tag{25}$$

실제 $\underline{D}f(x)<\gamma$ 이면 적당한 $m\in\mathbb{N}$ 이 존재하고 $\underline{D}f(x)\leq\gamma-\dfrac{1}{m}$ 이고 모든 $n\in\mathbb{N}$ 에 대해 $-\dfrac{1}{n}\leq h\neq 0\leq\dfrac{1}{n}$ 이 존재하고 $\dfrac{f(x+h)-f(x)}{h}\leq\gamma-\dfrac{1}{m}$ 이므로 $x\in[x,x+h]$ 또는 $x\in[x+h,x]$. 역으로 x가 우변의 원소라 하자. 이때 $x\in[\alpha,\beta]$ 이고 $\dfrac{f(\beta)-f(\alpha)}{\beta-\alpha}\leq\gamma-\dfrac{1}{m}$ 이다.

$$x=\alpha \text{ 이면 } h=\beta-\alpha,\ x=\beta \text{ 이면 } h=\alpha-\beta$$

라 하고 $x\in(\alpha,\beta)$ 이면 $\dfrac{f(\beta)-f(x)}{\beta-x}\leq\gamma-\dfrac{1}{m}$ 또는 $\dfrac{f(x)-f(\alpha)}{x-\alpha}\leq\gamma-\dfrac{1}{m}$ 이다. $h=\beta-x$ 또는 $h=\alpha-x$ 라 하면 어느 경우든 $0<|h|\leq\dfrac{1}{n}$ 이고

$\dfrac{f(x+h)-f(x)}{h} \le \gamma - \dfrac{1}{m}$ 이다. 고로 (25)를 보였다. 보조명제 3에 의해 $\bigcup\{[\alpha,\beta]:\cdots\}$는 가측집합이므로 (25)의 우변은 가측집합이다. 고로 $\underline{D}f(x)$는 가측함수이다.

B. 임의의 구간 $[a,b]$에 대해

$$\int_a^b \underline{D}f(t)dt \le f(b)-f(a) \tag{26}$$

가 성립함을 보이자. 우선 (24)부터

$$\begin{aligned}\liminf_{h\to 0}\varphi(h) &= \sup\nolimits_{n\in\mathrm{N}}\left(\inf\nolimits_{0<|h|\le 1/n}\varphi(h)\right)\\ &= \lim_{n\to\infty}\left(\inf\left\{\varphi(h): 0<|h|\le \frac{1}{n}\right\}\right)\\ &= \lim_{n\to\infty}\left(\inf\left\{\varphi\left(\frac{1}{k}\right): k\ge n\right\}\right)\\ &= \liminf_{n\to\infty}\varphi\left(\frac{1}{n}\right).\end{aligned}$$

이 사실과 Fatou의 보조정리에 의해 $a<b(1)<b$ 에 대해

$$\begin{aligned}\int_a^{b(1)}\underline{D}f(t)dt &= \int_a^{b(1)}\liminf_{h\to 0}\frac{f(t+h)-f(t)}{h}dt\\ &\le \int_a^{b(1)}\liminf_{n\to\infty} n\left(f\left(t+\frac{1}{n}\right)-f(t)\right)dt\\ &\le \liminf_{n\to\infty}\int_a^{b(1)} n\left(f\left(t+\frac{1}{n}\right)-f(t)\right)dt\\ &= \liminf_{n\to\infty} n\left(\int_{b(1)}^{b(1)+1/n} f(t)dt - \int_a^{a+1/n} f(t)dt\right)\\ &\le f(b(1)+0)-f(a) \le f(b)-f(a).\end{aligned}$$

여기서 $\dfrac{f(a)}{n} \le \displaystyle\int_a^{a+1/n} f(t)dt \le \dfrac{f(a+1/n)}{n}$, $\dfrac{f(b(1))}{n} \le \displaystyle\int_{b(1)}^{b(1)+1/n} f(t)dt \le \dfrac{f(b(1)+1/n)}{n}$ 부터 $n\left(\displaystyle\int_{b(1)}^{b(1)+1/n} f(t)dt - \int_a^{a+1/n} f(t)dt\right) \le f\left(b(1)+\dfrac{1}{n}\right)-f(a)$ 임을 썼다. 여기서 $b(1)\to b-0$ 라 하면 (26)식을 얻는다.

C. 지금 a를 고정하고,

$$g(x) = \int_a^x \underline{D}f(t)dt, \quad h(x) = f(x)-g(x)$$

라 둔다. $\underline{D}f(x) \ge 0$ 이므로 $g(x)$는 단조증가이고, (26)에 의해 $x > x'$ 이면

$$h(x)-h(x') = f(x)-f(x')-\int_{x'}^x \underline{D}f(t)dt \ge 0$$

이므로 $h(x)$도 단조증가함수이다. 그러므로 다시 8.2절 정리 3에 의해 $g(x)$는 a.e.로 미분가능이며

$$g'(x) = \underline{D}f(x) \quad \text{(a.e.)}$$

고로

$$\underline{D}h(x) = \liminf_{h\to 0} \frac{h(x+h)-h(x)}{h} = \underline{D}f(x) - g'(x) = 0 \quad \text{(a.e.)} \tag{27}$$

D. $\overline{D}h(x) = \limsup_{h\to 0} \dfrac{h(x+h)-h(x)}{h} = 0$ (a.e.) 를 보이기로 하자.

이것을 보이면 (27)과 합치고 $f(x)$가 a.e.로 미분가능이고

$$f'(x) = \underline{D}f(x) \quad \text{(a.e.)} \tag{28}$$

라 말할 수 있다. 지금 $\overline{D}f(x)$의 가측성은 증명 A와 똑같이 된다.

지금 (27)이 성립하지 않는 측도 0인 집합을 N이라 하자. 그리고 $\gamma > 0$, $m = 1,2,\cdots$ 에 대해

$$E = \{x : |x| \le m,\ \overline{D}h(x) > \gamma\} \setminus N$$

라 놓자. $m(E) = 0$ 이 모든 γ, m에 대해 성립함을 보이면 된다. $m(E) > 0$라 가정하고 모순이 일어남을 보이자.

$0 < m(E) < \infty$ 이므로 Lebesgue측도의 정칙성부터 개집합 O로

$$E \subset O, \quad m(O) < 2m(E)$$

와 같은 것이 존재한다. 지금 $\epsilon > 0$ 을 $\epsilon < \gamma/2$ 를 만족하게끔 잡아둔다.

$x \in E$ 라 하면 $x \notin N$ 부터 $\underline{D}h(x) = 0$ 이므로 $n = 1,2,\cdots$ 에 대해

$$0 < |h| \le \frac{1}{n}, \quad \frac{h(x+h)-h(x)}{h} < \epsilon$$

와 같은 h가 존재한다. 이것은 x에 대해

$$x \in [\alpha, \beta], \quad 0 < \beta - \alpha \le \frac{1}{n}, \quad \frac{h(\beta)-h(\alpha)}{\beta-\alpha} < \epsilon \tag{29}$$

을 만족하는 구간 $[\alpha, \beta]$가 존재한다고 말해도 된다. $[\alpha, \beta]$는 또 모두 O에 포함되게끔 작게 잡아둔 것으로 한다.

그래서 x를 움직이고, (29)를 만족하는 구간 $[\alpha, \beta]$의 전체를 생각하면, 이것은 E에 대해 보조명제 2의 조건을 만족하므로, Vitali의 덮개정리에 의해 이들 중 정당히 가산개의 $[\alpha_j, \beta_j]$ $(j = 1,2,\cdots)$ 를 잡아서, 이것들은 서로 소이고 또

$$m\left(E \setminus \bigcup_{j=1}^{\infty} [\alpha_j, \beta_j]\right) = 0 \tag{30}$$

를 만족하게끔 할 수 있다. 이 때 (29)부터

$$\sum_{j=1}^{\infty}(h(\beta_j)-h(\alpha_j)) < \epsilon\sum_{j=1}^{\infty}(\beta_j-\alpha_j) \le \epsilon m(O) < 2\epsilon m(E). \tag{31}$$

다음 $x\in E\cap(\alpha_j, \beta_j)$ 라 하면, $\overline{D}h(x)>\gamma$ 이므로 (29)를 도출한 것과 똑같은 의논에 의해

$$x\in[\alpha,\beta]\subset(\alpha_j, \beta_j), \quad 0<\beta-\alpha\le\frac{1}{n} \quad \Rightarrow \quad \frac{h(\beta)-h(\alpha)}{\beta-\alpha}>\gamma \tag{32}$$

와 같은 구간 $[\alpha,\beta]$가 존재한다. 따라서 다시 Vitali의 덮개정리에 의해, 서로소인 구간 $[\alpha_k^j, \beta_k^j]$ $(k=1,2,\cdots)$ 로

$$m\left(E\cap(\alpha_j, \beta_j)\setminus\bigcup_{k=1}^{\infty}[\alpha_k^j, \beta_k^j]\right)=0$$

와 같은 것을 잡을 수 있다. 이 때 (32)부터

$$\begin{aligned} m(E\cap(\alpha_j, \beta_j)) &\le \sum_{k=1}^{\infty}(\beta_k^j-\alpha_k^j) < \frac{1}{\gamma}\sum_{k=1}^{\infty}(h(\beta_k^j)-h(\alpha_k^j)) \\ &\le \frac{1}{\gamma}(h(\beta_j)-h(\alpha_j)). \end{aligned}$$

이것을 $j=1,2,\cdots$ 에 대해 더하고 (30), (31)을 쓰면

$$\begin{aligned} m(E) &= \sum_{j=1}^{\infty}m(E\cap[\alpha_j, \beta_j] \le \frac{1}{\gamma}\sum_{j=1}^{\infty}(h(\beta_j)-h(\alpha_j)) \\ &< \frac{1}{\gamma}2\epsilon m(E) < m(E) \end{aligned}$$

이것은 모순이다. 고로 $m(E)=0$ 이어야 한다.

E. $f(x)$가 절대연속일 때 (21)가 성립하는 것은 8.2절 정리5에 의해 알고 있다.

$f(x)$가 특이일 때는 $\underline{D}f(x)=0$ (a.e.) 가 아니라 하면 모순임을 보이자. $M=\{x:\underline{D}f(x)>0\}$ 라 하자. C에서 말한 것처럼 $f(x)$는 절대연속인 단조증가함수 $g(x)=\int_a^x \underline{D}f(t)dt$ 와 다른 단조증가함수 $h(x)$의 합이 되어 있다. 이 때 Lebesgue -Stieltjes측도를 생각하면 $m_f=m_g+m_h$ 이다. $f(x)$가 특이이므로 $S\subset\mathbb{R}$ 가 존재하여 $m_f(S)=0=m(S^c)$ 이다. $m_g<m$ 이므로 $m_g(S^c)=0$. 한편 $m_g(S)\le m_f(S)=0$ 이므로 $m_g(\mathbb{R})=0$. 지금 $M_n=\left\{x:\underline{D}f(x)\ge\frac{1}{n}\right\}$ 라 하면 $M_n\nearrow M$ 이고 $m(M_n)\nearrow m(M)>0$ 이므로 적당한

n에 대해 $m(M_n)>0$. 고로

$$0=m_g(\mathbb{R})\ge m_g(M_n)=\int_{M_n}\underline{D}f(t)dt\ge\frac{1}{n}m(M_n)>0.$$

이것은 모순이다. 고로 $f(x)$가 특이일 때는 $\underline{D}f(x)=0$ (a.e.) 이며 (28)에 의해 $f'(x)=\underline{D}f(x)=0$ (a.e.) 이다. □

2. 정리 7. (Fubini의 정리) $f_1(x),\ f_2(x),\ \cdots$ 는 $\mathbb{R}$상의 단조증가함수의 열로 모든 x에 대해

$$F(x)=\sum_{n=1}^{\infty}f_n(x) \tag{33}$$

가 성립한다 하자($F(x)$도 단조증가이다). 이 때 이 급수는 a.e.로 항별로 미분가능이다. 즉

$$F'(x)=\sum_{n=1}^{\infty}f_n{}'(x) \qquad \text{(a.e.)} \tag{34}$$

증명 정리 6에 의해 $f_n{}'(x)$ $(n=1,2,\cdots)$, $F'(x)$는 a.e.로 존재하고 ≥ 0 이다. $F(x)-\sum_{k=1}^{n}f_k(x)=\sum_{k=n+1}^{\infty}f_k(x)$ 도 단조증가이므로 $F'(x)-\sum_{k=1}^{n}f_k{}'(x)\ge 0$ 이며 (34)의 우변은 a.e.로 수렴하여 $\sum_{n=1}^{\infty}f_n{}'(x)\le F'(x)$ 이다.

지금 유한구간 $[a,b]$를 잡고 거기서 (34)의 등식이 성립함을 보인다. $f_n(x)-f_n(a)$, $F(x)-F(a)$를 생각해줌으로써 $f_n(a)=0$ $(n=1,2,\cdots)$, $F(a)=0$ 이라 해도 무방하다. 지금 $n(1),n(2),\cdots$를

$$F(b)-\sum_{n=1}^{n(k)}f_n(b)=\sum_{n=n(k)+1}^{\infty}f_n(b)\le\frac{1}{2^k}$$

를 만족하게끔 잡을 때 다음 함수

$$g_k(x)=\begin{cases}F(x)-\sum_{n=1}^{n(k)}f_n(x), & (a\le x\le b)\\ 0, & (x<a)\\ 2^{-k}, & (x>b)\end{cases} \tag{35}$$

에 대해 $g_k(x)$ $(k=1,2,\cdots)$는 단조증가함수이고,

$$G(x)=\sum_{k=1}^{\infty}g_k(x)$$

는 모든 점에서 수렴하고, 위에 보인 것을 적용하고

$$\sum_{k=1}^{\infty} g_k'(x) \leq G'(x) \quad \text{(a.e.)} \tag{36}$$

가 성립함을 안다.

(36)이 성립시키는 x에 대해서는 $\lim_{k\to\infty} g_k'(x) = 0$ 이므로 (35)부터

$$g_k'(x) = F'(x) - \sum_{n=1}^{n(k)} f_n'(x) \to 0.$$

고로 이 x에 대해 (34)가 성립한다. 따라서 (34)가 a.e.로 성립한다. □

8장의 문제

1. 모든 점에서 미분가능이지만 도함수가 Riemann적분 가능이지 않은 함수가 존재한다. 다음 순서에 따라 이것을 $[0,1]$상의 함수로 구성하시오.

(1) $g(x)=x^2\sin\dfrac{1}{x}\ (x\neq 0),\ g(0)=0$ 라 하면 $g(x)$는 모든 점에서 미분가능이지만 $x=0$ 에서 도함수가 연속하지 않음을 보이시오.

(2) 구간 $[a,b]$에서 함수 $g(x-a)$, $g(b-x)$를 생각한다. $g'(\delta)=0$와 같은 $0<\delta<\dfrac{b-a}{2}$ 를 잡고, $a+\delta$, $b-\delta$에서 이 두 함수의 그래프를 이어서 얻어진 함수를 $g_{[a,b]}(x)$라 한다($[a,b]$밖에서는 0이라 한다). 즉

$$g_{[a,b]}(x)=\begin{cases} g(x-a), & (a\le x\le a+\delta) \\ g(\delta), & (a+\delta<x<b-\delta) \\ g(b-x), & (b-\delta\le x\le b) \\ 0, & (x<a \text{ 또는 } x>b) \end{cases}$$

이 때 $g_{[a,b]}(x)$는 모든 점에서 미분가능이고, $g'_{[a,b]}(x)$는 $x=a, b$ 에서 불연속임을 보이시오.

(3) $[0,1]$상의 Harnack집합 H(1장 문제 7)의 구성 중 매번 제거되는 구간 $J, J_0, J_1, J_{00}, J_{01}, J_{10}, J_{11}, \cdots$ 상에서 (2)에서 구성한 함수를 생각한다. 그 외의 점(즉 H의 점)에서는 0이라 한다. 이와 같이 얻은 함수 $f(x)$는 모든 점에서 미분가능이지만 $f'(x)$는 H의 각 점에서 불연속임을 보이고 $f'(x)$는 Riemann적분 불가능임을 보이시오.

2. $g(x)$를 단조증가함수라 하고 $\nu=m_g$ 를 그 Lebesgue-Stieltjes측도라 하자. 이 때 $\nu(M)=0$ 임을 보이시오. 단

$$M=\{x: g'(x)\text{가 존재하고 } g'(x)=0\}$$

3. Cantor함수 $c(x)$(1장 문제 8)는 Cantor집합 C밖의 각 점에서 미분가능이고 도함수는 a.e.로 0임을 보이시오. (고로 $c(x)-c(0)\neq\displaystyle\int_0^x c'(y)dm$)

4. Cantor함수 $c(x)$는 $[0,1]$에서 정의되지만 이것을

$$c(x+n)=c(x)+n \qquad (0\le x\le 1\ ;\ n=0,\pm1,\pm2,\cdots)$$

와 같이 $\mathbb{R}$상으로 확장하자. 이 때

$$\varphi(x) = \sum_{n=1}^{\infty} \frac{1}{2^{n+1}} c(nx) \qquad (0 \le x \le 1)$$

라 하면 $[0,1]$에서 어디든지 증가 즉

$$x < x' \text{ 이면 } \varphi(x) < \varphi(x')$$

와 같은 연속함수로 그 도함수가 a.e.로 0임을 보이시오(Lebesgue의 구성방법). $y = \varphi(x)$ 는 $[0,1]$상의 양쪽 연속인 1대1대응을 준다.

5. 문제 4의 $\varphi(x)$에 의해 정해진 $[0,1]$상의 Lebesgue-Stieltjes측도 ν는 Lebesgue측도와 서로 특이임을 보이시오.

6. $[0,1]$상의 Borel집합대수를 $\mathscr{B}$라 하고 $([0,1], \mathscr{B})$상의 측도 $\nu_1, \nu_2, \cdots$로

$$m \perp \nu_k \ \ (k = 1,2,\cdots), \quad \nu_j \perp \nu_k \ \ (j \ne k)$$

와 같은 것이 존재함을 보이시오.

7. $A \subset \mathbb{R}^d$ 라 한다(비가측 집합이라도 무방하다). 지금 A가 $\mathbb{R}^d$의 구의 모임 $\mathfrak{B} = \{B_\kappa : \kappa \in K\}$ 에 의해 덮여있다 하자. 이 때 $\mathfrak{B}$부터 많아야 가산개의 구 $B_1, B_2, \cdots \in \mathfrak{B}$ 로 다음과 같이 할 수 있음을 보이시오.

$$m^*\left(A \setminus \bigcup_n B_n\right) = 0$$

주의 8.1절 보조명제 1, 8.3절 보조명제 2를 참조하시오. 여기서는 $B_1, B_2, \cdots$를 서로 소로 되게 일반적으로는 잡을 수 없다.

8. $\mathbb{Q} \cap [0,1] = \{r_n : n \in \mathbb{N}\}$ 라 하고 $\{a_n : n \in \mathbb{N}\}$를 실수열이라 하자. 각 $n \in \mathbb{N}$ 에 대해 다음과 같이 놓자.

$$f_n(x) = \begin{cases} 2^{-n}|x - r_n|^{-1/2}, & (x \ne r_n) \\ a_n, & (x = r_n) \end{cases}, \qquad f(x) = \sum_{n=1}^{\infty} f_n(x)$$

(1) $f(x)$는 $[0,1]$에서 적분가능임을 보이시오.

(2) $F(x) = \int_0^x f(y)dm$ 에 대해 $F'(r_n)$이 존재하지 않음을 보이시오.

9 Fourier급수, Fourier해석

9.1절에서는 Hilbert공간과 그 속의 직교계에 대해 논한다. 사실 함수공간 중 L^2는 내적을 정의할 수 있고 그로인해 무한차원 선형대수를 전개할 수 있는 토대를 제공한다. 여기서는 우선 일반론을 간단하게 하고 $L^2(-\pi,\pi)$, $L^2(0,\infty)$, $L^2(\mathbb{R})$에서의 직교계에 대해 논한다.

9.2절에서는 정규직교기저가 주어지면 함수를 이들의 급수(Fourier급수)로 표현함을 생각한다. 고급미적분학에서도 같은 일을 하는데 여기서는 계산의 간편함에 주목하기 바란다.

9.3절에서는 6장 정리 7에서 언급한 Fourier변환을 $L^2(\mathbb{R})$에서 논하고 그 성질을 조사하고 Plancherel의 정리를 증명한다.

9.4절에서는 양의 정부호함수를 정의하고 $\mathbb{R}$의 측도의 Fourier변환이 양의 정부호함수가 됨을 보인다. 역으로 양의 정부호함수가 측도의 Fourier변환임을 보여주는 Bochner의 정리가 있으나 증명은 생략하고 언급하기만 한다.

9.1 Hilbert공간과 직교계

H를 복소(또는 실)벡터공간이라 한다. 임의의 $f, g \in H$ 에 대해 다음 조건을 만족하는) $(f, g) \in \mathbb{C}$ (또는 $\mathbb{R}$) 를 정의할 수 있을 때 (f, g)를 f, g의 **내적**(inner product)이라 한다 ;

(1) $(f, f) \geq 0$; $(f, f) = 0 \Leftrightarrow f = 0$

(2) $(f, g) = \overline{(g, f)}$

(3) $(f + g, h) = (f, h) + (g, h)$

(4) $(af, g) = a(f, g)$ $\quad$ ($a \in \mathbb{C}$ (또는 $\mathbb{R}$))

$L^2(S) = \left\{ f : S\text{상 } a.e.\text{로 정의된 복소수값 가측함수}, \int_S |f|^2 d\mu < \infty \right\}$ 라 하면 $f, g \in L^2(S)$ 에 대해 Schwarz의 부등식에 의해 $f(s)\overline{g(s)}$가 적분가능임을 알 수 있으므로 $(f, g) = \int_S f(s)\overline{g(s)} d\mu(s)$ 라 하면 내적임을 안다. 또 유한차원 복소벡터공간의 내적을 추상화한 것이다.

내적이 정의된 벡터공간 H에서 $\|f\| = (f, f)^{1/2}$ 라 정의하고 f의 **norm**이라 한다. 이 때 다음이 성립한다.

A. $|(f,g)| \le \|f\|\|g\|$ **(Schwarz의 부등식)**[1)]

증명 $f=0$ 이면 $(f,g)=(0f,g)=0(f,g)=0$ 부터 부등식은 성립한다. $f\neq 0$ 이면 $\|f\|>0$ 이며 임의의 $a\in\mathbb{C}$ 에 대해 $(af-g,af-g)=\|af-g\|^2\ge 0$. 즉 $|a|^2\|f\|^2-a(f,g)-\bar{a}(g,f)+\|g\|^2\ge 0$. 여기서 $a=(g,f)/\|f\|^2$ 라 놓으면

$$\frac{|(f,g)|^2}{\|f\|^2}-\frac{(g,f)(f,g)}{\|f\|^2}-\frac{\overline{(g,f)}(g,f)}{\|f\|^2}+\|g\|^2\ge 0$$

이므로 $\|f\|^2$를 곱하면 $-|(f,g)|^2+\|f\|^2\|g\|^2\le 0$. □

B. 위에 정의한 norm $\|f\|=(f,f)^{1/2}$ 는 3.5절 2에서 정의한 벡터공간에서의 norm의 조건을 만족한다. 즉

(1) $\|f\|\ge 0$; $\|f\|=0 \Leftrightarrow f=0$

(2) $\|af\|=|a|\|f\|$ $(a\in\mathbb{C}$ (또는 $\mathbb{R}$))

(3) $\|f+g\|\le\|f\|+\|g\|$

따라서 내적이 정의된 벡터공간 H는 이 norm으로 norm공간이다.

증명 (1), (2)는 내적의 정의부터 분명하다. (3)은 A를 써서 다음과 같이 알 수 있다.

$$\begin{aligned}\|f+g\|^2&=(f+g,f+g)\le\|f\|^2+|(f,g)|+|(g,f)|+\|g\|^2\\&\le\|f\|^2+2\|f\|\|g\|+\|g\|^2=(\|f\|+\|g\|)^2\end{aligned}$$

□

정의 1. 내적 (f,g)이 정의된 벡터공간 H가 norm $\|f\|$에 관해 완비(→3.5절 참조)일 때 H를 **Hilbert공간**(Hilbert space)이라 한다. 예를 들어 3.5절에서 말한 함수공간 L^2는 Hilbert공간이다.

예 1. 수열공간 $\ell^2=\left\{\xi=(x_1,x_2,\cdots):\sum_{n=1}^{\infty}|x_n|^2<\infty\right\}$ 는 Hilbert공간이다.

이유 $S=\mathbb{N}$ 에 counting측도 c를 생각하고 $L^2(S,c)$를 생각한 것이 바로 l^2이기 때문에 Hilbert공간이다. 단 $\xi=(x_n)$, $\eta=(y_n)\in\ell^2$, $a\in\mathbb{C}$ 에 대해

$$\xi+\eta=(x_n+y_n:n=1,2,\cdots),\ a\xi=(ax_n:n=1,2,\cdots)$$

에 의해 ℓ^2는 벡터공간이고 $(\xi,\eta)=\sum_{n=1}^{\infty}x_n\overline{y_n}$ 이 내적이다. □

1) 이것은 3.4절 C에서 말한 함수공간 L^2에서의 Schwarz의 부등식의 추상화이다. 여기서의 A 및 B의 증명은 각각 3.4절의 C, D와 중복하는데 함수공간을 떠나서 일반적으로 할 수 있는 의논으로서 여기서 말했다.

일반적으로 $f_n, f \in H$ 에 대해 $\lim_{n\to\infty}\|f_n - f\| = 0$ 일 때 간단히 $f_n \to f$ 와 같이 표시하기로 한다.

C. $f_n \to f$, $g_n \to g$ 이면 $\|f_n\| \to \|f\|$ 이고 $(f_n, g_n) \to (f, g)$. 즉 H에서 norm과 내적은 연속이다.

증명 $\|f_n\| \le \|f_n - f\| + \|f\|$ 부터 $\|f_n\| - \|f\| \le \|f_n - f\|$. 같은 방법으로 $\|f\| - \|f_n\| \le \|f - f_n\|$. 고로 $|\|f_n\| - \|f\|| \le \|f_n - f\| \to 0$ $(n \to \infty)$. 다음

$$|(f_n, g_n) - (f, g)| \le |(f_n, g_n) - (f_n, g)| + |(f_n, g) - (f, g)|$$
$$\le \|f_n\|\|g_n - g\| + \|f_n - f\|\|g\| \to 0 \quad (n \to \infty) \qquad \square$$

정의 2. Euclid공간과 마찬가지로 두 벡터 $f, g \in H$ 에 대해 $(f, g) = 0$ 일 때 f와 g는 **직교하다**(orthogonal)고 말한다. 예를 들어 $L^2(-\pi, \pi)$에서

$$\int_{-\pi}^{\pi} \cos x \cdot \sin x dx = 0$$

이므로 $\cos x$와 $\sin x$는 $L^2(-\pi, \pi)$에서 직교한다.

$A = \{\phi_1, \phi_2, \cdots, \phi_n, \cdots\} \subset H$ 가

$$m \ne n \quad \Rightarrow \quad (\phi_m, \phi_n) = 0$$

으로 될 때 A는 H속의 **직교계**(orthogonal system)라 한다.[2] 특히 모든 ϕ_n이 $\|\phi_n\| = 1$ 로 될 때 A는 **정규직교계**(orthonormal system)라 한다. 즉 모든 n, m에 대해

$$(\phi_m, \phi_n) = \delta_{mn} = \begin{cases} 1, & (m = n) \\ 0, & (m \ne n) \end{cases}$$

와 같이 될 때를 말한다. 여기서 δ_{mn}은 **Kronecker의 delta**이다.

일반적으로 벡터공간의 유한개의 벡터 $f_1, \cdots, f_n$이 일차독립이란

$$a_1 f_1 + a_2 f_2 + \cdots + a_n f_n = 0 \quad \Rightarrow \quad a_1 = a_2 = \cdots = a_n = 0$$

일 때를 말한다. $f_1, \cdots, f_n$이 일차독립이면 모든 $1 \le k \le n$ 에 대해 $f_k \ne 0$이다. 왜냐하면 $f_k = 0$ 이면 $a_j = \delta_{jk}$ $(1 \le j \le n)$ 이면 모순이기 때문이다.

2) Hilbert공간을 일반적으로 생각할 때는 직교계가 비가산집합도 생각해야 하지만 여기서는 가산집합만 생각하면 충분하다.

한편 모두는 0아닌 $a_1, a_2, \cdots, a_n$이 존재하여 $\sum_{k=1}^{n} a_k f_k = 0$ 와 같이 할 수 있을 때 벡터 $f_1, \cdots, f_n$은 일차종속이라 한다.

벡터공간의 부분집합 A가 일차독립이란 A속의 임의의 유한개의 벡터가 일차독립으로 될 때를 말한다. 예를 들어 Hilbert공간 H의 정규직교계 $\{\phi_1, \cdots, \phi_n\}$는 일차독립이다. 왜냐하면 $a_1\phi_1 + \cdots + a_n\phi_n = 0$ 이면 이들 중 임의로 ϕ_k를 택하여 내적을 취하면 정규직교성에 의해 $a_k = 0$ 으로 되기 때문이다. 다음 정리는 Hilbert공간속의 일차독립인 집합부터 정규직교계를 구성하는 방법을 준다.

D. Hilbert공간 H의 부분집합 $A_0 = \{f_1, f_2, \cdots\}$ 가 일차독립이면

$$\phi_1 = \frac{f_1}{\|f_1\|}, \quad \phi_2 = \frac{f_2 - (f_2, \phi_1)\phi_1}{\|f_2 - (f_2, \phi_1)\phi_1\|}, \quad \phi_n = \frac{f_n - \sum_{k=1}^{n-1}(f_n, \phi_k)\phi_k}{\left\| f_n - \sum_{k=1}^{n-1}(f_n, \phi_k)\phi_k \right\|} \quad (n \geq 2)$$

로 정의된 $A = \{\phi_1, \phi_2, \cdots\}$ 는 정규직교계이다. 이 때 임의의 n에 대해 ϕ_n은 $f_1, \cdots, f_n$의 일차결합이며 f_n은 $\phi_1, \cdots, \phi_n$의 일차결합이다. (위의 과정을 **Schmidt의 직교화**(orthogonalization)라 한다.)

증명 표준적인 선형대수학에서의 학습내용이지만 다시 복습한다. A_0이 일차독립이므로 $f_1 \neq 0$. 고로 $\|f_1\| > 0$ 이므로 ϕ_1을 정의할 수 있고 $\|\phi_1\| = 1$ 이다. 다음 $\{f_1, f_2\}$가 일차독립이므로 ϕ_2의 $\|f_2 - (f_2, \phi_1)\phi_1\| > 0$. 고로 ϕ_2를 정의할 수 있고 $\|\phi_2\| = 1$ 이며 ϕ_2는 f_1, f_2의 일차결합이며 f_2는 ϕ_1, ϕ_2의 일차결합이다. $\phi_1, \cdots, \phi_{n-1}$이 정해지고 모든 $1 \leq k \leq n-1$ 에 대해 ϕ_k는 $f_1, \cdots, f_k$의 일차결합이라 하면, $f_n - \sum_{k=1}^{n-1}(f_n, \phi_k)\phi_k$는 $\phi_1, \cdots, \phi_{n-1}, f_n$의 일차결합이므로 $f_1, \cdots, f_{n-1}, f_n$의 일차결합이다. $\{f_1, \cdots, f_n\}$이 일차독립이고 f_n의 계수가 1이므로 $f_n - \sum_{k=1}^{n-1}(f_n, \phi_k)\phi_k \neq 0$ 이고 ϕ_n을 위와 같이 정의할 수 있고 $\|\phi_n\| = 1$ 이다. ϕ_n은 $f_1, \cdots, f_n$의 일차결합이며 f_n은 $\phi_1, \cdots, \phi_n$의 일차결합이다. 다음 서로 직교함을 보이자. 우선 $(\phi_2, \phi_1) = 0$ 은 $(\phi_1, \phi_1) = 0$ 을 써서 금반 안다. 다음 $\phi_1, \cdots, \phi_{n-1}$가 서로 직교함을 가정하자. 모든 $1 \leq j \leq n-1$ 에 대해 ϕ_n을

정의하는 식과 ϕ_j를 내적하면 $(\phi_k, \phi_j) = \delta_{kj}$ 이므로 $(\phi_n, \phi_j) = 0$ 를 안다. 고로 귀납법에 의해 A가 정규직교계를 이룸을 안다. □

예 2. ℓ^2에서 $\phi_n = (0,0,\cdots,1,\cdots)$ (여기서 1은 n번째이고 나머지는 모두 0) 라 하면 $\{\phi_n : n \in \mathbb{N}\}$는 정규직교계이다.

예 3. $L^2(-\pi, \pi)$에서

$$A'_1 = \{\cos nx : n = 0,1,2,\cdots\}, \qquad A'_2 = \{\sin nx : n = 1,2,\cdots\}$$

라 하면 A'_1, A'_2는 모두 직교계이다. 또 $A' = A'_1 \cup A'_2$ 라 하면 A' 또한 직교계이다. 왜냐하면

$$\int_{-\pi}^{\pi} \cos mx \cos nx\, dx = \begin{cases} 0 & (m \neq n) \\ \pi & (m = n \neq 0) \\ 2\pi & (m = n = 0) \end{cases}$$

$$\int_{-\pi}^{\pi} \sin mx \sin nx\, dx = \begin{cases} 0 & (m \neq n) \\ \pi & (m = n \neq 0) \end{cases}$$

$$\int_{-\pi}^{\pi} \cos mx \sin nx\, dx = 0$$

이기 때문이다. A'_1, A'_2, A'는 정규가 아니기 때문에 정규직교계로 하기 위해서는 다음과 같이 하면 된다.

$$A_1 = \left\{ \frac{1}{\sqrt{2\pi}}, \frac{1}{\sqrt{\pi}} \cos nx : n = 1,2,\cdots \right\}, \quad A_2 = \left\{ \frac{1}{\sqrt{\pi}} \sin nx : n = 1,2,\cdots \right\}.$$

예 3'. $\left\{ \dfrac{e^{inx}}{\sqrt{2\pi}} : n = 0, \pm 1, \pm 2, \cdots \right\}$는 $L^2(-\pi, \pi)$의 정규직교계이다. 실제로

$$\int_{-\pi}^{\pi} \frac{e^{imx}}{\sqrt{2\pi}} \cdot \overline{\frac{e^{inx}}{\sqrt{2\pi}}}\, dx = \frac{1}{2\pi} \int_{-\pi}^{\pi} e^{i(m-n)x} dx = \delta_{mn}.$$

$\dfrac{e^{inx}}{\sqrt{2\pi}} = \dfrac{1}{\sqrt{2\pi}} (\cos nx + i \sin nx)$ 이므로 이 함수의 모임의 실수부분과 허수부분으로 나눈 것이 예 3의 함수계이다.

예 4. Hermite다항식 $H_n(x) = (-1)^n e^{x^2} \dfrac{d^n}{dx^n} e^{-x^2}$ $(n = 0, 1, 2, \cdots)$,

Laguerre다항식 $L_n(x) = e^x \dfrac{d^n}{dx^n}(x^n e^{-x})\ \ (n = 0, 1, 2, \cdots)$

에 대해 각각

$$\int_{-\infty}^{\infty} H_m(x)H_n(x)e^{-x^2}dx = \begin{cases} 0 & (m \neq n) \\ 2^n n!\sqrt{\pi} & (m = n) \end{cases},$$

$$\int_0^{\infty} L_m(x)L_n(x)e^{-x}dx = \begin{cases} 0 & (m \neq n) \\ (n!)^2 & (m = n) \end{cases}$$

가 성립하므로

$$\left\{H_n(x)e^{-x^2/2} : n = 0, 1, 2, \cdots\right\},\ \left\{L_n(x)e^{-x/2} : n = 0, 1, 2, \cdots\right\}$$

는 각각 $L^2(\mathbb{R})$, $L^2(0, \infty)$의 직교계이다. 정규화시킨 것은 각각

$$\left\{\frac{1}{(2^n n!)^{1/2}\pi^{1/4}} H_n(x)e^{-x^2/2} : n = 0, 1, 2, \cdots\right\},$$

$$\left\{\frac{1}{n!} L_n(x)e^{-x/2} : n = 0, 1, 2, \cdots\right\}.$$

예 5. Legendre다항식

$$P_n(x) = \frac{1}{2^n n!}\frac{d^n}{dx^n}(x^2 - 1)^n \qquad (n = 0, 1, 2, \cdots)$$

에 대해

$$\int_{-1}^{1} P_m(x)P_n(x)dx = \begin{cases} 0 & (m \neq n) \\ \dfrac{2}{2n+1} & (m = n) \end{cases}$$

가 성립하므로 $\{P_n(x) : n = 0, 1, 2, \cdots\}$는 $L^2(-1, 1)$의 직교계이다. 정규화시킨 것은 $\sqrt{\dfrac{2n+1}{2}}\,P_n(x)$.

9.2 Fourier급수

N차원 Euclid공간에서는 $\{\phi_1, \phi_2, \cdots, \phi_N\}$를 서로 직교하는 단위벡터의 모임이라 하면 임의의 벡터 f는

$$f = a_1\phi_1 + a_2\phi_2 + \cdots + a_N\phi_N \tag{1}$$

와 같이 일의적으로 표시되고

$$a_k = (f, \phi_k) \qquad (k = 1, 2, \cdots, N) \tag{2}$$

가 성립한다. (1)의 양변에 ϕ_k와 내적하고 직교관계 $(\phi_k, \phi_j) = \delta_{kj}$ 를 쓰면 (2)를 얻는다. 이 서실을 Hilbert공간에 확장하여 다음과 같은 고찰을 한다.

Hilbert공간 H에서 하나의 정규직교계 $\{\phi_n\}$이 주어졌다 하자. 어떤 $f \in H$가 H의 norm에 관한 수렴의 의미로

$$f = a_1\phi_1 + a_2\phi_2 + \cdots + a_n\phi_n + \cdots \tag{1'}$$

와 같은 꼴의 급수로 표현된다고 <u>가정하여</u>, 이 양변과 ϕ_n과의 내적을 하면 우변에서 내적의 연속성과 $\{\phi_n\}$의 직교성에 의해

$$(f, \phi_n) = \lim_{N\to\infty}\left(\sum_{k=1}^{N} a_k\phi_k, \phi_n\right) = \lim_{N\to\infty}\sum_{k=1}^{N}(a_k\phi_k, \phi_n) = \sum_{k=1}^{\infty} a_k(\phi_k, \phi_n) = a_n \;;$$

즉 (2)와 같은 꼴의 식

$$a_n = (f, \phi_n) \qquad (n = 1, 2, \cdots) \tag{2'}$$

를 얻는다.

정의 2. (2')와 같이 정의된 $\{a_n\}$을 f의 (정규직교계 $\{\phi_n\}$에 관한) **Fourier 계수**(Fourier coefficient)라 하고 Fourier계수를 써서 (1')의 우변의 꼴로 표시한 급수를 **Fourier급수**(Fourier series)라 한다.

(2')와 같이 형식적으로 쓴 급수의 수렴성과 그 극한이 원래의 f로 되는가를 생각하자.

정리 1. (**Riesz-Fischer의 정리**) $\sum_{n=1}^{\infty}|a_n|^2 < \infty$ 를 만족하는 임의의 복소수열 $\{a_n\}$에 대해

$$\tilde{f} = \sum_{n=1}^{\infty} a_n \phi_n, \quad (f, \phi_n) = a_n$$

와 같은 $\tilde{f} \in H$ 가 존재한다.

증명 $f_N = \sum_{n=1}^{N} a_n \phi_n$ 라 놓으면 $\{\phi_n\}$의 직교관계에 의해 $m > N$ 이면

$$\|f_m - f_N\|^2 = \left(\sum_{n=1}^{m} a_n \phi_n, \sum_{n=1}^{N} a_n \phi_n \right) = \sum_{n=N+1}^{m} |a_n|^2 \to 0 \qquad (m > N \to \infty).$$

즉 $\{f_N\}$은 H속의 Cauchy열을 이룬다. 고로 H의 완비성에 의해

$$\tilde{f} = \lim_{N \to \infty} f_N = \sum_{n=1}^{\infty} a_n \phi_n$$

가 존재하여 위에서 한 것처럼 $(\tilde{f}, \phi_n) = a_n$ 을 얻는다. □

정리 2. 임의의 $f \in H$ 에 대해

$$\sum_{n=1}^{\infty} |(f, \phi_n)|^2 \leq \|f\|^2. \tag{3}$$

이것을 **Bessel의 부등식**이라 한다.

증명 $a_n = (f, \phi_n)$ 라 놓자. $\overline{a_n} = (\phi_n, f)$ 이므로 임의의 N에 대해

$$\begin{aligned}
0 &\leq \left\| f - \sum_{n=1}^{N} a_n \phi_n \right\|^2 \\
&= (f, f) - \sum_{n=1}^{N} \overline{a_n} (f, \phi_n) - \sum_{n=1}^{N} a_n (\phi_n, f) + \sum_{m,n=1}^{N} a_m \overline{a_n} \delta_{mn} \\
&= \| f \|^2 - \sum_{n=1}^{\infty} |a_n|^2 - \sum_{n=1}^{\infty} |a_n|^2 + \sum_{n=1}^{\infty} |a_n|^2 \\
&= \| f \|^2 - \sum_{n=1}^{\infty} |a_n|^2.
\end{aligned}$$

고로 $N \to \infty$ 라 하면 $\sum_{n=1}^{\infty} |a_n|^2 \leq \|f\|^2$. 이것은 (3)을 뜻한다. □

위의 정리에 의해 임의의 $f \in H$ 의 Fourier급수는 어떤 $\tilde{f} \in H$ 로 수렴함을 알았다. 그러나 그 $\tilde{f}$가 원래 f를 표시하지 않을 수 있다. 예를 들어 $H = L^2(-\pi, \pi)$ 에서 $\phi_n(x) = \frac{1}{\sqrt{\pi}} \sin nx \ (n = 1, 2, \cdots)$ 라 하면 $\{\phi_n\}$은 정규직교

계이지만 $f(x)=\cos x$ 에 대해서는 $a_n=(f,\phi_n)=0$ $(n=1,2,\cdots)$ 로 되어 $f \neq 0=\sum_{n=1}^{\infty} a_n\phi_n$ 이다. 이 경우 H속에 모든 ϕ_n과 직교하는 벡터 (예를 들어 위의 f)가 존재하고 있고, 유한차원 벡터공간을 예를 들면, N차원 공간속에 N개보다 적은 개수의 ϕ_n밖에 잡지 않은 것과 같다. 그래서

모든 ϕ_n과 직교하는 $f\in H$ 는 0밖에 존재하지 않다

고 하면, 임의의 $f\in H$ 는 Fourier급수로 표시할 수 있지 않을까 예상할 수 있다. 그 예상이 참인 것이 다음 정리 3에서 증명된다.

정의 3. Hilbert공간 H에서의 직교계 $\{\phi_n\}$이

모든 ϕ_n과 직교하는 $f\in H$ 는 0밖에 존재하지 않다

고 할 때 직교계 $\{\phi_n\}$은 **완전**(complete)하다고 한다.

예를 들어 9.1절 예 3의 직교계 A_1 또는 A_2만으로는 완전하지 않지만 이 두개를 합친 A는 완전하다(→정리 5의 따름정리). 완전성의 정의에서 $\{\phi_n\}$이 정규일 필요는 없으나, 본질적으로 정규직교계만 생각하면 되므로 이하 그렇게 할 때도 있다.

정리 3. 정규직교계 $\{\phi_n\}$에 대해 다음 명제들은 동치이다.

(가) $\{\phi_n\}$은 완전하다.

(나) $f, g\in H$ 에 대해, 모든 $n\in\mathbb{N}$ 에 대해 $(f,\phi_n)=(g,\phi_n)$ 이면 $f=g$ 이다.

(다) 임의의 $f\in H$ 가 $f=\sum_{n=1}^{\infty} a_n\phi_n$ $(a_n=(f,\phi_n))$ 와 같이 Fourier급수로 표시된다.

(라) 임의의 $f, g\in H$ 에 대해 $a_n=(f,\phi_n)$, $b_n=(g,\phi_n)$ 라 놓을 때

$$(f,\, g)=\sum_{n=1}^{\infty} a_n\overline{b_n}. \tag{4}$$

(마) 임의의 $f\in H$ 에 대해 Bessel의 부등식 (3)에서 등호가 성립한다. 즉

$$\sum_{n=1}^{\infty} |(f,\phi_n)|^2=\|f\|^2. \tag{5}$$

(4), (5)식을 **Parseval의 등식**이라 한다.

증명 (가)⇒(2) : 모든 n에 대해 $(f-g, \phi_n) = (f, \phi_n) - (g, \phi_n) = 0$ 이므로 (가)에 의해 $f-g=0$.

(나)⇒(다) : 정리 1과 정리 2에 의해 $\tilde{f} = \sum_{n=1}^{\infty} a_n \phi_n$ 가 존재한다. (1')식부터 (2')식을 유도한 것처럼 모든 n에 대해 $(f, \phi_n) = a_n = (\tilde{f}, \phi_n)$ 이므로 (나)에 의해 $f = \tilde{f} = \sum_{n=1}^{\infty} a_n \phi_n$.

(다)⇒(라) : $f_N = \sum_{n=1}^{N} a_n \phi_n$, $g_N = \sum_{n=1}^{N} b_n \phi_n$ 라 놓으면 (다)의 가정에 의해 $\|f_N - f\| \to 0$, $\|g_N - g\| \to 0$ 이다. 그러므로 내적의 연속성(9.1절 C)에 의해 $(f_N, g_N) \to (f, g)$ $(N \to \infty)$. 한편 ϕ_n의 직교관계에 의해

$$(f_N, g_N) = \sum_{n=1}^{N} a_n \overline{b_n} \tag{6}$$

이며 Schwarz의 부등식과 Bessel의 부등식에 의해

$$\sum_{n=1}^{N} |a_n \overline{b_n}| \leq \left(\sum_{n=1}^{\infty} |a_n|^2 \right)^{1/2} \left(\sum_{n=1}^{\infty} |b_n|^2 \right)^{1/2} \leq \|f\| \|g\|.$$

고로 (6)식에서 $N \to \infty$ 라 할 때 우변은 절대수렴하고 (4)식을 얻는다.

(라)⇒(마) : $f = g$ 라 하면 얻는다.

(마)⇒(가) : 모든 n에 대해 $(f, \phi_n) = 0$ 인 $f \in H$ 라 하면 (5)식에 의해 $\|f\|^2 = \sum_{n=1}^{\infty} |(f, \phi_n)|^2 = 0$, 즉 $f = 0$ 이며 $\{\phi_n\}$은 완전하다. □

다음은 $\{\phi_n\}$이 완전하기 위한 충분조건을 준다. 즉 $\{\phi_n\}$에 의해 생성되는 H의 부분공간이 H에서 조밀하면 하면 $\{\phi_n\}$이 완전함을 보여준다.

정리 4. $\{\phi_n\}$를 H속의 직교계라 하자. 임의의 $f \in H$ 와 임의의 $\epsilon > 0$ 에 대해 $\|f - \psi\| < \epsilon$ 로 되는 $\{\phi_n\}$의 적당한 일차결합 $\psi = \sum_{n=1}^{N} a_n \phi_n$ 이 존재한다면 $\{\phi_n\}$은 완전하다.

증명 만약 $\{\phi_n\}$은 완전하지 않다면, 모든 n에 대해 $(f, \phi_n) = 0$ 를 만족하는

$f \neq 0$ 가 존재한다. 이 때 $\|f\| > 0$ 이므로 가정에 의해

$$\left\| f - \sum_{n=1}^{N} a_n \phi_n \right\| < \frac{\|f\|}{2}$$

와 같은 N과 $a_1, \cdots, a_N$이 존재한다. 이 때 Schwarz의 부등식에 의해

$$\left| \left(f, f - \sum_{n=1}^{N} a_n \phi_n \right) \right| \leq \|f\| \cdot \left\| f - \sum_{n=1}^{N} a_n \phi_n \right\| < \frac{\|f\|^2}{2}$$

이다. 한편 모든 n에 대해 $(f, \phi_n) = 0$ 이므로

$$\left| \left(f, f - \sum_{n=1}^{N} a_n \phi_n \right) \right| = \left| (f, f) - \sum_{n=1}^{N} \overline{a_n} (f, \phi_n) \right| = \|f\|^2$$

로 되어 모순이다. □

따름정리 1. $-\infty < a < b < \infty$ 라 하고 $\{\phi_n\}$를 $L^2(a,b)$의 직교계라 한다. 이 때 폐구간에서 연속이고 $f(a) = f(b)$ 와 같은 임의의 $f(x)$가 $\{\phi_n\}$의 일차결합으로 평등적으로 근사되면 $\{\phi_n\}$는 $L^2(a,b)$에서 완전하다.

증명 6.1절 정리 3에 의하면 $C_c(a,b)$는 $L^2(a,b)$에서 L^2-norm에 관해 조밀하다. 고로 임의의 $g \in L^2(a,b)$ 와 임의의 $\epsilon > 0$ 에 대해 $\|g - f\|_2 < \epsilon$ 과 같은 $f \in C_c(a,b)$ 가 존재한다. f는 $f(a) = f(b) = 0$ 으로 연속적으로 $[a,b]$로 확장해서 생각할 수 있으므로 가정을 만족하므로 적당한 $\{\phi_n\}$의 일차결합 h가 존재하여 $\|f - h\|_\infty < \epsilon$ 이다. 한편

$$\|f - h\|^2 = \int_a^b |f(x) - h(x)|^2 dx \leq \|f - h\|_\infty^2 (b-a) < \epsilon^2 (b-a)$$

이므로 $\|g - h\|_2 \leq \|g - f\|_2 + \|f - h\|_2 < (1 + \sqrt{b-a})\epsilon$. 고로 정리 4에 의해 $\{\phi_n\}$은 완전하다. □

여기서 9.1절 예 3, 예 4, 예 5가 각각의 L^2에서 완전직교계임을 보이자.

정리 5. $A = \{e^{-inx} : n = 0, \pm 1, \pm 2, \cdots\}$ 는 $L^2(-\pi, \pi)$의 완전직교계이다.

증명 정리 4의 따름정리부터 폐구간에서 연속이며 $f(-\pi) = f(\pi)$ 로 되는 임의의 함수 $f(x)$가 A에 속하는 함수의 일차결합으로 평등적으로 근사됨을 보이면 된다. 우선 $0 < a < \pi$ 와 같은 임의 a를 고정할 때

$$\text{모든 } x\text{에 대해 } \frac{1 + \cos x}{1 + \cos a} \geq 0 \text{ 특히 } \inf\left\{ \frac{1 + \cos x}{1 + \cos a} : |x| < \frac{a}{2} \right\} > 1$$

이므로

$$\lim_{n\to\infty}\int_{-\pi}^{\pi}\left(\frac{1+\cos x}{1+\cos a}\right)^n dx \geq \lim_{n\to\infty}\int_{-a/2}^{a/2}\left(\frac{1+\cos x}{1+\cos a}\right)^n dx = \infty .$$

고로 각 a $(0<a<\pi)$ 에 대해 적당히 자연수 n_a를 잡고

$$c_a = \int_{-\pi}^{\pi}\left(\frac{1+\cos x}{1+\cos a}\right)^{n_a} dx \text{ 라 놓을 때 } \lim_{a\downarrow 0} c_a = \infty \tag{7}$$

와 같이 할 수 있다.[3] 여기서 6.4절 2의 근사단위와 같이

$$k_a(x) = \frac{1}{c_a}\left(\frac{1+\cos x}{1+\cos a}\right)^{n_a} \tag{8}$$

라 놓으면 모든 x에 대해 $k_a(x) \geq 0$ 이고

$$\int_{-\pi}^{\pi} k_a(x-y)dy = 1, \ \ a < |x-y| < 2\pi - a \text{ 이면 } k_a(x-y) < \frac{1}{c_a}. \tag{9}$$

지금 $f(-\pi) = f(\pi)$ 이므로 f를 주기 2π인 $\mathbb{R}$ 에서의 연속함수로 확장할 수 있고 그 상황에서

$$f_a(x) = k_a * f(x) = \int_{-\pi}^{\pi} k_a(x-y)f(y)dy \qquad (0<a<\pi) \tag{10}$$

라 정의한다. 이 때 (8)식과 $\cos(x-y) = \dfrac{e^{ix}e^{-iy} + e^{-ix}e^{iy}}{2}$ 에 의해 $f_a(x)$가 A에 속하는 함수의 일차결합임을 안다. 고로 정리의 증명을 위해서는

$$f_a(x)\text{가 } a\downarrow 0 \text{ 일 때 } [-\pi,\pi]\text{상 } f(x)\text{로 평등수렴} \tag{11}$$

함을 보이면 된다. (11)을 증명하자. $f(x)$는 $\mathbb{R}$ 에서 연속인 주기함수이므로 유계이고 평등연속이다. 즉

$$|f(x)| \leq M \ (x \in \mathbb{R})$$

이고 임의의 $\epsilon > 0$ 에 대해 적당히 $\delta > 0$ 가 존재하고

$$|x-y| < \delta \text{ 이면 } |f(x) - f(y)| < \epsilon$$

로 되는데 (7)식에 의해

$$0 < a < \delta \text{ 이면 } c_a > M/\epsilon$$

를 동시에 만족하게끔 δ를 잡을 수 있다. 고로 (9)에 의해 $0<a<\delta$ 이면 임의의 $x \in [-\pi, \pi]$ 에 대해

$$|f_a(x) - f(x)| = \left| \int_{-\pi}^{\pi} k_a(x-y)\{f(y) - f(x)\}dy \right|$$

---

3) 예를 들어 각 a에 대해 $c_a > 1/a$ 와 같이 n_a를 잡으면 된다.

$$
\begin{aligned}
&< \int_{|x-y|\le a} k_a(x-y)\epsilon dy + \int_{a<|x-y|<2\pi-a} \frac{1}{c_a} 2M dy \\
&\le \epsilon + 4\pi\epsilon = (1+4\pi)\epsilon
\end{aligned}
$$

로 된다. 고로 (11)가 증명되었다. □

따름정리 2 $\{1,\ \cos nx,\ \sin nx\ :\ n=1,2,\cdots\}$는 $L^2(-\pi,\pi)$에서 완전하다.

왜냐하면 $e^{inx}=\cos nx + i\sin nx\ (n=0,1,2,\cdots)$ 이고 정리 5에 의한다. 또는 (10)식의 $\{1+\cos(x-y)\}^{n_a}$에 이항정리와 삼각함수의 가법정리를 적용하여 y에 대해 적분하고 소위 "$\cos x$, $\sin x$의 곱을 합으로 하는 공식"을 반복하여 씀으로써 $f_a(x)$는 $\cos nx$, $\sin nx\ (n=0,1,2,\cdots)$의 일차결합으로 된다.

다음 임의의 폐구간 $[a,b]$에서 다항식 전체는 연속함수 전체 $C[a,b]$에서 norm $\|f\|_\infty$에 관해 조밀함을 나타내는 6.4절의 정리11인 Weierstrass의 다항식 근사정리를 써서 9.1절의 예 5에서 말한 Legendre다항식의 모임이 $L^2(-1,1)$에서 완전함을 보인다.

정리 6. 직교계인 Legendre의 다항식계 $\{P_n\}$은 $L^2(-1,1)$에서 완전하다.

증명 정리 5와 똑같이 $[-1,1]$상의 임의의 연속함수가 $\{P_n\}$의 일차결합에 의해 평등적으로 근사됨을 보이면 된다. 한편 모든 $n=0,1,2,\cdots$ 에 대해 $P_n(x)$는 n차식이다. 따라서 x^n은, 따라서 임의의 다항식은 $\{P_n\}$의 일차결합이다. Weierstrass의 다항식 근사정리에 의해 임의의 연속함수는 $\{P_n\}$의 일차결합으로 평등적으로 근사된다. □

이 절의 마지막으로 9.1절의 예 4에서 취급한 직교계가 완전함을 보이자.

정리 7. Hermite함수계 $\{H_n(x)e^{-x^2/2}\}$는 $L^2(\mathbb{R})$에서 완전하다.

증명 임의의 $A>0$ 에 대해 $L^2(-A,A)$에서의 norm을 $\|\cdot\|_A$ 라 쓰기로 하자. 또 $\mathbb{R}$위의 가측함수 $f(x)$에 대해

$$
\|f\|_H = \left\{ \int_{-\infty}^{\infty} |f(x)|^2 e^{-x^2} dx \right\}^{1/2} \tag{12}
$$

와 같이 정의한다. 임의의 $n\ge 0$ 에 대해 $H_n(x)$는 n차 다항식이므로 x의 다항식은 $\{H_n(x)\}$의 일차결합이다. 6.1절 정리 3에 의해 $C_c(\mathbb{R})$는 $L^2(\mathbb{R})$에

서 L^2-norm에 관해 조밀하고, $f \in C_c(\mathbb{R})$ 이면 $g(x)=f(x)e^{x^2/2}$ 도 $C_c(\mathbb{R})$ 에 속한다. 그러므로 임의의 $g \in C_c(\mathbb{R})$ 와 임의의 $\epsilon > 0$ 에 대해

$$\|g-p\|_H < \epsilon \tag{13}$$

과 같은 다항식 $p(x)$가 존재함을 보이면, 정리 4에 의해 Hermite함수계의 완점함을 증명한 것이 된다. 지금 $\operatorname{supp} g \subset (-A, A)$ 로 되는 한 $\|g\|_A$는 A에 무관하므로 그런 A를 충분히 크게 잡으면

$$\frac{e^{-A^2}}{1-e^{-2A^2}} < \frac{\epsilon^2}{(3\|g\|_A+\epsilon)^2} \tag{14}$$

와 같이 된다. 지금 $\phi_n(x)=e^{in\pi x/A}$ $(n=0, \pm 1, \pm 2, \cdots)$ 라 놓으면 문제 4에 의해

$$\phi(x) = \sum_{n=-l}^{l} \alpha_n \phi_n(x) \tag{15}$$

와 같은 꼴의 함수 $\phi(x)$로

$$\|g-\phi\|_A < \epsilon/3 \tag{16}$$

인 것이 존재한다. 이 때 $\phi(x)$가 주기 $2A$인 주기함수이므로 $k=1, 2, \cdots$ 에 대해

$$\begin{aligned}\int_{(2k-1)A}^{(2k+1)A} |\phi(x)|^2 e^{-x^2} dx &= \int_{-A}^{A} |\phi(x)|^2 e^{-(x+2kA)^2} dx \\ &\le e^{-(2k-1)^2 A^2} \int_{-A}^{A} |\phi(x)|^2 dx \le e^{-(2k-1)A^2} \|\phi\|_A^2.\end{aligned}$$

고로 $$\begin{aligned}\left\{\int_{(2k-1)A}^{(2k+1)A} |\phi(x)|^2 e^{-x^2} dx\right\}^{1/2} &\le e^{-(2k-1)A^2/2} \|\phi\|_A \\ &\le e^{-(2k-1)A^2/2} (\|\phi-g\|_A + \|g\|_A) \\ &< e^{-(2k-1)A^2/2} \left(\frac{\epsilon}{3} + \|g\|_A\right).\end{aligned}$$

따라서 (14)에 의해

$$\begin{aligned}\int_{A}^{\infty} |\phi(x)|^2 e^{-x^2} dx &\le \sum_{k=1}^{\infty} e^{-(2k-1)A^2} \left(\frac{\epsilon}{3} + \|g\|_A\right)^2 \\ &= \frac{e^{-A^2}}{1-e^{-2A^2}} \left(\frac{\epsilon}{3} + \|g\|_A\right)^2 < \left(\frac{\epsilon}{3}\right)^2.\end{aligned}$$

똑같이 $\displaystyle\int_{-\infty}^{-A} |\phi(x)|^2 e^{-x^2} dx < \left(\frac{\epsilon}{3}\right)^2$ 를 안다. 이러한 평가식과 (16) 및 A의

선택에 의해

$$\|g-\phi\|_H{}^2 \le \|g-\phi\|_A{}^2 + \int_{|x|\ge A} |\phi(x)|^2 e^{-x^2}dx$$

$$< \left(\frac{\epsilon}{3}\right)^2 + 2\left(\frac{\epsilon}{3}\right)^2 = \frac{\epsilon^2}{3}. \qquad (17)$$

다음으로

$$p_{nN}(x) = \sum_{k=1}^{N} \frac{1}{k!}\left(\frac{in\pi x}{A}\right)^k \qquad (N>0,\ |n|\le l), \qquad a = \sum_{n=-l}^{l} |\alpha_n|$$

와 같이 놓을 때, 충분히 큰 C를 잡으면

$$\int_C^\infty \exp\left(2\left|\frac{l\pi x}{A}\right| - x^2\right)dx < \left(\frac{\epsilon}{6a}\right)^2$$

로 되어, 이 C에 대해 적당히 N을 잡으면 $|n|\le l$ 인 모든 n에 대해

$$|x|\le C \quad \Rightarrow \quad |\phi_n(x) - p_{nN}(x)| < \frac{\epsilon}{6a}$$

로 된다. 한편 임의의 N, 임의의 x 및 임의의 n에 대해

$$|\phi_n(x) - p_{nN}(x)| \le \sum_{k=N}^{\infty} \frac{1}{k!}\left|\frac{l\pi x}{A}\right|^k < e^{l\pi x/A}$$

이다. 그러므로 $|n|\le l$ 이면

$$\|\phi_n - p_{nN}\|_H{}^2 < \left(\frac{\epsilon}{6a}\right)^2 \int_{-C}^{C} e^{-x^2}dx + 2\int_C^\infty \exp\left(2\left|\frac{l\pi x}{A}\right| - x^2\right)dx$$

$$< \left(\frac{\epsilon}{6a}\right)^2 (\sqrt{\pi}+2) < \left(\frac{\epsilon}{3a}\right)^2.$$

고로 $p(x) = \sum_{n=-l}^{l} \alpha_n p_{nN}(x)$ 는 x의 다항식이고

$$\|\phi - p\|_H \le \sum_{n=-l}^{l} |\alpha_n| \cdot \|\phi_n - p_{nN}\|_H < \frac{\epsilon}{3a}\sum_{n=-l}^{l}|\alpha_n| = \frac{\epsilon}{3}$$

로 된다. 이것과 (17)에 의해

$$\|g-p\|_H \le \|g-\phi\|_H + \|\phi - p\|_H < \frac{\epsilon}{\sqrt{3}} + \frac{\epsilon}{3} < \epsilon$$

로 되며 (13)을 얻었다. □

정리 8. Laguerre함수계 $\{L_n(x)e^{-x/2}\}$는 $L^2(0,\infty)$에서 완전하다.

증명 정리 7의 증명과 같이 임의의 $f \in C_c(0,\infty)$ 와 임의의 $\epsilon > 0$에 대해

$$\int_0^{\infty} |f(x)-p(x)|^2 e^{-x} dx < \epsilon^2 \tag{18}$$

와 같은 다항식 $p(x)$가 존재함을 보이면 된다. 지금

$$g(y) = f(2y^2) \qquad (y \in \mathbb{R}) \tag{19}$$

와 같이 놓으면 $g \in C_c(\mathbb{R})$ 이므로 정리 7에 의해 $\|g-q\|_H < \epsilon/\sqrt{2}$ 와 같은 다항식 $q(y)$가 존재한다. $\tilde{g}(y) = g(-y)$, $\tilde{q}(x) = q(-y)$ 라 놓으면 다시

$$\|\tilde{g}-\tilde{q}\|_H{}^2 = \int_{-\infty}^{\infty} |\tilde{g}(y)-\tilde{q}(y)|^2 e^{-y^2} dy = \|g-q\|_H{}^2 < \frac{\epsilon^2}{2}$$

이므로

$$\left\| \frac{g+\tilde{g}}{2} - \frac{q+\tilde{q}}{2} \right\|_H \leq \frac{\|g-q\|_H}{2} + \frac{\|\tilde{g}-\tilde{q}\|_H}{2} < \frac{\epsilon}{\sqrt{2}}. \tag{20}$$

그러나 (19)에 의해 $g = \tilde{g} = \dfrac{g+\tilde{g}}{2}$ 이며 $\dfrac{1}{2}\{q(y)+\tilde{q}(y)\}$는 y의 짝수차항만으로 이루어지므로 $\dfrac{1}{2}\{q(y)+\tilde{q}(y)\} = p(2y^2)$ 와 같은 x의 다항식 $p(x)$가 존재한다. 고로 (20)에 의해

$$\int_{-\infty}^{\infty} |g(y)-p(2y^2)|^2 e^{-y^2} dy < \frac{\epsilon^2}{2}. \tag{21}$$

그러므로 변수변환 $x = 2y^2$ 에 의해

$$\begin{aligned}
\int_0^{\infty} |f(x)-p(x)|^2 e^{-x} dx &= 4\int_0^{\infty} |f(2y^2)-p(2y^2)|^2 y e^{-2y^2} dy \\
&\leq 4\int_0^{\infty} |g(y)-p(2y^2)|^2 e^{-y^2} dy \quad \text{((19)식과 } ye^{-y^2} < 1 \text{ 에 의해)} \\
&= 2\int_{-\infty}^{\infty} |g(y)-p(2y^2)|^2 e^{-y^2} dy < \epsilon^2. \quad \text{(21)에 의해)}
\end{aligned}$$

□

9.3 Fourier변환

$L^2(-A, A)$에서는 $\left\{\frac{1}{\sqrt{2A}}e^{in\pi x/A} : n=0, \pm 1, \pm 2, \cdots\right\}$가 완전정규직교계를 이루므로(→문제 4), 임의의 $f \in L^2(-A, A)$ 에 대해

$$f(x) = \frac{1}{\sqrt{2A}} \sum_{n=-\infty}^{\infty} a_f\left(\frac{n}{A}\right) \cdot e^{in\pi x/A} \qquad (L^2) \tag{22}$$

여기서

$$a_f\left(\frac{n}{A}\right) = \frac{1}{\sqrt{2A}} \int_{-A}^{A} f(x) e^{-in\pi x/A} dx \tag{23}$$

로 된다. 여기서 A를 πA로 하고 $\sqrt{2\pi A}\, a_f\left(\frac{n}{\pi A}\right)$를 $\hat{f}\left(\frac{n}{\pi A}\right)$라 쓰면 (23), (22)는

$$\hat{f}\left(\frac{n}{\pi A}\right) = \int_{-\pi A}^{\pi A} f(x) e^{-i\frac{n}{A}x} dx \tag{23'}$$

$$f(x) = \frac{1}{2\pi}\frac{1}{A} \sum_{n=-\infty}^{\infty} \hat{f}\left(\frac{n}{A}\right) e^{i\frac{n}{A}x} \tag{22'}$$

로 되므로 $A \to \infty$ 라 하면 형식적으로 $\sum$가 적분으로 바뀌고

$$\hat{f}(\xi) = \int_{-\infty}^{\infty} f(x) e^{-2\pi i\xi x} dx \tag{23''}$$

$$f(x) = \frac{1}{2\pi} \int_{-\infty}^{\infty} \hat{f}(\xi) e^{2\pi i\xi x} d\xi \tag{22''}$$

로 된다. 그러나 이 적분들은 $\mathbb{R}$이 무한측도이므로 임의의 $f \in L^2(\mathbb{R})$ 에 대해 보통의 의미로 존재한다고 말할 수 없다. 그래서 6.3절 정리 7인 Riemann-Lebesgue의 정리에서처럼 $f \in L^1(\mathbb{R})$ 에 대해 $\hat{f}(\xi)$를 (23'')식에 의해 정의하고 (23'')식, (22'')식의 우변의 의미를 적당히 확장해 줌으로써 이 식들이 임의의 $f \in L^2(\mathbb{R})$ 에 대해 성립함을 보이도록 한다.

우선 함수열 $\{k_n(x)\}$을

$$k_n(x) = \frac{1}{2\pi} \int_{-\infty}^{\infty} e^{-|t/n| + itx} dt = \frac{1}{\pi} \frac{n}{n^2x^2+1}$$

와 같이 정의하자. 그러면 6.4절 정리 10의 조건을 만족함은 쉽게 안다. 그러므로 $\{k_n(x)\}$는 $L^p(\mathbb{R})$의 근사단위이다. 즉 모든 $p \geq 1$ 에 대해

$$\lim_{n\to\infty}\|f - f * k_n\|_p = 0. \quad (f \in L^p(\mathbb{R})).$$

정리 9. $f \in L^1(\mathbb{R})$, $\hat{f} \in L^1(\mathbb{R})$ 라 하고

$$g(x) = \frac{1}{2\pi}\int_{-\infty}^{\infty} \hat{f}(\xi) e^{i\xi x} d\xi \qquad (x \in \mathbb{R})$$

라 하면 $g \in C_0(\mathbb{R})$ 이고 $f(x) = g(x)$ a.e. 이다.

증명 $f * k_n(x) = \frac{1}{2\pi}\int_{-\infty}^{\infty} e^{-|\xi|/n} \hat{f}(\xi) e^{i\xi x} d\xi$ 로 됨에 주의하자. 왜냐하면 Fubini정리에 의해

$$\begin{aligned}
f * k_n(x) &= \frac{1}{2\pi}\int_{-\infty}^{\infty} f(x-y)\left\{\int_{-\infty}^{\infty} e^{-|\xi|/n} e^{i\xi y} d\xi\right\} dy \\
&= \frac{1}{2\pi}\int_{-\infty}^{\infty} e^{-|\xi|/n}\left\{\int_{-\infty}^{\infty} f(x-y) e^{i\xi y} dy\right\} d\xi \\
&= \frac{1}{2\pi}\int_{-\infty}^{\infty} e^{-|\xi|/n}\left\{\int_{-\infty}^{\infty} f(y) e^{i\xi(x-y)} dy\right\} d\xi \\
&= \frac{1}{2\pi}\int_{-\infty}^{\infty} e^{-|\xi|/n} e^{i\xi x} \hat{f}(\xi) d\xi \qquad (24)
\end{aligned}$$

이다. $|e^{-|\xi|/n} e^{i\xi x} \hat{f}(\xi)| \le |\hat{f}(\xi)|$ 이고 각점 ξ마다 $\lim_{n\to\infty} e^{-|\xi|/n} e^{i\xi x} \hat{f}(\xi) = e^{i\xi x} \hat{f}(\xi)$ 이므로 Lebesgue의 지배수렴정리에 의해 모든 x에 대해

$$\to \frac{1}{2\pi}\int_{-\infty}^{\infty} e^{i\xi x} \hat{f}(\xi) d\xi = g(x) \qquad (n \to \infty).$$

한편 $\lim_{n\to\infty}\|f - f * k_n\|_1 = 0$ 이므로 3.6절 정리 13에 의해 적당한 $n_1 < n_2 < \cdots < n_l < \cdots$ 가 존재하여 $\lim_{l\to\infty} f * k_{n_l}(x) = f(x)$, a.e.이다. 고로 $f(x) = g(x)$ a.e. 이다. □

따름정리 (유일성정리) $f, g \in L^1(\mathbb{R})$ 가 모든 ξ에 대해 $\hat{f}(\xi) = \hat{g}(\xi)$ 이면 $f(x) = 0$ a.e.이다.

증명 $\widehat{f-g}(\xi) = \hat{f}(\xi) - \hat{g}(\xi) = 0$ 이므로 $\widehat{f-g} \in L^1(\mathbb{R})$ 이고 정리 9에 의해 $f - g = 0$ a.e.이다. □

이제 (22''), (23'')가 성립하게끔 $f \in L^2(\mathbb{R})$ 에 대해 $\hat{f} \in L^2(\mathbb{R})$ 를 정의할 수 있고 선형사상 $f \mapsto \hat{f}$ 가 Hilbert공간으로서의 동형사상으로 됨을 보이자.

정리 10. (Plancherel의 정리) 각 $f(x) \in L^2(\mathbb{R})$ 에 대해 함수 $\hat{f}(\xi) \in L^2(\mathbb{R})$ 를 다음을 만족하게끔 정의할 수 있다.

(a) $f \in L^1(\mathbb{R}) \cap L^2(\mathbb{R})$ 이면 $\hat{f}$는 $L^1(\mathbb{R})$에서의 Fourier변환이다. 즉

$$\hat{f}(\xi) = \int_{-\infty}^{\infty} f(x) e^{-i\xi x} dx \qquad (\xi \in \mathbb{R}).$$

(b) 모든 $f \in L^2(\mathbb{R})$ 에 대해 $\|f\|_2 = \|\hat{f}\|'_2$. 여기서

$$\|\hat{f}\|'_2{}^2 = \frac{1}{2\pi} \int_{-\infty}^{\infty} |\hat{f}(\xi)|^2 d\xi.$$

(c) 대응 $f \mapsto \hat{f}$ 는 $L^2(\mathbb{R}, \|\cdot\|_2)$에서 $L^2(\mathbb{R}, \|\cdot\|'_2)$위로의 Hilbert공간으로의 동형사상이다. 즉 선형적이고 내적을 보존하고 전단사이다. 여기서 $\hat{f}, \hat{g}$의 내적은

$$(\hat{f}, \hat{g})' = \frac{1}{2\pi} \int_{-\infty}^{\infty} \hat{f}(\xi) \overline{\hat{g}(\xi)} d\xi.$$

(d) f와 $\hat{f}$에 대해 다음이 성립한다.

만일 $\varphi_A(\xi) = \int_{-A}^{A} f(x) e^{-i\xi x} dx$, $\phi_A(x) = \frac{1}{2\pi} \int_{-A}^{A} \hat{f}(\xi) e^{i\xi x} d\xi$ 라 정의하면

$$\|\varphi_A - \hat{f}\|'_2 \to 0 \text{ 이고 } \|\phi_A - f\|_2 \to 0 \qquad (A \to \infty).$$

증명 우선 $f \in L^1(\mathbb{R}) \cap L^2(\mathbb{R})$ 에 대해

$$\|f\|_2 = \|\hat{f}\|'_2 \tag{25}$$

가 성립함을 보이자. 지금 $\tilde{f}(x) = \overline{f(-x)}$ 라 하고 $g = f * \tilde{f} \in L^1(\mathbb{R})$ 를 정의하자. 즉 $g(x) = \int_{-\infty}^{\infty} f(x-y) \overline{f(-y)} dy = \int_{-\infty}^{\infty} f(x+y) \overline{f(y)} dy$ 인데 $f_x(y) = f(y-x)$ 라 놓으면 $f \in L^2(\mathbb{R})$ 이므로 $f_{-x} \in L^2(\mathbb{R})$이고 $L^2(\mathbb{R})$의 내적을 써서

$$g(x) = (f_{-x}, f) \tag{26}$$

이다. 지금 6장 문제 6(2)에 의해 $x \mapsto f_x$ 가 연속이고, 내적이 연속이므로 g는 연속이다. 한편 Schwarz의 부등식에 의해

$$|g(x)| \le \|f_{-x}\| \|f\| = \|f\|_2^2 \tag{27}$$

이므로 g는 유계함수이다. 한편 (24)식에 의해

$$g * k_n(0) = \frac{1}{2\pi}\int_{-\infty}^{\infty} e^{-|\xi|/n}\hat{g}(\xi)d\xi$$

인데 6.4절 정리 10에 의해 $\lim_{n\to\infty} g * k_n(0) = g(0) = \|f\|_2^2$. 연습문제 6에 의해 $\hat{g}(\xi) = |\hat{f}(\xi)|^2 \ge 0$ 이고 $e^{-|\xi|/n} \nearrow 1$ $(n\to\infty)$ 이므로 윗식에 단조수렴정리를 적용하면

$$\frac{1}{2\pi}\int_{-\infty}^{\infty} |\hat{f}(\xi)|^2 d\xi = \|f\|_2^2 = \int_{-\infty}^{\infty} |f(x)|^2 dx.$$

고로 $\hat{f} \in L^2(\mathbb{R})$ 이고 $\|f\|_2 = \|\hat{f}\|'_2$ 이다.

다음 임의의 함수 f와 $A>0$ 에 대해 $f_A(x) = \begin{cases} f(x), & (-A \le x \le A) \\ 0, & (\text{기타 } x) \end{cases}$ 라 하자. 만약 $f \in L^2(\mathbb{R})$ 이면 $A\to\infty$ 이면 모든 x에 대해 $|f(x) - f_A(x)| \to 0$ 이고 $|f(x) - f_A(x)|^2 \le |f(x)|^2$ 이므로 $\|f - f_A\|_2^2 = \int_{-\infty}^{\infty} |f - f_A|^2 \to 0$ 를 지배수렴정리에 의해 안다. 또 Schwarz의 부등식에 의해 $\int_{\mathbb{R}} |f_A| \le (2A)^{1/2}\|f\|_2$. 고로 $f_A \in L^1(\mathbb{R}) \cap L^2(\mathbb{R})$ 이다. 지금 (d)에서 정의한 φ_A는 $\widehat{f_A}$와 일치한다. $\{f_A\}$는 $L^2(\mathbb{R})$의 Cauchy열이고 $\|f_A - f_B\|_2 = \|\varphi_A - \varphi_B\|'_2$ 이므로 $\{\varphi_A\}$는 $L^2(\mathbb{R}, \|\cdot\|'_2)$의 Cauchy열이다. 따라서 완비성부터 φ_A는 어떤 $L^2(\mathbb{R})$로 수렴하고 그 극한을 $\hat{f}$라 하면 $\|\varphi_A - \hat{f}\|'_2 \to 0$. 여기서 $f \in L^1(\mathbb{R}) \cap L^2(\mathbb{R})$ 라 하면 지배수렴정리에 의해 φ_A는 이미 정의된 f의 Fourier변환으로 점별 수렴함을 안다. 따라서 3.6절 정리 13에 의해 $\{\varphi_A\}$의 부분열은 방금 정의한 극한 $\hat{f}$로 a.e.로 수렴한다. 고로 f의 Fourier변환은 극한 $\hat{f}$와 a.e.로 일치한다. 고로 (a)와 (d)의 전반부분이 증명되었다.

다음 $\|f\|_2 = \lim_{A\to\infty} \|f_A\|_2 = \lim_{A\to\infty} \|\varphi_A\|'_2 = \|\hat{f}\|'_2$ 이므로 (b)가 성립한다.

다음 (c)를 증명하기 위해 $\Phi(f) = \hat{f}\,(= L^2\text{-}\lim_{A\to\infty} \varphi_A)$ 와 같이 놓자. 정의부터 $\Phi: L^2(\mathbb{R}) \to L^2(\mathbb{R}, \|\cdot\|'_2)$ 이고 선형적임은 분명하다. 같은 방법으로 Ψ: $L^2(\mathbb{R}, \|\cdot\|'_2) \to L^2(\mathbb{R})$ 를 다음과 같이 정의할 수 있다. $g \in L^2(\mathbb{R}, \|\cdot\|'_2)$ 에

대해 $\frac{1}{2\pi}\int_{-A}^{A} g(\xi)e^{i\xi x}d\xi$ 와 같은 꼴의 함수의 $A\to\infty$ 일 때의 L^2-극한을 $\Psi(g)$라 한다. 그러면 $\Psi(g)(x)=\frac{1}{2\pi}\Phi(g)(-x)$ 이다. 이 때

$$\begin{aligned}\|\Psi(g)\|_2 &= \|(2\pi)^{-1}\Phi(g)\|_2=(2\pi)^{-1}\|\Phi(g)\|_2\\ &=(2\pi)^{-1/2}\|\Phi(g)\|'_2=(2\pi)^{-1/2}\|g\|_2=\|g\|'_2\end{aligned}$$

이므로 Ψ는 등거리사상이다.

지금 $f, \hat{f}\in L^1(\mathbb{R})\cap L^2(\mathbb{R})$ 이면 정리 9에 의해 $\Psi\Phi(f)=f$ 이다. 한편 $f\in L^1(\mathbb{R})\cap L^2(\mathbb{R})$ 이면 $f*k_n\in L^1(\mathbb{R})\cap L^2(\mathbb{R})$ 이고 $\Psi\Phi(f*k_n)=f*k_n$ 이다. 지금 $\lim_{n\to\infty}\|f-f*k_n\|_2=0$ 이고 $\Psi\Phi$가 등거리이므로 역시 $\Psi\Phi(f)=f$ 이다. 그러나 $L^1(\mathbb{R})\cap L^2(\mathbb{R})$가 $L^2(\mathbb{R})$에서 조밀하므로 임의의 $f\in L^2(\mathbb{R})$ 에 대해 $\lim_{n\to\infty}\|f-f_n\|_2=0$ 과 같은 $f_n\in L^1(\mathbb{R})\cap L^2(\mathbb{R})$ 을 잡아서

$$\|\Psi\Phi(f)-f\|_2\le\|\Psi\Phi(f)-\Psi\Phi(f_n)\|_2+\|f_n-f\|_2\to 0$$

이므로 모든 $f\in L^2(\mathbb{R})$ 에 대해 $\Psi\Phi(f)=f$ 임을 안다. 똑같은 방법으로 모든 $g\in L^2(\mathbb{R})$ 에 대해 $\Phi\Psi(g)=g$ 가 성립함을 안다. 이 말은 $f=\Psi(g)$ 이면 $g=\Phi(f)=\hat{f}$ 를 뜻하고 $f\mapsto\hat{f}$ 가 전사임을 뜻한다.

마지막으로 $f\mapsto\hat{f}$ 가 내적을 보존함을 보이자. 등식

$$4f\bar{g}=|f+g|^2-|f-g|^2+i|f+ig|^2-i|f-ig|^2$$

가 성립함에 주의하고 각각 적분하고 Φ의 등거리성을 쓰면

$$\begin{aligned}4(f,g)&=\|f+g\|_2^2-\|f-g\|_2^2+i\|f+ig\|_2^2-i\|f-ig\|_2^2\\ &=\|\hat{f}+\hat{g}\|'^2_2-\|\hat{f}-\hat{g}\|'^2_2+i\|\hat{f}+i\hat{g}\|'^2_2-i\|\hat{f}-i\hat{g}\|'^2_2\end{aligned}$$

이다. $\hat{f}, \hat{g}$에 대해 같은 것을 하면 윗식의 마지막이 $4(\hat{f}, \hat{g})'$로 됨을 안다. 고로 $(f,g)=(\hat{f}, \hat{g})'$ 가 성립한다. 즉 **Parseval의 등식**

$$\int_{-\infty}^{\infty}f(x)\overline{g(x)}dx=\frac{1}{2\pi}\int_{\infty}^{\infty}\hat{f}(\xi)\overline{\hat{g}(\xi)}d\xi \qquad (f\in L^2(\mathbb{R}))$$

가 성립한다. 이것으로 모든 증명을 했다. □

따름정리. $f\in L^2(\mathbb{R})$ 이고 $\hat{f}\in L^1(\mathbb{R})$ 이면

$$f(x)=\frac{1}{2\pi}\int_{-\infty}^{\infty}\hat{f}(\xi)e^{i\xi x}d\xi \quad \text{a.e.}$$

증명 정리 10의 (d)와 정리 9에 의한다. □

이 절에서는 $\mathbb{R}$인 경우를 다루었으나 이것을 확장하여 $\mathbb{R}^N$상에서 생각할 수 있으나 단 Fourier변환의 정의만 하는 것으로 여기서는 생략한다.

함수 $f \in L^1(\mathbb{R}^N)$ 의 Fourier변환이란 $\xi = (\xi_1, \xi_2, \cdots, \xi_N) \in \mathbb{R}^N$ 의 함수

$$\hat{f}(\xi) = \int_{\mathbb{R}^N} f(x) e^{-i\xi \cdot x} dx \quad (\text{단 } \xi \cdot x = \xi_1 x_1 + \cdots + \xi_N x_N)$$

를 말하고 정리 10과 같이 $L^2(\mathbb{R}^N)$상의 등거리인 Fourier변환으로 생각할 수 있다. 이 때의 Parseval의 등식은

$$\int_{\mathbb{R}^N} f(x) \overline{g(x)} dx = \frac{1}{(2\pi)^N} \int_{\mathbb{R}^N} \hat{f}(\xi) \overline{\hat{g}(\xi)} d\xi$$

이다. 어떤 경우는 측도를 $d\mu(x) = (2\pi)^{-N/2} dx$ 로 변경해서 모든 적분을 측도 μ에 관해 생각하고

$$\hat{f}(\xi) = \int_{\mathbb{R}^N} f(x) e^{-i\xi \cdot x} d\mu(x)$$

$$f(x) = \int_{-\infty}^{\infty} \hat{f}(\xi) e^{i\xi \cdot x} d\mu(\xi)$$

$$\int_{\mathbb{R}^N} f(x) \overline{g(x)} d\mu(x) = \int_{\mathbb{R}^N} \hat{f}(\xi) \overline{\hat{g}(\xi)} d\mu(\xi)$$

와 같이 표현할 수 있다.

정리 11. $f : \mathbb{R} \to \mathbb{R}$ 가 연속이고 $\displaystyle\sum_{m=-\infty}^{\infty} f(x + 2m\pi)$가 $[0, 2\pi]$에서 절대수렴하고 평등수렴하며 $\displaystyle\sum_{n=-\infty}^{\infty} \hat{f}(n)$이 절대수렴하면

$$\sum_{m=-\infty}^{\infty} f(2m\pi) = \sum_{n=-\infty}^{\infty} \hat{f}(n) \quad (\text{Poisson의 합의 공식})$$

증명 가정에 의해

$$F(x) = \sum_{m=-\infty}^{\infty} f(x + 2m\pi), \quad G(x) = \sum_{m=-\infty}^{\infty} |f(x + 2m\pi)|$$

가 존재하고 $[0, 2\pi]$에서 연속이다. 고로

$$\int_{-\infty}^{\infty} |f(x)| dx = \sum_{m=-\infty}^{\infty} \int_0^{2\pi} |f(x + 2m\pi)| dx = \int_0^{2\pi} G(x) dx < \infty$$

이므로 $f \in L^1(\mathbb{R})$ 이며 $\hat{f}(\xi)$가 존재한다. n, m이 정수이면 $e^{-2\pi i n m} = 1$ 이므로

$$\int_0^{2\pi} F(x) e^{-inx} dx = \sum_{m=-\infty}^{\infty} \int_0^{2\pi} f(x + 2m\pi) e^{-inx} dx$$

$$= \sum_{m=-\infty}^{\infty} \int_{2m\pi}^{(2m+2)\pi} f(x) e^{-in(x-2m\pi)} dx = \int_{-\infty}^{\infty} f(x) e^{-inx} dx = \hat{f}(n).$$

$\{e^{inx} : n \in \mathbb{Z}\}$는 $L^2(0, 2\pi)$에서 완전 정규직교계이므로 위의 식부터 $F(x)$는 $L^2(0, 2\pi)$의 원소로서, 또 a.e.로

$$F(x) = \sum_{n=-\infty}^{\infty} \hat{f}(n) e^{inx}$$

라 쓸 수 있다. 가정에 의해 $\sum_{n=-\infty}^{\infty} \hat{f}(n)$이 절대수렴하므로 윗식의 우변은 평등수렴하고 따라서 연속이다. 한편 $F(x)$도 연속이므로 모든 $x \in [0, 2\pi]$에 대해 윗식이 성립한다. 특히 $x = 0$ 라 놓으면 Poisson의 합의 공식을 얻는다.□

9.4 양의 정부호함수

정의 5. $\mathbb{R}$ 상 정의된 함수 $\phi(x)$가 **양의 정부호**(positive definite)함수란 임의의 유한개의 $x_1, x_2, \cdots, x_n \in \mathbb{R}$ 와 복소수 $a_1, a_2, \cdots, a_n$에 대해

$$\sum_{p,q=1}^{n} a_p \overline{a_q} \phi(x_p - x_q) \geq 0 \tag{28}$$

이고 $x=0$ 에서 ϕ가 연속일 때를 말한다.

정리 12. (1) $\phi(x)$가 양의 정부호함수라 하면

$$\phi(0) \geq 0 \tag{29}$$

(2) 임의의 $x \in \mathbb{R}$ 에 대해

$$\phi(-x) = \overline{\phi(x)} \tag{30}$$

$$|\phi(x)| \leq \phi(0) \tag{31}$$

(3) 임의의 $x, y \in \mathbb{R}$ 에 대해

$$|\phi(x) - \phi(y)|^2 \leq 2\phi(0)\{\phi(0) - \mathrm{Re}\,\phi(x-y)\} \tag{32}$$

(여기서 Re는 실수부분). 따라서 $\phi(x)$는 $\mathbb{R}$ 에서 평등연속이다.

증명 (1) (28)식에서 $a_1 = 1$, $n = 1$ 라 하면 (29)식을 안다.

(2) $n=2$, $x_1 = x$, $x_2 = 0$, $a_1 = a$, $a_2 = 1$ 이라 하면

$$|a|^2\phi(0) + a\phi(x) + \overline{a}\,\phi(-x) + \phi(0) \geq 0 \tag{33}$$

이므로 $a=1$ 또는 $a=i$ 라 놓고 (29)식을 쓰면

$$\phi(x) + \phi(-x) = \text{실수}, \quad \phi(x) - \phi(-x) = \text{순허수}$$

로 된다. 이것부터 (30)식을 안다. (33)식에서 $a = -e^{i\theta}$, $\theta = -\arg\phi(x)$ 라 하면 $a\phi(x) = -|\phi(x)|$. 따라서 (30)식에 의해 $\overline{a}\,\phi(-x) = \overline{a\phi(x)} = -|\phi(x)|$ 이므로 (33)식은 $\phi(0) - |\phi(x)| - |\phi(x)| + \phi(0) \geq 0$ 로 되고 (31)식을 안다.

(3) $n=3$, $x_1 = x$, $x_2 = y$, $x_3 = 0$ 라 하고 임의의 $\lambda \in \mathbb{R}$ 와 $\theta = -\arg\{\phi(x) - \phi(y)\}$ 에 대해 $a_1 = \lambda e^{i\theta}$, $a_2 = -\lambda e^{i\theta}$, $a_3 = 1$ 라 한다. 이것을 (28)식에 대입하고 λ에 대해 정돈하고 (30)식을 쓰면

$$2\{\phi(0) - \mathrm{Re}\,\phi(x-y)\}\lambda^2 + 2\mathrm{Re}\{e^{i\theta}(\phi(x) - \phi(y))\}\lambda + \phi(0) \geq 0.$$

θ의 정의부터

$$2\{\phi(0) - \mathrm{Re}\,\phi(x-y)\}\lambda^2 + 2\mathrm{Re}|\phi(x) - \phi(y)|\lambda + \phi(0) \geq 0.$$

이 식이 임의의 실수 λ에 대해 성립하므로 이차식으로의 판별식은 음이 아니

다. 즉 (32)식을 안다. 또 $\phi(x)$가 $x=0$ 에서 연속이므로 ϕ가 $\mathbb{R}$에서 평등연속임을 안다. □

정리 13. $\phi(x)$가 양의 정부호함수라 하면 임의의 $f\in L^1(\mathbb{R})$ 에 대해

$$\iint_{\mathbb{R}^2}\phi(x-y)f(x)\overline{f(y)}dx\,dy\geq 0. \tag{34}$$

역으로 $\phi(x)$가 연속이고 임의의 $f\in L^1(\mathbb{R})$ 에 대해 (34)식을 만족하면 $\phi(x)$는 양의 정부호함수이다.

증명 (1) $f\in C_c(\mathbb{R})$ 인 경우를 보이자. $\text{supp}f\subset I$ 와 같은 유계구간 I를 잡자. (34)의 적분은 $I\times I$에서의 연속함수의 적분이므로 그 값은 Riemann 적분으로 정의한 것과 같다. 즉 $I=I_1\cup\cdots\cup I_n$ 와 같이 유한개의 소구간으로 분할하여 각 I_p속에서 x_p를 잡아 만든 Riemann합

$$\sum_{p,q=1}^{n}\phi(x_p-x_q)f(x_p)\overline{f(x_q)}m(I_p)m(I_q)\quad(m\text{은 Lebesgue측도})$$

에서 $\max\{m(I_p):p=1,\cdots,n\}\to 0$ 라 할 때의 극한값이 그 적분값이다. 그러나 ϕ가 양의 정부호함수이므로 $a_p=f(x_p)m(I_p)$ 라 하면 (28)에 의해 위의 Riemann합은 ≥ 0 이다. 고로 (34)가 성립한다.

(2) 일반적인 $f\in L^1(\mathbb{R})$ 인 경우. $C_c(\mathbb{R})$가 $L^1(\mathbb{R})$에서 조밀하므로 $\{f_n\}\subset C_c(\mathbb{R})$ 가 존재하여 $\|f_n-f\|_1\to 0$ $(n\to\infty)$ 로 된다. 그러므로 (31)에 의해

$$\begin{aligned}&\left|\iint\phi(x-y)f_n(x)\overline{f_n(y)}dx\,dy-\iint\phi(x-y)f(x)\overline{f(y)}dx\,dy\right|\\&\leq\iint\phi(0)|f_n(x)\overline{f_n(y)}-f(x)\overline{f(y)}|dx\,dy\\&\leq\phi(0)\left\{\int|f_n(x)|dx\int|f_n(y)-f(y)|dy+\int|f_n(x)-f(x)|dx\int|f(y)|dy\right\}\\&=\phi(0)\{\|f_n\|_1\|f_n-f\|_1+\|f_n-f\|_1\|f\|_1\}\to 0\qquad(n\to\infty).\end{aligned}$$

(1)에 의해 $f_n\in C_c(\mathbb{R})$ 에 대해 (34)가 성립하므로 $f\in L^1(\mathbb{R})$ 에 대해서도 (34)가 성립한다.

역으로 임의의 $x_1,x_2,\cdots,x_n\in\mathbb{R}$ 와 임의의 $a_1,a_2,\cdots s,a_n\in\mathbb{C}$ 에 대해

$$\iint\phi(x-y)\left\{\sum_{p=1}^{n}a_pk_m(x-x_p)\right\}\overline{\left\{\sum_{q=1}^{n}a_qk_m(y-x_q)\right\}}dx\,dy\geq 0 \tag{35}$$

(k_m는 6.3절에서 정의한 C^∞ 함수에 의한 근사단위)를 생각하자. ϕ가 연속이므로 이변수함수 $\Phi(x,y)=\phi(x-y)$는 $\mathbb{R}^2$에서 연속이고 점 (x_p,x_q) $(p,q=1,$

$\cdots, n)$에서의 연속성부터 $\delta > 0$ 가 존재하여 $|x-x_p| < \delta$, $|y-x_q| < \delta$ 이면
$|\phi(x-y) - \phi(x_p - x_q)| = |\Phi(x,y) - \Phi(x_p, x_q)| < \epsilon$
이다. 지금 $M > \delta^{-1}$ 와 같이 $M \in \mathbb{N}$ 을 잡고 $m \geq M$ 라 하자. $\int k_m = 1$ 이므로

$$\left| \iint \phi(x-y) k_m(x-x_p) k_m(y-x_q) dx\, dy - \phi(x_p - x_q) \right| < \epsilon.$$

즉 $m \to 0$ 라 하면 $\iint \phi(x-y) k_m(x-x_p) k_m(y-x_q) dx\, dy \to \phi(x_p - x_q)$. 고로 (35)부터 $\sum_{p,q=1}^{n} \phi(x_p - x_q) a_p \overline{a_q} \geq 0$. □

정리 14. μ가 $\mathbb{R}$ 의 유한 측도라 할 때 $x \in \mathbb{R}$ 의 함수

$$\phi(x) = \int_{\mathbb{R}} e^{i\xi x} d\mu(\xi) \tag{36}$$

는 양의 정부호함수이고 $\phi(0) = \mu(\mathbb{R})$ 이다.

증명 $x_1, x_2, \cdots, x_n \in \mathbb{R}$ 와 복소수 $a_1, a_2, \cdots, a_n$에 대해

$$\begin{aligned} \sum_{p,q=1}^{n} a_p \overline{a_q} \phi(x_p - x_q) &= \int_{\mathbb{R}} \sum_{p,q=1}^{n} a_p \overline{a_q} e^{i(x_p - x_q)\xi} d\mu(\xi) \\ &= \int_{\mathbb{R}} \left| \sum_{p=1}^{n} a_p e^{ix_p \xi} \right|^2 d\mu(\xi) \geq 0. \end{aligned}$$

$\phi(0) = \mu(\mathbb{R})$ 는 분명하다. $|\phi(0) - \phi(x)| \leq \int_{\mathbb{R}} |1 - e^{i\xi x}| d\mu(\xi)$ 에서 각 ξ에 대해 $\lim_{x \to 0} |1 - e^{i\xi x}| = 0$ 이고 $|1 - e^{i\xi x}| \leq 2$ 이며 $\mu(\mathbb{R}) < \infty$ 이므로 유계수렴정리에 의해 (우변)$\to 0$ 이다. 즉 ϕ는 $x = 0$ 에서 연속. □

다음 정리는 임의의 양의 정부호함수가 (36)과 같은 꼴로 쓸 수 있다는 Bochner의 정리를 증명없이 표기하기만 한다. 이 정리는 양의 정부호함수에 관한 가장 중요한 정리이다. 증명은 다른 여러 가지 준비를 필요하게 되므로 생략한다.

정리 15. (Bochner의 정리) $\phi(x)$가 양의 정부호함수이면 $(\mathbb{R}, \mathcal{B})$상의 측도 μ로 $\mu(\mathbb{R}) = \phi(0)$ 와 같은 것이 존재하고

$$\phi(x) = \int_{\mathbb{R}} e^{i\xi x} d\mu(\xi) \quad (x \in \mathbb{R}).$$

여기서 $\mathscr{B}$는 Borel집합 전체로 된 σ-집합대수.

다음은 양의 정부호함수 ϕ에 대응하는 측도 μ가 어떤 식으로 표시되는가를 주는 **Levy의 반전공식**이다. 여기서 구간 I가 μ에 관한 **연속구간**이란

$$\mu(\bar{I} \setminus I^{\circ}) = 0 \text{ 즉 } \mu(\bar{I}) = \mu(I^{\circ}) = \mu(I)$$

일 때를 말한다. 여기서 $\bar{I}$는 I의 폐포, I°는 I의 내부이다.

정리 16. (36)식에서의 측도 μ는 다음과 같이 표시된다. 유한구간 $I = (a, b]$가 μ에 관해 연속구간이면

$$\mu(I) = \lim_{c \to \infty} \int_{-c}^{c} \frac{1}{2\pi} \phi(x) \frac{e^{-ibx} - e^{-iax}}{-ix} dx. \tag{37}$$

또 측도 μ는 ϕ에 의해 유일하게 정해진다.

증명 임의의 $c > 0$ 에 대해

$$h(c) = \int_{-c}^{c} \phi(x) \frac{e^{-ibx} - e^{-iax}}{-ix} dx = \int_{-c}^{c} \phi(x) \left(\int_{a}^{b} e^{-ix\xi} dxi \right) dx$$

라 놓으면 ϕ의 정의와 Fubini정리에 의해

$$h(c) = \int_{-c}^{c} dx \int_{-\infty}^{\infty} e^{ix\eta} d\mu(\eta) \int_{a}^{b} e^{ix\xi} d\xi = \int_{-\infty}^{\infty} d\mu(\eta) \int_{a}^{b} d\xi \int_{-c}^{c} e^{ix(\eta - \xi)} dx$$

$$= \int_{-\infty}^{\infty} d\mu(\eta) \int_{a}^{b} \frac{2 \sin c(\xi - \eta)}{\xi - \eta} d\xi = \int_{-\infty}^{\infty} d\mu(\eta) \int_{c(a-\eta)}^{c(b-\eta)} \frac{2 \sin \lambda}{\lambda} d\lambda.$$

지금 $\varphi(x) = \int_{0}^{x} \frac{\sin \lambda}{\lambda} d\lambda$ (단 $x < 0$ 이면 $\int_{0}^{x} = -\int_{-|x|}^{0}$ 라 하고) 라 놓으면

$$h(c) = 2 \int_{-\infty}^{\infty} [\varphi(c(b-\eta)) - \varphi(c(a-\eta))] d\mu(\eta)$$

로 되는데 φ는 $(-\infty, \infty)$에서 연속이고 4.3절 예 1에 의해

$$\lim_{x \to \pm\infty} \varphi(x) = \pm \frac{\pi}{2}$$

이므로 φ는 $(-\infty, \infty)$에서 유계이고

$$\lim_{c \to \infty} [\varphi(c(b-\eta)) - \varphi(c(a-\eta))] = \begin{cases} \pi & (a < \eta < b) \\ \pi/2 & (\eta = a \text{ 또는 } \eta = b) \\ 0 & (\eta < a \text{ 또는 } \eta > b) \end{cases}$$

로 된다. 고로 지배수렴정리를 적용할 수 있고 $(a, b]$가 μ에 관해 연속구간이

므로

$$\lim_{c\to\infty}\frac{1}{2\pi}h(c)=\int_a^b d\mu(\eta)=\mu((a,b]).$$

다음 (36)을 만족하고 따라서 (37)을 만족하는 μ가 유일함을 보이자. μ_1, μ_2가 (37)을 만족한다 하자. 임의의 유계폐구간(연속구간이라 가정하지 않다) $I=[a,b]$ 와 임의의 $\delta>0$ 에 대해

$$I_\delta=(a-\delta,b+\delta],\ B_\delta=\overline{I_\delta}\setminus I_\delta^\circ\ (=I_\delta\text{의 경계})$$

라 놓으면 $\delta\neq\delta'$ 이면 $B_\delta\cap B_{\delta'}=\varnothing$ 이므로 집합

$$\{\delta>0:\mu_1(B_\delta)>0\},\ \{\delta>0:\mu_2(B_\delta)>0\}$$

는 둘 다 많아야 가산 무한집합이다. 고로 집합

$$\{0<\delta<1:\mu_1(B_\delta)=\mu_2(B_\delta)=0\}$$

는 개구간 $(0,1)$에서 조밀하다. 따라서

$$\delta_n\searrow 0,\ \mu_1(B_{\delta_n})=\mu_2(B_{\delta_n})=0,\quad (n=1,2,\cdots)$$

와 같은 δ_n을 잡을 수 있다. 이 때 각 I_{δ_n}은 μ_1와 μ_2에 관해 연속집합이므로 (37)에 의해 $\mu_1(I_{\delta_n})=\mu_2(I_{\delta_n})$ 로 되는데 $\lim\limits_{n\to\infty}I_{\delta_n}=I$ 이므로 $\mu_1(I)=\mu_2(I)$ 이다. 즉 모든 유계폐구간에 대해 $\mu_1=\mu_2$ 이다. 그러나 측도의 성질에 의해 집합모임

$$\mathcal{M}=\{E\in\mathcal{B}:\mu_1(E)=\mu_2(E)\}$$

는 단조집합모임이고

$$E_1,\ E_2\in\mathcal{M},\ E_1\cap E_2=\varnothing\ \text{이면}\ E_1\cup E_2\in\mathcal{M}$$

이다. 고로 $\mathcal{M}$은 σ-집합대수이고 모든 폐구간을 품으므로 $\mathcal{M}\supset\mathcal{B}$, 즉 모든 $E\in\mathcal{B}$ 에 대해 $\mu_1(E)=\mu_2(E)$ 이다. □

Bochner의 정리와 Levy의 반전공식은 $\mathbb{R}^d$인 경우에도 말할 수 있으나 여기서는 생략한다. 이 이상 논하게 되면 소위 조화해석(Harmonic Analysis)의 영역으로 들어가게 되므로 이 이상 내용을 전개하지 않기로 한다.

9장의 문제

1. 9.1절 예 4, 5의 다음 등식을 증명하시오.

$$\int_{-\infty}^{\infty} H_m(x)H_n(x)e^{-x^2}dx = \begin{cases} 0 & (m \neq n) \\ 2^n n!\sqrt{\pi} & (m = n) \end{cases},$$

$$\int_{0}^{\infty} L_m(x)L_n(x)e^{-x}dx = \begin{cases} 0 & (m \neq n) \\ (n!)^2 & (m = n) \end{cases}.$$

$$\int_{-1}^{1} P_m(x)P_n(x)dx = \begin{cases} 0 & (m \neq n) \\ \dfrac{2}{2n+1} & (m = n) \end{cases}$$

2. 9.1절 예 3의 A_1, A_2는 각각 $L^2(0,\pi)$의 직교계이지만 $A_1 \cup A_2$는 직교계가 아님을 보이시오.

3. 유계폐구간 $[a,b]$에서 실수값 연속함수 $p(x), q(x)$가 주어지고 $p(x) > 0$ 라 한다. 어떤 실수 λ에 대해 미분방정식

(*) $$y'' + (\lambda p(x) - q(x))y = 0$$

의 해로 경계조건

(**) $$y(a) = y(b) = 0$$

를 만족하고 항등적으로 0아인 해가 존재하면 그 해를 고유치 λ에 대한 고유함수라 한다. 서로 다른 두개의 고유치 λ_1, λ_2에 대한 고유함수를 $y_1(x)$, $y_2(x)$라 하면 $\phi_1(x) = \sqrt{p(x)}\,y_1(x)$ 와 $\phi_2(x) = \sqrt{p(x)}\,y_2(x)$ 는 $L^2(a,b)$에서 직교함을 보이시오.

주의 1. 임의의 실수 λ에 대해 경계조건 (**)를 만족하는 미분방정식 (*)의 해로 항등적으로 0 아닌 것이 존재한다고 말할 수 없다. 예를 들어 $y''+y=0$, $y(0)=y(\pi)=0$ 를 생각하면 $\lambda=n^2$ $(n\in\mathbb{N})$ 이어야 하고 $y=\sin nx$ 라는 해가 존재한다. (이 경우에는 이 사실이 성립하는 것은 문제 2에 의해 안다.)

주의 2. 폐구간 대신 개구간 (a,b)를 생각하고 (무한구간이라도 됨) $x\to a+0$ 혹은 $x\to b-0$ 일 때 $p(x)$가 0 또는 ∞로 되고, 또 $q(x)$가 비유계일 때도 문제 3의 사실은 (경계조건의 의미를 적당히 확장해 줌으로서) 참임을 증명할 수 있다. 많은 중요한 직교함수계는 이와 같은 경계조건을 준 미분방정식의 고유함수의 모임으로 얻어진다. 이와 같은 사실에 대해서는 미분방정식의 전문서적을 참조하시오.

4. $\left\{\dfrac{1}{\sqrt{2A}}e^{in\pi x/A} : n = 0, \pm 1, \pm 2, \cdots\right\}$는 $L^2(-A, A)$의 완전정규직교계임을

보이시오.

5. 정리 7의 증명에서 정의한 $\|f\|_H$에 대해

$$\|af\|_H = |a|\,\|f\|_H, \quad \|f+g\|_H \le \|f\|_H + \|g\|_H$$

가 성립함을 보이시오.

6. $f \in L^1(\mathbb{R})$, $a, b \in \mathbb{R}$ 라 한다. 이 때 다음이 성립한다.

(a) $g(x) = f(x)e^{iax}$ 이면 $\hat{g}(\xi) = \hat{f}(\xi - a)$.

(b) $g(x) = f(x-a) = f_a(x)$ 이면 $\hat{g}(\xi) = \hat{f}(\xi)e^{-ia\xi}$.

(c) $g \in L^1(\mathbb{R})$ 이고 $h = f * g$ 이면 $\hat{h}(\xi) = \hat{f}(\xi)\hat{g}(\xi)$.

(d) $g(x) = \overline{f(-x)}$ 이면 $\hat{g}(\xi) = \overline{\hat{f}(\xi)}$.

(e) $g(x) = f(x/b)$, $b > 0$ 이면 $\hat{g}(\xi) = b\hat{f}(b\xi)$.

(f) $g(x) = -ixf(x)$, $g \in L^1(\mathbb{R})$ 이면 $\hat{f}$는 미분가능이고 $\hat{f}'(\xi) = \hat{g}(\xi)$.

7. $f, g \in L^1(\mathbb{R}) \cap L^2(\mathbb{R})$ 이면 $f * g \in L^1(\mathbb{R}) \cap L^2(\mathbb{R})$ 임을 보이시오.

8. $a > 0$ 일 때 $\displaystyle\sum_{n=-\infty}^{\infty} \frac{1}{n^2 + a^2} = \frac{\pi}{a} \frac{e^{2\pi a} + 1}{e^{2\pi a} - 1}$ 로 됨을 보이시오.

(Hint : $f(x) = e^{-a|x|}$ 에 정리 11을 적용하시오)

9. $0 < c < \infty$ 에 대해 $f_c(x) = \exp(-cx^2)$ 라 하자.

(1) $\hat{f_c}$를 계산하시오.

(Hint : $\phi(\xi) = \hat{f_c}(\xi)$ 라 할 때 부분적분을 하여 $2c\phi'(\xi) + \xi\phi(\xi) = 0$ 로 됨을 보이시오.)

(2) $\hat{f_c} = (2\pi)^{1/2} f$ 로 되는 유일한 c가 존재함을 보이시오.

(3) $f_a * f_b = \gamma f_c$ 로 되는 γ와 c를 a, b로 표시하시오.

(4) 정리 11에서 $f = f_c$ 라 할 때 어떤 등식을 얻는가?

10. (1) $f_n = \chi_{[-n,n]}$, $g = \chi_{[-1,1]}$ 라 할 때 $f_n * g$를 구하시오.

(2) $h_n(x) = \dfrac{\sin x \sin nx}{x^2}$ 라 할 때 $h_n \in L^1(\mathbb{R})$ 이고 $f_n * g$가 $\hat{h_n}$의 상수배로 됨을 보이시오.

(3) $\|h_n\|_1 \to \infty$ 로 됨을 보이시오.

(4) Fourier변환 $f \mapsto \hat{f}$ 이 $L^1(\mathbb{R})$에서 $C_0(\mathbb{R})$로의 전사가 아님을 보이고 그 상이 $C_0(\mathbb{R})$에서 조밀함을 보이시오.

11. (1) $f(x) = x$ $(0 \le x \le 2\pi)$ 에 대해 Parseval의 등식을 쓰시오.

(2) $f(x) = |x|$ $(0 \le x \le 2\pi)$ 에 대해 Parseval의 등식을 쓰시오.

(3) $f(x) = x^2$ $(0 \le x \le 2\pi)$ 에 대해 Parseval의 등식을 쓰시오.

부 록

A. Borel집합이 아닌 Lebesgue가측집합이 존재한다

이것은 Borel집합대수 $\mathscr{B}$와 Lebesgue가측집합 전체인 σ-대수 $\mathscr{L}$의 기수가 상이한 것으로부터 알 수 있다.

우선 $\mathscr{L}$의 기수를 생각하자. 구간 $[0,1]$속의 Cantor집합 C를 생각하면 측도 0인 집합이므로, Lebesgue측도가 완비인 것으로부터, C의 임의의 부분집합은 $\mathscr{L}$에 속한다. 또 집합 C의 기수는 실수전체 $\mathbb{R}$의 기수 $\aleph$와 같다. 이것은 C의 원소는, 3진법 소수로 전개했을 때 1이 나오지 않은 수의 전체이며(→1장 문제 7), 그 소수전개에서 0을 0, 2를 1로 쓴 것을 2진법 소수로 보면, 이것은 $[0,1]$안의 모든 수와 1대1대응하게 되기 때문이다(엄밀히 따지면 1대1이 아닌 점이 있으나 그런 점은 가산집합이다). C의 부분집합 전체의 기수는 $2^{\aleph}$이므로 $\mathscr{L}$의 기수는 $2^{\aleph}$보다 크거나 같다. 한편 $\mathbb{R}$의 부분집합 전체의 기수 또한 $2^{\aleph}$이므로 $\mathscr{L}$의 기수는 $2^{\aleph}$보다 작거나 같다. 고로 $\mathscr{L}$의 기수는 $2^{\aleph}$이다.

다음 Borel집합대수 $\mathscr{B}$의 기수를 생각하자. 이를 위해서는 Borel집합의 구성방법을 생각해야 하기 때문에 자세하게 설명할 수 없다.

2.5절의 B 다음에 설명한 것부터 고찰을 진행하자. 개구간은 그 양 끝점을 정하면 결정되므로, 개구간 전체의 기수는 $\aleph \times \aleph = \aleph$ 이다. 개집합은 가산개의 개구간의 합집합이므로, 결국 개구간을 가산개 갖고 온다. 그 선택방법 전체의 기수는 $\aleph^{\aleph_0} = \aleph$ 이다. G_δ-집합에 대해서도 같은 것을 하고 역시 $\aleph^{\aleph_0} = \aleph$ 만큼 있다. $G_{\delta\sigma}$, $G_{\delta\sigma\delta}$, $G_{\delta\sigma\delta\sigma}$, $\cdots$ 와 같이 차례로 해 가고, 그것을 모두 모으면 $\aleph + \aleph + \cdots$ (가산개) $= \aleph_0 \aleph = \aleph$ 만큼의 기수로 된다. 다음 이것들에 대해 가산개의 합집합, 교집합을 취한 연산을 반복한다. 이것을 계속해 가는데 이 조작을 제 1급, 2급의 순서수의 전체에 걸쳐서 반복한다. 매번 생긴 것들 전체의 기수는 항상 $\aleph$이므로, 이렇게 만들어진 것 전체의 기수는 $\aleph_1 \aleph$이다($\aleph_1$은 $\aleph_0$의 다음 큰 기수, 연속체가설을 인정하면 $\aleph_1 = \aleph$ 이지만, 그것은 필요없다). 그리고 $\aleph \le \aleph_1 \aleph \le \aleph \aleph = \aleph$ 이므로 Borel집합대수

$\mathscr{B}$의 기수는 $\aleph$ 이다.

고로 "$\mathscr{B}$의 기수"<"$\mathscr{L}$의 기수" 로 되어 이것은 $\mathscr{B}$에 속하지 않은 $\mathscr{L}$의 집합이 존재함을 뜻한다.

B. $f(x+y)=f(x)+f(y)$ 를 만족하는 함수에 대해

이와 같은 f가 연속이면 $f(x)=cx$ 라는 꼴밖에 없음은 6장 문제 9(1)에서 언급하였다. 그러나 불연속인 f는 많이 존재하므로 무조건적으로 $f(x)=cx$ 라는 결론을 내릴 수 없다.

이것을 보이기 위해 Hamel의 기저[1]를 이용한다. 이것은 $\mathbb{R}$속의 다음과 같은 집합 B_0이다.

(1) B_0의 임의 유한개의 원소들은 유리수 전체 $\mathbb{Q}$에 관해 일차독립.

(2) 임의의 $x \in \mathbb{R}$ 는 적당한 유한개의 $b_1, \cdots, b_n \in B_0$ 과 $r_1, \cdots, r_n \in \mathbb{Q}$ 에 의해

$$x = r_1 b_1 + r_2 b_2 + \cdots + r_n b_n$$

로 표시된다.

지금 $f(x+y)=f(x)+f(y)$ 부터

$$f(rx) = rf(x) \quad (r \in \mathbb{Q})$$

를 쉽게 알 수 있으므로 $f(x)$는 $\mathbb{R}$상의 $\mathbb{Q}$에 관한 선형범함수이고, 선형범함수는 위의 (1), (2)의 성질부터, f의 B_0상의 값을 정하면, 그것으로부터 완전히 결정된다.

지금 B_0의 기수를 a라 하자. 그러면 f의 B_0상에 (실수)값을 매기는 방법은 $\aleph^a$만큼 있다.

한편 (1), (2)의 성질부터 a는 $\aleph = \aleph_0 a$ 를 만족하는 기수로 됨을 알 수 있으므로 $a = \aleph$ 이다(무한기수에 대해서는 $\aleph_0 a = a$).

따라서 $\aleph^a = \aleph^\aleph = 2^\aleph > \aleph$.

이 말은 이러한 함수가 $f(x)=cx$ (c는 실수) 라는 꼴인 함수 이외에 많이 있음을 보여주고 있다.

1) $\mathbb{Q}$-독립인 $\mathbb{R}$의 부분집합을 생각하고 그것의 maximal을 생각하면 된다. 선형대수학의 교제를 참조하시오.

C. 볼록함수

수직선 $\mathbb{R}$상의 어떤 유계 폐구간 $[c, d]$에서 정의된 볼록함수 $\varphi(x)$란

$$x, x' \in [c, d],\ 0 < \alpha < 1 \Rightarrow \varphi(\alpha x + (1-\alpha)x') \leq \alpha\varphi(x) + (1-\alpha)\varphi(x') \quad (1)$$

를 만족하는 함수이다.

(가) $\varphi(x)$는 개구간 (c, d)에서 연속이다.

$\because$ $c \leq x_1 < x_2 < x_3 \leq d$ 라 하면

$$x_2 = \frac{x_3 - x_2}{x_3 - x_1}x_1 + \frac{x_2 - x_1}{x_3 - x_1}x_3$$

이므로

$$\varphi(x_2) \leq \frac{x_3 - x_2}{x_3 - x_1}\varphi(x_1) + \frac{x_2 - x_1}{x_3 - x_1}\varphi(x_3)$$

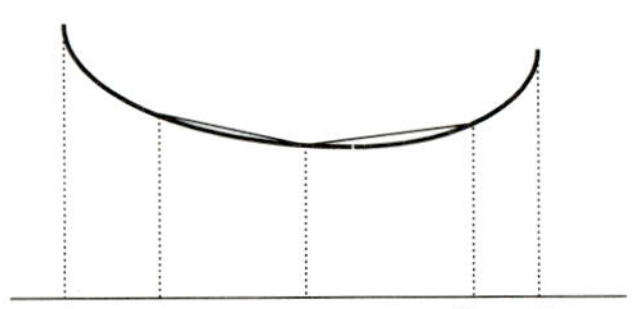

그림 1

이것을 변형하여

$$\frac{\varphi(x_2) - \varphi(x_1)}{x_2 - x_1} \leq \frac{\varphi(x_3) - \varphi(x_2)}{x_3 - x_2} \quad (2)$$

를 얻는다. $x_0 \in (c, d)$ 라 하고 $c < x_1 < x_0 < x_2 < d$ 라 하면 $x_0 \pm h \in [x_1, x_2]$ $(h > 0)$ 라 할 때 (2)부터

$$\frac{\varphi(x_1) - \varphi(c)}{x_1 - c}h \leq \varphi(x_0) - \varphi(x_0 - h) \leq \varphi(x_0 + h) - \varphi(x_0) \leq \frac{\varphi(d) - \varphi(x_2)}{d - x_2}h.$$

고로

$$h \to 0 \text{ 일 때 } \varphi(x_0 + h) \to \varphi(x_0)$$

로 되어 φ는 x_0에서 연속이다.

$x = c, d$ 에서는 $\varphi(c)$, $\varphi(d)$의 값을 이들보다 큰 임의의 값으로 대체해도 (1)의 성질은 유지되므로 연속성은 보장할 수 없다.

또 (2)부터

a. 구간 (c, d)의 모든 점에서 $\varphi(x)$는 우측 미분계수 $D^+\varphi(x)$, 좌측 미분계수 $D^-\varphi(x)$를 가진다.

b. $D^-\varphi(x) \leq D^+\varphi(x)$.

c. $D^+\varphi(x)$, $D^-\varphi(x)$는 모두 단조증가.

로 됨을 알 수 있다. 이것부터

d. $\varphi(x)$는 (c, d)에서 많아야 가산개의 점을 제외하여 미분가능이다.

다음 조건 (1)이

$$x, x' \in [c, d] \quad \Rightarrow \quad \varphi\left(\frac{x+x'}{2}\right) \le \frac{\varphi(x)+\varphi(x')}{2} \tag{3}$$

로 대치할 수 있는가 고찰하여 보자.

(3)부터, (1)에서의 α가 2진법 분수(즉 $q/2^n$ 인 꼴인 수)일 때 (1)이 성립함을 알 수 있다. 실제로 $n=1$ 이면 (3)식이고 $n=k$ 일 때 성립한다하면 $1 < q < 2^k$ 라 하고 $\frac{q}{2^{k+1}}x + \left(1 - \frac{q}{2^{k+1}}\right)x' = \frac{1}{2}\left(\frac{q}{2^k}x + \left(1 - \frac{q}{2^k}\right)x'\right) + \frac{1}{2}x'$ 이므로

$$\begin{aligned}\varphi\left(\frac{q}{2^{k+1}}x + \left(1 - \frac{q}{2^{k+1}}\right)x'\right) &\le \frac{1}{2}\varphi\left(\frac{q}{2^k}x + \left(1 - \frac{q}{2^k}\right)x'\right) + \frac{1}{2}\varphi(x') \\ &\le \frac{1}{2}\left(\frac{q}{2^k}\varphi(x) + \left(1 - \frac{q}{2^k}\right)\varphi(x')\right) + \frac{1}{2}\varphi(x') \\ &= \frac{q}{2^{k+1}}\varphi(x) + \left(1 - \frac{q}{2^{k+1}}\right)\varphi(x')\end{aligned}$$

이다(둘째 부등식에서 귀납법의 가정을 썼다).

(나) (3)이 성립해도 (1)이 일반적으로 성립한다고 할 수 없다.

$\because$ $\mathbb{R}$상에서 $f(x+y) = f(x) + f(y)$ 를 만족하는 f가 반드시 연속이지 않은 것부터 알 수 있다(→부록 B).

(다) (3)을 만족하는 $\varphi(x)$가 (c, d)속의 어떤 점에서 연속이면, $\varphi(x)$는 구간 (c, d)전체에서 연속이고 (1)이 성립한다.

$\because$ $\varphi(x)$가 x_0에서 연속이고 $x_0 < x_1 < d$ 라 한다.

우선 $\varphi(x)$가 x_1에서 불연속이라 하면, x_1의 임의의 근방에서 $\varphi(x)$는 위로 유계가 아님을 보이자. $\epsilon > 0$ 에 대해 $h_n \to 0$, $|\varphi(x_1 + h_n) - \varphi(x_1)| \ge \epsilon$ 를 만족한 적당한 수열 h_n이 존재한다. $\varphi(x_1) \le \frac{\varphi(x_1 + h_n) + \varphi(x_1 - h_n)}{2}$ 이므로 $\varphi(x_1 + h_n) \ge \varphi(x_1) + \epsilon$ 또는 $\varphi(x_1 - h_n) \ge \varphi(x_1) + \epsilon$ 이다. 지금 $\varphi(x_1 + h_n) \ge \varphi(x_1) + \epsilon$ 라 하자. 그러면 $\varphi(x_1 + 2^k h_n) \ge \varphi(x_1) + 2^k \epsilon$ 로 된다. 단 $|h_n| \le 2^{-k}\min\{x_1 - x_0, d - x_1\}$ 로 되게끔 n을 크게 잡는다. 고로 $\varphi(x)$는 x_1의 근방에서 얼마든지 큰 값을 가지게 된다. $\varphi(x_1 - h_n) \ge \varphi(x_1) + \epsilon$ 일 때도 마찬가지이다.

다음 $|x-x_0|<\delta$ 이면 $|\varphi(x)-\varphi(x_0)|<\epsilon$ 이라 하자. $\alpha=\frac{d-x_1}{d-x_0}$ 라 하면 $x_0=\frac{x_1-(1-\alpha)d}{\alpha}$. α'는 2진법 분수이고 $x_0{}'=\frac{x_1-(1-\alpha')d}{\alpha'}$ 가 $|x_0{}'-x_0|<\frac{\delta}{2}$ 를 만족하게끔 잡는다. 그러면 $|x-x_0{}'|<\frac{\delta}{2}$ 라 하면 $|x-x_0|<\delta$ 이므로 $\varphi(x) \le \varphi(x_0)+\epsilon$. 그리고

$$\left\{\alpha' x+(1-\alpha')d : |x-x_0{}'|<\frac{\delta}{2}\right\}$$

는 x_1의 근방이고 그 속에 있는 y에 대해

$$\varphi(y) \le \alpha'\varphi(x)+(1-\alpha')\varphi(d) \le \alpha'(\varphi(x_0)+\epsilon)+(1-\alpha')\varphi(d)$$

로 되어 위로 유계이다.

고로 처음 말한 것과 합치면 x_1에서 연속이다. $c<x_1<x_0$ 에서도 연속으로 되는 것도 마찬가지이다.

임의의 $0<\alpha<1$ 를 2진법 전개할 때 제 n자리까지를 α_n이라 하면 $\alpha_n \to \alpha$ 이고 (1)식이 α_n에 대해 성립하고 있으므로 $\varphi(x)$의 연속성에 의해 (1)이 성립함을 안다.

(라) (3)을 만족하는 $\varphi(x)$가 구간 $[c, d]$의 어떤 부분구간에서 위로 유계이면 $\varphi(x)$는 (1)을 만족한다.

∵ (다)의 처음 말했듯이 부분구간에 속하는 점에서 불연속이라 하면 그 점의 근방에서 위로 비유계가 되므로 가정에 모순이다. 고로 부분구간에 속하는 점에서 연속이고 (다)에 의해 (1)이 성립한다.

(마) (3)을 만족하는 $\varphi(x)$가 구간 $[c, d]$에서 Lebesgue가측이면 $\varphi(x)$는 (1)을 만족한다.

∵ $m(\{\varphi \le \gamma\})>0$ 와 같은 γ를 잡자. $M=\{\varphi \le \gamma\}$ 라 할 때 $\frac{1}{2}(M+M)$ 는 구간을 포함하고 (→6장의 문제 8), 이 구간에서 $\varphi(x) \le \gamma$ 이다. 고로 (마)에 의해 $\varphi(x)$는 (1)을 만족한다.

D. Riesz의 표현정리

정리 S를 국소 compact Hausdorff공간, $C_c(S)$를 S상의 compact인 받침을 가진 연속함수 전체가 이룬 벡터공간이라 한다. L은 $C_c(S)$상의 양인 선형범함수 즉 $L: C_c(S) \to \mathbb{R}$

$$L(f_1+f_2)=L(f_1)+L(f_2),\ L(\alpha f)=\alpha L(f)$$
$$(f_1, f_2, f \in C_c(S),\ \alpha \in \mathbb{R})$$
$$f \geq 0 \text{ 이면 } L(f) \geq 0$$

를 만족하는 것이다. 이 때 S상의 정칙측도 μ가 존재하여

$$L(f)=\int_S f d\mu \quad (f \in C_c(S))$$

이다. 이러한 μ는 일의적으로 결정된다(→6.1절 정리 2의 끝).

이것을 L에 의해 정해진 **Radon측도**라 한다.

증명 증명을 단계적으로 하자. 앞으로 함수 f의 받침을 $\operatorname{supp} f$로 나타낸다. 즉 $\operatorname{supp} f=\overline{\{s: f(s) \neq 0\}}$

A. 개집합 O에 대해

$$\mu^*(O)=\sup\{L(f): f \in C_c(S),\ 0 \leq f \leq 1,\ \operatorname{supp} f \subset O\}$$

라 놓자. 또 임의의 집합 A에 대해

$$\mu^*(A)=\inf\{\mu^*(O): O\text{는 개집합},\ A \subset O\}$$

라 한다. 이 때 μ^*는 Carathéodory의 외측도로 된다.

(증명) 조건 1° $\mu^*(\varnothing)=0$, 2° $A \subset B$ 이면 $\mu^*(A) \leq \mu^*(B)$ 는 분명하다. 조건 3° : $\mu^*\left(\bigcup_{n=1}^{\infty} A_n\right) \leq \sum_{n=1}^{\infty} \mu^*(A_n)$ 를 보이도록 하자. 이를 위해서는 다음 단계들이 필요하다.

(1) $f \geq 0$, $f(s) \geq 1$ $(s \in A)$ 이면 $\mu^*(A) \leq L(f)$ 이다.

∵ 임의의 $1>\epsilon>0$ 에 대해 $O_\epsilon=\{s: f(s)>1-\epsilon\}$ 라 하면 O_ϵ은 개집합이며 $A \subset O_\epsilon$ 이다. $0 \leq g \leq 1$, $\operatorname{supp} g \subset O_\epsilon$ 와 같은 $g \in C_c(S)$ 를 생각하면 $(1-\epsilon)g \leq f$ 이다. 고로 $L(g) \leq (1-\epsilon)^{-1}L(f)$. 따라서

$$\mu^*(A) \leq \mu^*(O_\epsilon) \leq (1-\epsilon)^{-1}L(f).$$

$\epsilon \to 0$ 라 하면 $\mu^*(A) \leq L(f)$.

(2) 개집합 O에 대해 $\mu^*(O)=\sup\{\mu^*(C): C\text{는 compact},\ C \subset O\}$.

$\because$ (1)부터 $0 \leq f \leq 1$, $\operatorname{supp} f \subset O$ 이면 $L(f) \leq \mu^*(\operatorname{supp} f) \leq \mu^*(O)$ 임을 안다. 그리고 $\mu^*(O) = \sup L(f)$ 이므로 $\mu^*(O) = \sup\{\mu^*(\operatorname{supp} f)\}$ 이다. 이것부터 $\mu^*(O) = \sup \mu^*(C)$ 를 안다.

(3) 개집합 O_1, O_2 에 대해 $\mu^*(O_1 \cup O_2) \leq \mu^*(O_1) + \mu^*(O_2)$.

$\because$ $C \subset O_1 \cup O_2$ 와 같은 compact집합 C에 대해 compact집합 C_1, C_2를 $C_1 \subset O_1$, $C_2 \subset O_2$, $C \subset C_1 \cup C_2$ 와 같이 잡을 수 있다. 왜냐하면 각 $s \in C$ 에 대해 U_s를 s의 근방으로 $\overline{U_s}$가 compact 이고 $\overline{U_s} \subset O_1$ 또는 $\overline{U_s} \subset O_2$ 로 되는 것을 잡으면 C는 이것들의 유한개로 덮을 수 있다. 그것을 $U_{s(j)}$ $(j = 1,2,\cdots,n)$ 라 하자. 지금 O_1에 포함되는 것을 $\overline{U_{s(j)}}$ $(j = 1,2,\cdots,k)$ O_2에 포함되는 것을 $\overline{U_{s(j)}}$ $(j = k+1,\cdots,n)$ 라 하고

$$C_1 = \bigcup_{j=1}^{k} \overline{U_{s(j)}}, \quad C_2 = \bigcup_{j=k+1}^{n} \overline{U_{s(j)}}$$

라 놓으면 $C_1 \subset O_1$, $C_2 \subset O_2$, $C \subset C_1 \cup C_2$ 이다.

고로 Uryson의 보조명제에 의해 C_1, C_2에 대해 $f_1, f_2 \in C_c(S)$ 를 $0 \leq f_1$, $f_2 \leq 1$ 이면서

$$f_1(s) = \begin{cases} 1, & (s \in C_1) \\ 0, & (s \notin O_1) \end{cases} \quad ; \quad f_2(s) = \begin{cases} 1, & (s \in C_2) \\ 0, & (s \notin O_2) \end{cases}$$

를 만족하게끔 잡을 수 있다. $s \in C$ 일 때 $f_1(s) + f_2(s) \geq 1$ 이므로 (1)에 의해

$$\mu^*(C) \leq L(f_1 + f_2) = L(f_1) + L(f_2) \leq \mu^*(O_1) + \mu^*(O_2).$$

C는 $O_1 \cup O_2$에 포함된 임의의 compact집합이므로 (2)에 의해

$$\mu^*(O_1 \cup O_2) \leq \mu^*(O_1) + \mu^*(O_2).$$

(4) 개집합 O_1, O_2, $\cdots$가 $O_1 \subset O_2 \subset \cdots$ 이면 $O = \bigcup_{n=1}^{\infty} O_n$ 에 대해

$$\mu^*(O) = \sup\{\mu^*(O_n) : n = 1,2,\cdots\}.$$

$\because$ C를 compact이고 $C \subset O$ 라 하면 적당한 k에 대해 $C \subset O_k$ 이다. 고로 $\mu^*(C) \leq \mu^*(O_k) \leq \sup \mu^*(O_n)$. (2)에 의해 $\mu^*(O) \leq \sup \mu^*(O_n)$.

역으로 $O_n \subset O$ 부터 $\mu^*(O_n) \leq \mu^*(O)$ 이고 $\sup \mu^*(O_n) \leq \mu^*(O)$.

(5) $\mu^*\left(\bigcup_{n=1}^{\infty} A_n\right) \le \sum_{n=1}^{\infty} \mu^*(A_n)$.

∵ 어느 n에 대해 $\mu^*(A_n) = \infty$ 이면 당연하다. 모든 $n = 1, 2, \cdots$ 에 대해 $\mu^*(A_n) < \infty$ 라 하자. 임의로 $\epsilon > 0$ 을 줄 때 개집합 O_n $(n = 1, 2, \cdots)$ 이

$$A_n \subset O_n, \quad \mu^*(O_n) < \mu^*(A_n) + \frac{\epsilon}{2^n}$$

를 만족하게끔 존재한다. 그러면 (3), (4)부터

$$\begin{aligned}\mu^*\left(\bigcup_{n=1}^{\infty} A_n\right) &\le \mu^*\left(\bigcup_{n=1}^{\infty} O_n\right) = \mu^*\left(\bigcup_{n=1}^{\infty}\left(\bigcup_{k=1}^{n} O_k\right)\right) \\ &= \sup\left\{\mu^*\left(\bigcup_{k=1}^{n} O_k\right) : n = 1, 2, \cdots\right\} \\ &\le \sup\left\{\sum_{k=1}^{n} \mu^*(O_k) : n = 1, 2, \cdots\right\} \\ &= \sum_{n=1}^{\infty} \mu^*(O_n) = \sum_{n=1}^{\infty} \mu^*(A_n) + \epsilon\end{aligned}$$

이다. $\epsilon > 0$ 은 임의로 잡았으므로 $\mu^*\left(\bigcup_{n=1}^{\infty} A_n\right) \le \sum_{n=1}^{\infty} \mu^*(A_n)$. □

B. 이 Carathéodory의 외측도 μ^*에 대해 1.4절 정리 3을 써서 측도공간 $(S, \mathscr{M}, \mu)$를 구성한다. 측도 μ는 정칙측도이다.

(증명) 이것도 단계적으로 보이자.

(1) 이 측도공간은 완비 측도공간이다(→2장 문제 4)

(2) $A_1 \subset O_1$, $A_2 \subset O_2$, O_1, O_2는 개집합이고 $O_1 \cap O_2 = \varnothing$ 이면

$$\mu^*(A_1 \cup A_2) = \mu^*(A_1) + \mu^*(A_2).$$

∵ 우선 U_1, U_2가 개집합이고 $U_1 \subset O_1$, $U_2 \subset O_2$ 이면

$$\mu^*(U_1 \cup U_2) = \mu^*(U_1) + \mu^*(U_2)$$

이다. 왜냐하면 $\mu^*(U_1) = \infty$ 또는 $\mu^*(U_2) = \infty$ 이면 $\mu^*(U_1 \cup U_2) = \infty$ 이므로 $\mu^*(U_1 \cup U_2) = \mu^*(U_1) + \mu^*(U_2)$ 이다. 고로 $\mu^*(U_1), \mu^*(U_2) < \infty$ 라 하자. 임의의 $\epsilon > 0$ 에 대해 $0 \le f_1, f_2 \le 1$, $\operatorname{supp} f_1 \subset U_1$, $\operatorname{supp} f_2 \subset U_2$ 를 만족하는 $f_1, f_2 \in C_c(S)$ 가 존재하여

$$L(f_1) > \mu^*(U_1) - \epsilon, \qquad L(f_2) > \mu^*(U_2) - \epsilon$$

이다. $\overline{\{s : f_1(s)+f_2(s) \neq 0\}} \subset \overline{\{s : f_1(s) \neq 0\}} \cup \overline{\{s : f_2(s) \neq 0\}} \subset U_1 \cup U_2$ 이고 $U_1 \cap U_2 = \varnothing$ 이므로 $0 \leq f_1 + f_2 \leq 1$ 이다. 고로

$$\mu^*(U_1 \cup U_2) \geq L(f_1+f_2) = L(f_1)+L(f_2) > \mu^*(U_1)+\mu^*(U_2)-2\epsilon.$$

$\epsilon > 0$ 이 임의로 잡았으므로 $\mu^*(U_1 \cup U_2) \geq \mu^*(U_1)+\mu^*(U_2)$ 이다. 역의 부등식은 위의 A.(3)에 의한다.

위와 같이 $\mu^*(A_1 \cup A_2) = \infty$ 이면 등식이 성립하므로 $\mu^*(A_1 \cup A_2) < \infty$ 라 가정한다. 임의의 $\epsilon > 0$ 에 대해 개집합 U가 존재하여

$$A_1 \cup A_2 \subset U, \quad \mu^*(U) < \mu^*(A_1 \cup A_2)+\epsilon$$

이다. $A_1 \cup A_2 \subset (O_1 \cap U) \cup (O_2 \cap U)$, $A_1 \subset O_1 \cap U$, $A_2 \subset O_2 \cap U$ 이고 U_1, U_2가 서로 소이므로

$$\begin{aligned}\mu^*(A_1)+\mu^*(A_2) &\leq \mu^*(O_1 \cap U)+\mu^*(O_2 \cap U)\\ &= \mu^*((O_1 \cap U) \cup (O_2 \cap U))\\ &\leq \mu^*(U) < \mu^*(A_1 \cup A_2)+\epsilon.\end{aligned}$$

이것이 임의의 $\epsilon > 0$ 에 대해 성립하므로 $\epsilon \to 0$ 로 하여 $\mu^*(A_1 \cup A_2) \geq \mu^*(A_1)+\mu^*(A_2)$. 역의 부등식은 A.(5)에 의한다.

(3) O는 개집합, C는 compact집합이고 $C \subset O$ 이면

$$\mu^*(O \setminus C) = \mu^*(O) - \mu^*(C).$$

$\because$ $\mu^*(O) \leq \mu^*(O \setminus C)+\mu^*(C)$ 이므로 $\mu^*(O) \geq \mu^*(O \setminus C)+\mu^*(C)$ 를 보이면 된다. $O \setminus C$는 개집합이므로 A.(2)에 의해 compact집합 $C_1, C_2, \cdots$로 $C_n \subset O \setminus C$, $\mu^*(O \setminus C) = \sup\{\mu^*(C_n) : n = 1,2,\cdots\}$ 와 같이 잡을 수 있다. C_n, C는 compact이고 $C \cap C_n = \varnothing$ 이므로 개집합 $O_n^{(1)}, O_n^{(2)}$로

$$C \subset O_n^{(1)}, \quad C_n \subset O_n^{(2)}, \quad O_n^{(1)} \cap O_n^{(2)} = \varnothing$$

와 같은 것을 잡을 수 있다. 고로 (2)에 의해

$$\mu^*(C)+\mu^*(C_n) = \mu^*(C \cup C_n) \leq \mu^*(O).$$

n에 대해 상한을 취하면 $\mu^*(O) \geq \mu^*(O \setminus C)+\mu^*(C)$.

(4) 개집합은 $\mathscr{M}$에 속한다.

$\because$ 개집합 O가 $O \in \mathscr{M}$ 이기 위해서는 임의의 부분집합 A에 대해

$$\mu^*(A) = \mu^*(A \cap O)+\mu^*(A \cap O^c)$$

로 됨을 보이면 된다. $\leq$는 성립하므로 $\geq$를 보이면 된다.

개집합 O에 대해 A.(2)부터 compact집합 $C_1, C_2, \cdots$로 $C_n \subset O$, $\mu^*(O) = \sup\{\mu^*(C_n) : n = 1, 2, \cdots\}$ 와 같은 것을 잡을 수 있다. 그러면 C_n은 compact이고 O^c는 폐집합이고 $C_n \cap O^c = \varnothing$ 이므로 개집합 $O_n^{(1)}, O_n^{(2)}$로

$$C_n \subset O_n^{(1)},\ O^c \subset O_n^{(2)},\ O_n^{(1)} \cap O_n^{(2)} = \varnothing$$

와 같은 것을 잡을 수 있다. 고로 (2)에 의해

$$\mu^*(A \cap C_n) + \mu^*(A \cap O^c) = \mu^*(A \cap (C_n \cup O^c)) \leq \mu^*(A). \qquad (\$)$$

그런데 (3)에 의해

$$\begin{aligned} \mu^*(A \cap O) - \mu^*(A \cap C_n) &\leq \mu^*(A \cap (O \setminus C_n)) \\ &\leq \mu^*(O \setminus C_n) = \mu^*(O) - \mu^*(C_n) \end{aligned}$$

따라서 양변의 n에 대한 하한을 취하면 $\mu^*(O) = \sup\{\mu^*(C_n) : n = 1, 2, \cdots\}$ 이므로 $\sup\{\mu^*(A \cap C_n) : n = 1, 2, \cdots\} = \mu^*(A \cap O)$ 로 되어 ($)에서 n에 대한 상한을 취하면

$$\mu^*(A \cap O) + \mu^*(A \cap O^c) \leq \mu^*(A).$$

(5) (4)에 의해 개집합, 폐집합도 가측이고 따라서 Borel집합은 모두 가측이다. 또 compact집합이 모두 측도가 유한인 것도 A.(1)부터 알 수 있다.

(6) $M \in \mathscr{M}$, $\mu(M) < \infty$ 라 하면, 임의의 $\epsilon > 0$ 에 대해 개집합 O로

$$M \subset O,\ \mu(O \setminus M) = \mu(O) - \mu(M) < \epsilon$$

와 같은 것이 있는 것은 $\mu^*(M)$의 정의부터 분명하다.

다음 위의 O에 대해 개집합 U를 $O \setminus M \subset U$, $\mu(U) < \mu(O \setminus M) + \frac{\epsilon}{2}$ 와 같이 잡자. 그러면 $O \cap U^c \subset M$ 이고

$$\mu(M) - \mu(O \cap U^c) \leq \mu(U \setminus (O \setminus M)) < \frac{\epsilon}{2}.$$

A.(2)에 의해 compact집합 C_0로 $C_0 \subset O$ 및 $\mu(O) < \mu(C_0) + \frac{\epsilon}{2}$ 와 같은 것이 존재한다. 이것에 대해 $C = C_0 \cap U^c$ 라 하면 C는 compact집합이고 $C \subset M$, 및

$$\begin{aligned} \mu(M) - \mu(C) &= \mu(M) - \mu(O \cap U^c) + \mu(O \cap U^c) - \mu(C_0 \cap U^c) \\ &\leq \frac{\epsilon}{2} + \mu((O \setminus C_0) \cap U^c) \leq \frac{\epsilon}{2} + \mu(O \setminus C_0) < \epsilon. \end{aligned}$$

고로 μ는 정칙측도이다. □

C. $f \in C_c(S)$ 에 대해

$$L(f) = \int_S f d\mu.$$

(증명) $0 \le f \le 1$ 일 때 이 식을 보이면 된다.

임의의 $n = 1, 2, \cdots$ 에 대해

$$O_{n,k} = \left\{ s : f(s) > \frac{k-1}{n} \right\},\ C_{n,k} = \left\{ s : f(s) \ge \frac{k}{n} \right\},\ (k = 1, 2, \cdots, n)$$

라 하면 $C_{n,k}$는 compact, $O_{n,k}$는 개집합이고 $C_{n,k} \subset O_{n,k}$. 따라서

$$0 \le f_{n,k} \le 1,\ f_{n,k}(s) = 1\ (s \in C_{n,k}),\ \operatorname{supp} f_{n,k} \subset O_{n,k}$$

와 같은 $f_{n,k} \in C_c(S)$ 가 존재한다.

$$f_n(s) = \sum_{k=1}^{n} \frac{1}{n} f_{n,k}(s)$$

라 놓으면

$$0 \le f - f_n \le \frac{1}{n} F.$$

여기서 $F \in C_c(S)$ 는 $0 \le F \le 1$ 및 $F(s) = 1\ (s \in \operatorname{supp} f)$ 인 함수이다. 고로

$$0 \le L(f) - L(f_n) \le \frac{1}{n} L(F)$$

이면 $\lim_{n \to \infty} L(f_n) = L(F)$.

단 $C_{n,0} = C_0 = \operatorname{supp} f$, $O_{n,n+1} = C_{n,n+1} = \varnothing$. 지금 $s \in C_{n,k-1} \setminus C_{n,k}$ 또는 $s \in O_{n,k} \setminus O_{n,k+1}$ 일 때는 $\frac{k-1}{n} \le f(s) \le \frac{k}{n}$ 이므로

$$\begin{aligned} L(f_n) &= \frac{1}{n} \sum_{k=1}^{n} L(f_{n,k}) \ge \frac{1}{n} \sum_{k=1}^{n} \mu(C_{n,k}) \\ &= \sum_{k=1}^{n+1} \frac{k}{n} \mu(C_{n,k-1} \setminus C_{n,k}) - \frac{1}{n} \mu(C_{n,0}) \\ &\ge \int_S f d\mu - \frac{1}{n} \mu(C_0). \end{aligned}$$

$$\begin{aligned} L(f_n) &= \frac{1}{n} \sum_{k=1}^{n} L(f_{n,k}) \le \frac{1}{n} \sum_{k=1}^{n} \mu(O_{n,k}) \\ &\le \sum_{k=1}^{n} \frac{k-1}{n} \mu(O_{n,k} \setminus O_{n,k+1}) + \frac{1}{n} \mu(O_{n,1}) \end{aligned}$$

$$\leq \int_S f d\mu + \frac{1}{n}\mu(C_0).$$

이에 의해

$$L(f) = \int_S f d\mu$$

임을 안다. □

E. 비가측 2변수함수

4장 마지막에 언급한

(i) s를 고정할 때 t의 적분가능인 함수이고 $s \mapsto \int_T f(s,t)d\nu(t)$ 가 s의 적분가능인 함수 즉 $\int_S \left\{ \int_T f(s,t)d\nu(t) \right\} d\mu(s)$가 존재하고

(ii) t를 고정할 때 s의 적분가능인 함수이고 $t \mapsto \int_S f(s,t)d\mu(s)$ 가 t의 적분가능인 함수 즉 $\int_T \left\{ \int_S f(s,t)d\mu(s) \right\} d\mu(t)$가 존재

하지만 $f(s,t)$가 $S \times T$상 비가측인 예를 구성하자.

(1단계) $S = T = \mathbb{R}$, m을 $\mathbb{R}$ 상의 Lebesgue측도, m_2를 $\mathbb{R}^2$상의 Lebesgue측도라 하면 m_2는 $m \otimes m$의 완비화이다. $K = [0,1]^2$ 라 하고 집합모임 $\mathscr{F}$를 $\{F \subset K$: 폐집합, $m_2(F) > 0\}$라 하면 $\mathscr{F}$의 기수는 연속기수 $\aleph = \text{card}(\mathbb{R})$ 이다. 지금 $\mathscr{F}$를

$$\mathscr{F} = \{F_0, F_1, F_2, \cdots, F_\xi, \cdots\} \tag{*}$$

와 같이 정렬시킨다. 여기서 첨자로 된 순서수 ξ는 모두

$$\xi < \gamma \quad (\gamma\text{는 } \aleph\text{의 시수}) \tag{**}$$

와 같이 할 수 있다. 또 χ_{F_ξ}에 Fubini정리를 적용하면 $m((F_\xi)_{s|})$는 s의 가측함수이고 $\int_S m((F_\xi)_{s|})dm(s) = m_2(F_\xi) > 0$ 이므로 $A_\xi = \{s : m((F_\xi)_{s|}) > 0\}$는 가측이고 $m(A_\xi) > 0$ 이다. 따라서 특히

각 $F_\xi \in \mathscr{F}$ 에 대해 $\text{card}(A_\xi) = \aleph$ 와 같은 $A_\xi \subset S = \mathbb{R}$ 가 존재하여 모든 $s \in A_\xi$ 에 대해 $\text{card}((F_\xi)_{s|}) = \aleph$ 로 된다. (#)

(2단계) 모든 $F_\xi \in \mathscr{F}$ 에 대해 적당히 $z_\xi = (s_\xi, t_\xi)$, $z'_\xi = (s'_\xi, t'_\xi) \in F_\xi$ 를

$$\xi \neq \eta \Rightarrow \begin{cases} s_\xi, s'_\xi, s_\eta, s'_\eta \text{는 서로 다르고} \\ t_\xi, t'_\xi, t_\eta, t'_\eta \text{는 서로 다르다} \end{cases} \quad (\#\#)$$

와 같이 잡을 수 있음을 초한귀납법에 의해 증명하자. 우선 (#)에 의해 $z_0 = (s_0, t_0)$, $z'_0 = (s'_0, t'_0) \in F_0$ 를 $s_0 \neq s'_0$, $t_0 \neq t'_0$ 와 같이 잡을 수 있다. 지금 $F_\lambda \in \mathscr{F}$ 와 같은 순서수 λ에 대해 $\xi < \lambda$ 인 모든 ξ에 대해 (##)를 만족하는 (s_ξ, t_ξ), (s'_ξ, t'_ξ)를 잡았다고 하면, $S_\lambda = \{s_\xi, s'_\xi : \xi < \lambda\}$, $T_\lambda = \{t_\xi, t'_\xi : \xi < \lambda\}$ 의 기수는 (**)에 의해 $\aleph$보다 작다. 고로 (#)와 같은 A_λ를 잡으면 $s_\lambda \neq s'_\lambda \in A_\lambda \setminus S_\lambda$ 가 존재하고, $t_\lambda \in (F_\lambda)_{s_\lambda|} \setminus Y_\lambda$, $t'_\lambda \in (F_\lambda)_{s'_\lambda|} \setminus Y_\lambda$ 를 잡고 $t_\lambda \neq t'_\lambda$ 로 되게 잡을 수 있다. 따라서 $z_\lambda = (s_\lambda, t_\lambda)$, $z'_\lambda = (s'_\lambda, t'_\lambda)$ 라 하면 $z_\lambda, z'_\lambda \in F_\lambda$ 이고 모든 $\xi, \eta \leq \lambda$ 에 대해 (##)가 성립한다. 고로 초한귀납법에 의해 모든 F_ξ에 대해 (##)를 만족하는 z_ξ, $z'_\xi \in F_\xi$ 를 잡을 수 있다.

(3단계) 위에서 구성한 모든 x_ξ를 E, z'_ξ전체를 E'라 하면 $m_2^*(E) = m_2^*(E') = 1$ 를 보인다. 여기서 m_2^*는 $\mathbb{R}^2$의 Lebesgue외측도이다. 우선

$$G \subset \mathbb{R}^2 \text{ 가 개집합이고 } E \subset G \Rightarrow m_2(G) \geq 1$$

로 됨을 보이자. 만약 $m_2(G) < 1$ 이면 $K \setminus G$는 폐집합이고

$$m_2(K \setminus G) \geq m_2(K) - m_2(G) = 1 - m_2(G) > 0$$

이므로 $K \setminus G$는 적당한 $F_\xi \in \mathscr{F}$ 와 일치한다. 따라서 $z_\xi \in K \setminus G$ 이므로 $E \subset G$ 에 위배한다. 즉 $m_2^*(E) \geq 1$ 이다. 한편 $E \subset K$ 이므로 $m_2^*(E) \leq m_2(K) = 1$. 똑같은 방법으로 $m_2^*(E') = 1$ 이다. 한편 구성방법부터 $E \cap E' = \varnothing$ 이다. 이상으로부터 E, E'는 Lebesgue가측이 아니다. 왜냐하면 만약 E가 가측이라 하면 $m_2(E) = 1$ 이고 $K \setminus E$도 가측이므로

$$m_2^*(E') \leq m_2^*(K \setminus E) = m_2(K) - m_2(E) = 0$$

로 되어 모순. E'가 비가측인 것도 마찬가지이다.

(4단계) 위의 E의 특성함수를 $f(s,t)$라 하면 $\mathbb{R}^2$상 Lebesgue가측이 아니다. 그러나 임의의 s를 고정할 때

$s = s_\xi$ 이면 $f(s,t) = \begin{cases} 1, & (t = t_\xi) \\ 0, & (t \neq t_\xi) \end{cases}$. 고로 $f(s_\xi, t) = \chi_{\{t_\xi\}}(t) = 0$ (m-a.e. t)

모든 ξ에 대해 $s \neq s_\xi$ 이면 $f(s,t) = 0$.

똑같이 임의의 t를 고정할 때

$t = t_\xi$ 이면 $f(s,t) = \begin{cases} 1, & (s = s_\xi) \\ 0, & (s \neq s_\xi) \end{cases}$. 고로 $f(s, t_\xi) = \chi_{\{s_\xi\}}(s) = 0$ (m-a.e. s)

모든 ξ에 대해 $s \neq s_\xi$ 이면 $f(s,t) = 0$.

그러므로 (i), (ii)를 만족한다. 여기서

$$E_{s|} = \begin{cases} \{t_\xi\}, & (s = s_\xi \text{ 와 같은 } \xi\text{가 존재}) \\ \varnothing, & (\text{모든 } \xi\text{에 대해 } s \neq s_\xi) \end{cases}$$

$$E_{|t} = \begin{cases} \{s_\xi\}, & (t = t_\xi \text{ 와 같은 } \xi\text{가 존재}) \\ \varnothing, & (\text{모든 } \xi\text{에 대해 } t \neq t_\xi) \end{cases}$$

문제의 해답

1장의 문제

1. 불연속점의 집합은 $\mathbb{Q}\cap[0,1]$이고 이것은 Lebesgue측도 0이다.
직접 Darboux의 상적분을 계산하면 $[0,1]$를 $m!$등분할 때, 그 소구간 중 분모를 m이하로 한 분수의 개수는 $2+3+\cdots+(m+1)=\frac{m(m+3)}{2}$ 보다 적다. 그러므로

$$\overline{\int} f(x)dx \le \frac{1}{m!}\cdot\frac{m(m+3)}{2}\cdot\frac{1}{m}\to 0 \quad (m\to\infty).$$

2. $I=[a,b]$, $a=a_0<a_1<\cdots<a_n=b$, $I_j=[a_{j-1},a_j]$, $(j=1,2,\cdots,n)$ 이고 $A\supset I_{j(1)}\cup I_{j(2)}\cup\cdots\cup I_{j(k)}$ 라 하면 나머지 구간들은 $I\setminus A$의 덮개이다.

3. $A\subset\bigcup_{n=1}^{\infty}J_n$, J_n은 개수간이면, A는 유한개의 J_n으로 덮힌다(Heine-Borel정리).

4. $m^*(A)\le m_*(A)$ 이고 $\underline{m}_J(A)\le\overline{m}_J(A)$. $\overline{m_J}(A)=0$ 일 때 $A\subset\bigcup_{k=1}^{n}J_k$, J_k는 폐구간이면 $\overline{A}\subset\bigcup_{k=1}^{n}J_k$.

5. 1.2절 (3)(4)식에서 $\delta=\min\{x_k-x_{k-1}:k=1,2,\cdots,n\}$ 라 하고 $m^{-1}<\delta$ 와 같은 $m\in\mathbb{N}$ 을 잡고 $[a,b]$를 hm등분$(h=1,2,\cdots)$한 분할을 $\Delta(h)$라 하면 이 분할의 부분구간 중 Δ의 분점을 품은 구간은 많아야 m개이고 그 외의 구간은 모두 Δ의 부분구간 속에 품긴다. 이것부터

$$\overline{S}_{\Delta(h)}\le\overline{S}_{\Delta}+\frac{1}{h}\overline{f}([a,b]),\qquad \underline{S}_{\Delta(h)}\ge\underline{S}_{\Delta}-\frac{1}{h}\underline{f}([a,b]).$$

6. 급수는 평등수렴하므로 (nx)가 모두 연속인 x에서는 연속이고, (nx)가 불연속인 경우는 $nx-[nx]=\dfrac{1}{2}$ 인 x이다. 즉 $x=\dfrac{q}{2n}$ (q는 홀수). 이 양쪽에서 $\dfrac{1}{n^2}\sum_{k=1}^{\infty}\dfrac{1}{(2k-1)^2}=\dfrac{\pi^2}{8n^2}$ 인 차가 생긴다. 나머지는 문제 1과 동일.

7. K_k를 구성하는 2^k개의 폐구간의 길이는 3^{-k}이다. 고로 $\overline{m}_J(C)=\inf\dfrac{2^k}{3^k}=0$. H를 구성할 때 k 단계에서 얻어지는 폐구간의 합집합의 길이는 $1-\left(\dfrac{1}{4}+\dfrac{2}{4^2}+\cdots+\dfrac{2^{k-1}}{4^k}\right)=1-\dfrac{1}{2}\left(1-\dfrac{1}{2^k}\right)$ 이다. $\overline{m}_J(H)$는 이들의 inf. 고로 $\overline{m}_J(H)=\dfrac{1}{2}$. 한편 H는 구간을 포함하지 않기 때문에 $\underline{m}_J(H)=0$. 그러나 H는 폐집합이므로 Lebesgue가측이고 $m_*(H)=0$. $m(C_\alpha)=1-\sum_{k=1}^{\infty}\dfrac{2^{k-1}}{3^k}\alpha=1-\alpha$.

8. $I_{i(1)\cdots i(k)}=\left\{x:\sum_{j=1}^{k}\dfrac{2i(j)}{3^j}\le x\le\sum_{j=1}^{k}\dfrac{2i(j)}{3^j}+\dfrac{1}{3^k}\right\}$, $J_{i(1)\cdots i(k-1)}=\left\{x:\sum_{j=1}^{k}\dfrac{2i(j)}{3^j}+\dfrac{1}{3^k}<x<\sum_{j=1}^{k}\dfrac{2i(j)}{3^j}+\dfrac{2}{3^k}\right\}$ 이고 $K_k=\left\{x:\sum_{j=1}^{k}\dfrac{l(j)}{3^j}\le x\le\sum_{j=1}^{k}\dfrac{l(j)}{3^j}+\dfrac{1}{3^k},\ l(j)=0,2,\ j=1,\cdots,k\right\}$ 이다. $x\in I_{i(1)\cdots i(k)}$ 에 대해 $\sum_{j=1}^{k}\dfrac{i(j)}{2^j}\le c(x)\le\sum_{j=1}^{k}\dfrac{i(j)}{2^j}+\dfrac{1}{2^k}$ 에 주의하면 된다.

9,**10**은 Hint에 따른다.

11. $m^*(E+x)=m^*(E)$ 를 보이고 Caratheodory의 가측성을 씀.

12. $x,y\in[0,1)$ 에 대해 $x\dot{+}y=\begin{cases}x+y, & (x+y<1)\\ x+y-1, & (x+y\geq 1)\end{cases}$ 라 정의하면 $[0,1)=\bigcup_{q\in\mathbb{Q}}(P\dot{+}q)$.

13. $\mu(A_n^c)=0$ 이고 $\mu(\bigcup_{n=1}^{\infty}A_n^c)\leq\sum_{n=1}^{\infty}\mu(A_n^c)=0$ 고로 $\mu(\bigcap_{n=1}^{\infty}A_n)=1-\mu\left(\left(\bigcap_{n=1}^{\infty}A_n\right)^c\right)=1$.

14. $E_n=\{x:\mu(x)\geq 1/n\}$ 라 하면 유한집합. $\{x:\mu(\{x\})>0\}=\bigcup_{n=1}^{\infty}E_n$.

15. $\lim_{k\to\infty}\sum_{n=k}^{\infty}\mu(A_n)\to 0$ 이므로 임의의 k에 대해 $\mu(\bigcap_{k=1}^{\infty}(\bigcup_{n=k}^{\infty}A_n))\leq\mu(\bigcup_{n=k}^{\infty}A_n)\leq\sum_{n=k}^{\infty}\mu(A_n)$ 이므로 $\mu(\bigcap_{k=1}^{\infty}(\bigcup_{n=k}^{\infty}A_n))=0$. $(\limsup_{n\to\infty}A_n)^c=\liminf_{n\to\infty}A_n^c$ 이므로 $\mu(\liminf_{n\to\infty}A_n^c)=\mu(S)$.

2장의 문제

1. (1) 4.1절 보조명제 5를 참조. (2) $\mathcal{E}$를 품은 최소의 정규 집합모임을 $\mathfrak{R}_0$이라 하자. 이 때 $A,B\in\mathfrak{R}_0 \Rightarrow A\cap B\in\mathfrak{R}_0$ 는 4.1절 보조명제 5와 똑같이 보일 수 있다. 지금 $\mathfrak{R}_1=\{A:A\in\mathfrak{R}_0, A^c\in\mathfrak{R}_0\}$ 라 하면 $\mathfrak{R}_1$이 정규 집합모임으로 된다. 고로 $\mathfrak{R}_1=\mathfrak{R}_0$. 이것부터 2.1절 2의 성질 1을 변형하면 $\mathfrak{R}_1$이 σ-집합대수로 됨을 안다.

2. $M=\bigcup_{n=1}^{\infty}M_n$ 에서 $\overline{M}_n=\bigcup_{k=1}^{n}M_k$ 라 하면 $M\setminus\overline{M}_n\searrow\varnothing$.

3. $\mathbb{R}$상의 Lebesgue측도에 대해 $M_n=[n,\infty)$ 를 생각하시오.

4. $m^*(A)=0,\ B\subset A$ 이면 $m^*(B)=0$ 이다.

5. $d(A\cup B,C)\leq d(A,C)+d(B,C)$, $d(A\cap B,C)\leq d(A,C)+d(B,C)$ 가 성립한다. 삼각부등식과 이것을 반복적으로 적용하면

$$\begin{aligned}&d(A_n\cup A_{n+1}\cup\cdots\cup A_{n+p},A_n\cap A_{n+1}\cap\cdots\cap A_{n+p})\\ &\leq d(A_n\cup A_{n+1}\cup\cdots\cup A_{n+p},A_{n+p+1})+d(A_n\cap A_{n+1}\cap\cdots\cap A_{n+p},A_{n+p+1})\\ &\leq 2\sum_{n=0}^{p}d(A_{n+k},A_{n+p+1})\end{aligned}$$

고로 $m>n$ 에 대해 $d(A_n,A_m)<2^{-n}$ 이면 $d(\limsup_{n\to\infty}A_n,\liminf_{n\to\infty}A_n)=0$.

6. $\alpha=\inf\{\mu(M):X\subset M,\ M\in\mathcal{M}\}$, $\alpha<\infty$ 이면 $\alpha+n^{-1}>\mu(M_n)$, $X\subset M_n$ 와 같이 잡고 $M_X=\bigcap_{n=1}^{\infty}M_n$ 라 하면 $\mu(M_X)=\alpha$. $\alpha=\infty$ 이면 $S=\bigcup_{n=1}^{\infty}S_n$, $\mu(S_n)<\infty$ 에 대해 $X_n=X\cap S_n$ 라 하고 $M_{X,n}$을 잡고 $M=\bigcup_{n=1}^{\infty}M_{X,n}$ 라 둔다.

7. $M\cap X=M'\cap X=A$ 이면 $M\cup M'\supset M\cap M'\supset A$, $(M\cup M')\setminus(M\cap M')\subset M_X$, $M_X\setminus((M\cup M')\setminus(M\cap M'))\supset X$. 고로 $\mu((M\cup M')\setminus(M\cap M'))=0$.

8. $|f+1|^2-|f|^2=2f+1$.

9. $F,F_n\in\mathcal{E}$ 에 대해 $F=\bigcup_{n=1}^{\infty}F_n$ 이면 이것에 2.1절, 2 성질 1(2)를 쓸 수 있음을 이용하면 (2)

가 보여진다.

10. $Q_1 \subset C$ 이고 $m(C)=0$ 이므로 $Q_1 \in \mathcal{L}$.

11. $0<\alpha<1$ 이고 $\alpha<3(b-a)$ 와 같은 α에 대해 $m(C_\alpha)=1-\alpha$, $A=\bigcup_{n=-\infty}^{\infty}(n+C_\alpha)$ 라 정의.

12. $f(x)=m((x+E)\cap E)$ 가 $x=0$ 에서 연속임을 보이시오. 임의의 $\alpha\in[-1,1]$ 에 대해 직선 $y=x+\alpha$ 가 집합 $C\times C$와 만남을 보이면 된다.

3장의 문제

1. $\alpha\int fd\mu \le \int fgd\mu \le \beta\int gd\mu$.

2. $g-f_n$에 Fatou의 보조정리를 적용.

3. 보통의 Riemann적분에서의 반례를 생각하면 된다. 예를 들어 $(\mathbb{R},\mathcal{L},m)$에서

$$f_n(x)=\begin{cases} n^p, & (0<x\le 1/n) \\ 0, & (\text{기타 } x)\end{cases}$$

4. Fatou의 보조정리부터

$$\int|f|d\mu=\int_M|f|d\mu+\int_{M^c}|f|d\mu\le\liminf_{n\to\infty}\int_M|f|d\mu+\liminf_{n\to\infty}\int_{M^c}|f|d\mu\le\liminf_{n\to\infty}\int|f|d\mu=\int|f|d\mu$$

를 쓴다. 똑같이 f_n^+, f_n^-에 대해 생각한다.

5. $x_n\to x \Rightarrow F(x_n)\to F(x)$ 는 지배수렴정리. 또 평균값정리부터 $\left|\dfrac{f(x+h,s)-f(x,s)}{h}\right|\le g_1(s)$ 이므로 다시 지배수렴정리에 의해 $F'(x)$에 대해 안다(먼저 수열 $x_n\to x$ 에 대해 논하고, 다음 수열의 선택에 관계없이 극한값이 변하지 않음을 알고 일반적인 극한을 논한다).

6. $[0,1]$상 $f(x)=x^{-1/2}$ 를 생각하시오.

7. $\|f\|_{p(1)}<\infty$, $\|f\|_{p(2)}<\infty$, $0<p(1)<p(2)$ 일 때 $p(1)<p<p(2)$ 이면 $f^p=(f^{p(1)})^{\frac{1}{r}}(f^{p(2)})^{1-\frac{1}{r}}$, $r=\dfrac{p(2)-p(1)}{p(2)-p}$ 에 대해 Hölder 부등식을 적용하고 $\|f\|_p<\infty$ 를 안다. $M_\gamma=\{|f|>\gamma\}$ 에 대해 $\mu(M_\gamma)>0$ 이면 $\liminf_{p\to\infty}\|f\|_p\ge\gamma\lim_{p\to\infty}\mu(M_\gamma)^{1/p}=\gamma$. 고로 모든 γ에 대해 $\mu(M_\gamma)>0$ 이면 $\|f\|_\infty=\infty=\lim_{p\to\infty}\|f\|_p$. $\|f\|_{p(0)}<\infty$ 이고 $|f|\le\gamma$ (a.e.) 라 하면 $p>p(0)$ 에 대해 $\int|f|^pd\mu\le\gamma^{p-p(0)}\int|f|^{p(0)}d\mu$. 고로 $\limsup_{p\to\infty}\|f\|_p\le\gamma$. 한편 임의의 $\epsilon>0$ 에 대해 $M_\epsilon=\{|f|\ge\|f\|_\infty-\epsilon\}$ 라 하면 $\int|f|^pd\mu\ge(\|f\|_p-\epsilon)^p\mu(M_\epsilon)$. 고로 $\liminf_{p\to\infty}\|f\|_p\ge\|f\|_\infty-\epsilon$.

8. $[0,1]$를 n등분하여 왼쪽부터 k번째의 부분 소구간상에서 1, 나머지에서는 0인 함수를 $f_{n,k}$라 한다. 이것을 모든 n,k에 대해 생각한 함수열은 임의의 p에 대해 0으로 p승 평균수렴하지만 a.e.수렴하지 않다.

9. $\sum_{n=1}^{\infty}|f_n(s)|<\infty$ (a.e.)

10. 5.2절 1의 성질 1(2)

11. $\mu(\{|f_n-f|>\epsilon\})<\delta$ 일 때 $\int|f_n-f|d\mu\le(\mu(S)+2)\epsilon$.

12. (1) $M_n=\{|f_n|\le|f|+1\}$, $g_n(s)=\begin{cases} f_n(s), & (s\in M_n) \\ 0, & (s\notin M_n) \end{cases}$, $h_n(s)=f_n(s)-g_n(s)$ 라 하면 $g_n\to f$ (a.e.), $|g_n|\le|f|+1$ 부터 $\int|g_n|d\mu\to\int|f|d\mu$. 고로 $\int|h_n|d\mu\to 0$. 고로 $\int_M|g_n|d\mu\le\int_M(|f|+1)d\mu$

(2) 3.6절 정리 13과 문제 11을 쓴다.

13. (2) $\{s:f(\Phi(s))\ge\alpha\}=\Phi^{-1}(\{f\ge\alpha\})$ 부터 $f\circ\Phi$는 가측. 또 $\mu(\{f\circ\Phi\ge\alpha\})=\mu_\Phi(\{f\ge\alpha\})$. 이것부터 f가 단순함수일 때 성립함을 보이고, 일반적인 경우 단순함수로 근사한다.

14, 15. 생략

16. $n\mu(E_n\setminus E_{n+1})\le\int_{\{n\le|f|<n+1\}}|f|\le(n+1)\mu(E_n\setminus E_{n+1})$ 이며 $\mu(E)<\infty$ 이므로 이 식은 $n(\mu(E_n)-\mu(E_{n+1}))\le\int_{\{n\le|f|<n+1\}}|f|\le(n+1)(\mu(E_n)-\mu(E_{n+1}))$ 와 같이 된다. 이것을 $n=1,2,3,\cdots$ 에 대해 더하면 $\sum_{n=1}^{\infty}\mu(E_n)\le\int_{E_1}|f|\le 2\sum_{n=1}^{\infty}\mu(E_n)$. 한편

$\int_E|f|=\int_{E_1}|f|+\int_{E\setminus E_1}|f|\le\int_{E_1}|f|+\mu(E)$ 이므로 $\int_E|f|<\infty\Leftrightarrow\int_{E_1}|f|<\infty$.

고로 $\int_E|f|<\infty\Leftrightarrow\sum_{n=1}^{\infty}\mu(E_n)<\infty$. f가 적분가능이면 $\mu(E_n)<\infty$ 이므로 위 부등식은 성립한다. 따라서 $\int_E|f|<\infty\Rightarrow\sum_{n=1}^{\infty}\mu(E_n)<\infty$. 그러나 역이 성립하지 않다. 보기로서 $f(x)=\frac{1}{\sqrt{x}}$, $x>0$ 라 하면 $E_n=\left(0,\frac{1}{n^2}\right)$ 이고 $\sum_{n=1}^{\infty}\mu(E_n)=\sum_n\frac{1}{n^2}<\infty$. 그러나 $\int_{E_1^c}f=\infty$.

17. $a\mu(E_a)\le\int_{E_a}|f|\le\int_{\mathbb{R}}|f|$ 이므로 $a\to\infty$ 일 때 $\mu(E_a)\le\frac{1}{a}\int_{\mathbb{R}}|f|\to 0$. 문제 10과 같이 임의의 $\epsilon>0$ 에 대해 $\delta>0$ 를 잡자. 지금 $\lim_{a\to\infty}\mu(E_a)=0$ 이므로 $M>0$ 이 존재하여 $a>M$ 이면 $\mu(E_a)<\delta$ 이다. 고로 $a\mu(E_a)\le\int_{E_a}|f|<\epsilon$. 즉 $\lim_{a\to\infty}a\mu(E_a)=0$. 다음 f가 적분가능이므로 임의의 $\epsilon>0$ 에 대해 $n\in\mathbb{N}$ 이 존재하여 $\int_{[-n,n]^c}|f|<\frac{\epsilon}{2}$. 다음 $0<a<\frac{\epsilon}{4n}$ 와 같이 잡으면

$$a\mu(E_a)=a\mu(E_a\cap[-n,n])+a\mu(E_a\setminus[-n,n])<2na+\int_{E_a\setminus[-n,n]}|f|$$
$$<\frac{\epsilon}{2}+\int_{[-n,n]^c}|f|<\epsilon.$$

18. $E_n=\{2^{n-1}\le|f|<2^n\}$, $n\in\mathbb{Z}$, $E=\{0<|f|<\infty\}$, $F=\{|f|=\infty\}$ 와 같이 놓으면 $E=\bigcup_{n=-\infty}^{\infty}E_n$ (서로 소) 이고 $m(F)=0$ 이므로 $\int_{\mathbb{R}}|f|^p=\sum_{n=-\infty}^{\infty}\int_{E_n}|f|^p$ 이다. 여기서 $2^{(n-1)p}m(E_n)\le\int_{E_n}|f|^p\le 2^{np}m(E_n)$ 이므로 $2^{-p}\sum_{n=-\infty}^{\infty}2^{np}m(E_n)\le\int_{\mathbb{R}}|f|^p\le\sum_{n=-\infty}^{\infty}2^{np}m(E_n)$.

19. $f_n=\chi_{E_n}f$ 이고 $|f_n|\le|f|$ 이므로 지배수렴정리를 적용.

20. $E=[0,1]$ 라 하면 $\lim_{n\to\infty}\inf f_n=0$ 이고 $\lim_{n\to\infty}\infty\int f_n=\mu(E)=1$.

21. $\|f-\chi_{M(n)}\|_p \to 0$, $f \in L^p$ 라 하자. 정리 13에 의해 적당히 $\chi_{M(n(k))} \to f$ a.e. 이다. 고로 $f=0$ 또는 1 a.e.. 지금 $M=\{s : f(s)=1\}$ 라 하면 L^p의 원소로 $f=\chi_M$. $\int |f|^p = \mu(M)$ 이므로 $\chi_M \in E$ 이다. $|F_f(\chi_A)-F_f(\chi_B)| \le \int |f|\,|\chi_A-\chi_B| = \int_{A \triangle B} |f|$ 이고 $\|\chi_A-\chi_B\|_p^p = \mu(A \triangle B)$ 이므로 L^p에서 $\chi_{A(n)} \to \chi_B$ 라 하면 문제 10에 의해 $F_f(\chi_{A(n)}) \to F_f(\chi_B)$.

22. $a \ge b \ge 0$ 이면 $\dfrac{a}{1+a} \ge \dfrac{b}{1+b}$ 임에 주의하면 $\displaystyle\int \frac{|f_n-f|}{1+|f_n-f|} \ge \int_{A_{n\epsilon}} \frac{|f_n-f|}{1+|f_n-f|} \ge \frac{\epsilon}{1+\epsilon}\mu(A_{n,\epsilon})$ 이고 $\displaystyle\int \frac{|f_n-f|}{1+|f_n-f|} = \int_{A_{n\epsilon}} + \int_{S \setminus A_{n\epsilon}} \le \mu(A_{n,\epsilon}) + \frac{\epsilon}{1+\epsilon}\mu(S \setminus A_{n,\epsilon})$. 지금 $\|f_n-f\| \to 0$ 이면 임의의 $\epsilon>0$ 에 대해 $\mu(A_{n,\epsilon}) \to 0$ 즉 측도수렴. 역으로 측도수렴하면 임의의 $\epsilon>0$ 에 대해 $\mu(A_{n,\epsilon}) \to 0$ 이므로 $\displaystyle\limsup_{n\to\infty}\|f_n-f\| \le \frac{\epsilon}{1+\epsilon}\mu(S)$ 가 임의의 $\epsilon>0$ 에 대해 성립하므로 $\displaystyle\lim_{n\to\infty}\|f_n-f\|=0$.

23. $\int |f|^p \le \|f\|_\infty^{p-1}\int |f| < \infty$. $\sup\|f_n\|_\infty = N$, $\|f_n-f\|_1 \to 0$ 이면 적당히 a.e.로 $f_{n(k)} \to f$ 이므로 $|f| \le N$ a.e.. 즉 $f \in L^\infty$. 고로

$$\|f_n-f\|_p^p \le \|f_n-f\|_\infty^{p-1}\|f_n-f\|_1 \le (\|f_n\|_\infty + \|f\|_\infty)^{p-1}\|f_n-f\|_1 \le (2N)^{p-1}\|f_n-f\|_1 \to 0.$$

24. 모든 n에 대해 $\|f\|_\infty \le N$ 라 하자. 문제22에 의해 $\|f_n-f\| \to 0$ 이고 정리 13에 의해 $\|f\|_\infty \le N$ 이다. 고로 $\displaystyle\|f_n-f\|_1 \le \int \frac{(2N+1)|f_n-f|}{1+|f_n-f|} = (2N+1)\|f_n-f\| \to 0$.

25. 연속함수가 유계폐구간에서 최대를 가지므로 sup=max 이다. 다음 $M=\max|f|$ 라 할 때 $A=\{|f|>M\}$ 라 하면 $\mu(A)=0$ 이므로 $M \ge \|f\|_\infty$. 만일 $M>\|f\|_\infty$ 라 하면 $0<\epsilon<M-\|f\|_\infty$ 와 같이 잡고 $B=\{|f|>M-\epsilon\}$ 라 하면 개집합이고 $\varnothing$가 아니다. 고로 $\mu(B)>0$ 이고 모순. 다음 $\|f_n-f\|_\infty \to 0$ 란 말과 f_n이 f로 평등수렴한다란 말과 같은 말이므로 f_n이 연속이면 f가 연속이고 $C[a,b]$는 완비.

4장의 문제

1. $\displaystyle G=\bigcap_{n=1}^{\infty}\left(\bigcup_{k=0}^{\infty}\left\{\frac{k-1}{n} \le f < \frac{k}{n}\right\}\right)$ 부터 G는 가측. 똑같이 K도 가측. 나머지는 Fubini정리에 의한다.

2. $H \in \mathfrak{Z}$ 를 고정하여 $\mathfrak{Z} \times H$부터 생성된 $S \times H$속의 σ-집합대수$=\mathscr{M} \times H$ 임을 보인다.

3. (1) $M \times N$의 특성함수를 $M_n \times N_n$의 특성함수로 표시하고 4.1절 보조명제 3에서 한 것과 같이 하면 된다.

(2) K를 $M \times N$와 같은 꼴의 집합의 유한 합집합으로 표시하고, 각각에 대해 (1)을 적용한다.

4. (1) 4.1절 정리 1의 일의성.

(2) $([0,1),\mathcal{L},m)$, $([0,1],\mathfrak{I},\nu)$를 생각한다. 여기서 $\mathfrak{I}$는 $[0,1]$의 모든 부분집합 전체이다. $\displaystyle\Delta=\bigcap_{n=1}^{\infty}\left(\bigcup_{k=1}^{n}\left[\frac{k-1}{n},\frac{k}{n}\right]\times\left[\frac{k-1}{n},\frac{k}{n}\right]\right)$ 이다. 이것부터 Δ는 $\mathcal{L}\otimes\mathfrak{I}$-가측. $\displaystyle\Delta \subset \bigcup_{n=1}^{\infty} M_n \times N_n$ 라 할 때 N_n 중 하나는 반드시 무한집합이 되므로, $\kappa^*(\Delta)=\infty$ (κ^*는 외측도). $\kappa^*(M \times N)=\kappa^*(M \times N \setminus$

$(M\times N)\cap\Delta)$).

5. 문제 4(2)의 보기에서 $\int \nu(\Delta_{x|})dx=1$, $\int m(\Delta_{|y})dy=0$

6. $\Delta=\bigcap_{n=1}^{\infty}\bigcup_{k=1}^{n}\left[\frac{k-1}{2^n}, \frac{k}{2^n}\right]^2$ 이므로 가측. $\int \chi_\Delta dc=1$. $\int \chi_\Delta dm=0$.

7. 원점을 제외해서 연속이므로 가측. $\iint_{[0,1]^2}\frac{dxdy}{\sqrt{x^2+y^2}}<\iint_{x^2+y^2\le 2}\frac{dxdy}{\sqrt{x^2+y^2}}=2\sqrt{2}\pi$. $x\neq 0$ 이면 연속이므로 $f(x,y)\in L^1[-1,1]$ 일제로 $\int_{-1}^{1}f\,dy=2\log((1+x^{-2})^{1/2}+x^{-1})$.

8. $(\pm1,\pm1)$외에서 연속이므로 가측. $[-1,1]^2$에서 적분가능이 아니다. 왜냐하면 $\int_0^1\frac{xy\,dy}{(1-x)^2+(1-y)^2}=\frac{x}{1-x}\tan^{-1}\frac{1}{1-x}-\frac{x}{2}\log\left(1+\frac{1}{(1-x)^2}\right)$ 이고 $x\to1-$ 일 때 $\frac{x}{1-x}\tan^{-1}\frac{1}{1-x}\Big/\frac{x}{2}log\left(1+\frac{1}{(1-x)^2}\right)\to\infty$ 이고 $\int_0^1\frac{x}{2}\log\left(1+\frac{1}{(1-x)^2}\right)dx=\infty$ 이기 때문이다.

그러나 $\int_{-1}^{1}dx\int_{-1}^{1}f(x,y)dy=0$, $\int_{-1}^{1}dy\int_{-1}^{1}f(x,y)dx=0$ 이다.

9. $M=\{(x,y):0\le x\le 1,\ 0\le y\le x\}$ 이면 $f\chi_M$은 $[0,1]^2$에서 적분가능이므로 Fubini정리에 의해

$$\iint_{[0,1]^2}f\chi_M=\int_0^1dx\int_0^x f(x,y)dy=\int_0^1dy\int_y^1 f(x,y)dx.$$

10. $A(a)=\lim_{n\to\infty}A_n(a)$, $B(a)=\lim_{n\to\infty}B_n(a)$ 라 하면 $A(a)\subset K(a)\subset B(a)$, $m_2(B(a)\setminus A(a))=0$ 이므로 $K(a)$는 가측. $E_k=\{x:f(x,(k-1)/2^n)<a\le f(x,k/2^k)\}$ 는 가측이고 $E_j\cap E_k=\varnothing$ $(j\neq k)$ 이고 $\cup_{k=1}^{2^n}E_k\subset(0,1]$ 이다. $(x,y)\in B_n(a)\setminus A_n(a)$ 라 하면 $x\in E_k$ 와 같은 k가 단 하나만 있고 y에 관해 단조증가이므로 $(x,y)\in B_n(a)$, $f(x,(k-1)/2^n)<a$ 부터 $y\le k/2^k$. 또 $(x,y)\not\in A_n(a)$, $a\le f(x,k/2^k)$ 부터 $y>(k-1)/2^n$ 를 안다. 고로 $(x,y)\in E_k\times((k-1)/2^n,k/2^k]$ 와 같은 k가 존재한다. $B_n(a)\setminus A_n(a)\subset\bigcup_{k=1}^{2^n}E_k\times\left(\frac{k-1}{2^n},\frac{k}{2^k}\right]$. 따라서 $m_2(B_n(a)\setminus A_n(a))\le\sum_{k=1}^{2^n}\frac{m_1(E_k)}{2^n}\le 2^{-n}$.

11. $f^+(x,y)=\begin{cases}(x^2-y^2)/(x^2+y^2) & (0\le y\le x\le 1)\\ 0 & (0\le x\le y\le 1)\end{cases}$, $f^-(x,y)=\begin{cases}0 & (0\le y\le x\le 1)\\ (y^2-x^2)/(x^2+y^2) & (0\le x\le y\le 1)\end{cases}$

이므로 $\iint f^+=\int_0^1dx\int_0^x\frac{x^2-y^2}{x^2+y^2}dy=\int_0^1\left[\frac{y}{x^2+y^2}\right]_{y=0}^{y=x}dx=\int_0^1\frac{dx}{2x}=\infty$. 똑같이 $\iint f^-=\infty$.

한편 $\int_0^1dx\int_0^1\frac{x^2-y^2}{x^2+y^2}dy=\int_0^1\left[\frac{y}{x^2+y^2}\right]_{y=0}^{y=1}dx=\int_0^1\frac{dx}{1+x^2}=\frac{\pi}{4}$.

$$\int_0^1dy\int_0^1\frac{x^2-y^2}{x^2+y^2}dx=\int_0^1\left[\frac{-x}{x^2+y^2}\right]_{x=0}^{x=1}dy=-\int_0^1\frac{dy}{1+y^2}=-\frac{\pi}{4}.$$

5장의 문제

1. (3) $\psi(M)=\int_M|k(x)|d\mu(x)$ 라 하면 $|\phi(M)|\le\psi(M)$. 한편 $\mu(M)<\infty$ 라 하면 $r>0$, $\epsilon>0$ 에

대해 $\{x:|x|\le r\}$ 를 반경 ϵ인 유한개의 원판 $U_j=\{x:|x-x_j|<\epsilon\}$, $j=1,\cdots,n$ 으로 덮자. 지금 $M_j^0=\{s\in M: k(s)\in U_j\}$ 부터 $M_j\subset M_j^0$, $M_i\cap M_j=\varnothing$ $(i\neq j)$, $\bigcup_{j=1}^n M_j=\bigcup_{j=1}^n M_j^0$ 와 같이 M_j를 잡으면 $|\psi(M_j)-|\phi(M_j)||\le \epsilon\mu(M_k)$. $M(r)=\{s\in M: |k(s)|\le r\}$ 에 대해

$$\psi(M(r))\le \sum_{j=1}^n \psi(M_j)\le \sum_{j=1}^n(|\phi(M_j)|+\epsilon\mu(M_j))\le|\phi|(M)+\epsilon\mu(M).\ \text{고로}\ \psi(M)\le|\phi|(M).$$

2. $(\mathbb{R},\mathcal{L})$에서 $\mu_2=m$, $\mu_1(M)=\int_M \frac{dx}{1+x^2}$ 라 하자. 이 때 $\mu_2(M)=\int_M(1+x^2)d\mu_1(x)$. μ_1에 관해 $\{x:|x|\ge T\}$는 작은 측도지만 μ_1에 관해서는 ∞.

3. $\mu(M_k)>0$, $M_j\cap M_k=\varnothing$ $(j\neq k)$ 라 하고 $\nu_k(M)=\mu(M\cap M_k)$ 라 하면 된다.

4. $\mu(M)=0$ 일 때 $\chi_M(s)$의 적분으로서 $\mu_n(M)=0$. 임의의 $f\ge 0$ 에 대해 $\sum fh_n=f$ (a.e.)부터 $\sum h_n=1$ (a.e.).

5. (1) $M=\left\{\frac{d\nu_1}{d\mu}>\frac{d\nu_2}{d\mu}\right\}$ 에 대해 $\mu(M)=0$.

(2) $\lambda\ge\nu_1,\nu_2$ 라 하여 $\mu_1=\mu+\lambda$ 를 생각하면

$$\max\left\{\frac{d\nu_1}{d\mu},\frac{d\nu_2}{d\mu}\right\}d\mu=\max\left\{\frac{d\nu_1}{d\mu_1},\frac{d\nu_2}{d\mu_1}\right\}d\mu_1=\max\left\{\frac{d\nu_1}{d\lambda},\frac{d\nu_2}{d\lambda}\right\}d\lambda.$$

6. $\mu=\mu_1+\mu_2$ 라 하면 $\mu_1\le\mu$, $\mu_2\le\mu$. 문제 5를 쓴다. $\mu_1,\mu_2,\cdots$에 대해 $\inf\mu_n$을 생각할 때는 $\mu_1\ge\mu_2\ge\cdots$ 라 해도 무방하다. 이 때 $d(\inf\mu_n)=\inf\left\{\frac{d\mu_n}{d\mu_1}: n=1,2,\cdots\right\}d\mu_1$. $\sup\mu_n$에 대해서는 $d(\sup\mu_n)=\sup\left\{\frac{d\mu_n}{d\mu}: n=1,2,\cdots\right\}d\mu$.

7. $\frac{d(\nu\wedge n\mu)}{d\mu}(s)=\min\left\{\frac{d\nu_1}{d\mu}(s),n\right\}$.

8. μ가 유한측도일 때 $\chi_M\in L^p$ 이다. $\phi(M)=T(\chi_M)$ 라 하여 $(S,\mathcal{M})$상의 실측도 ϕ를 정의한다. 이 때 $\phi<\mu$. $h(s)=\frac{d\phi}{d\mu}(s)$ 라 하자. $h_n(s)=\begin{cases}h(s), & (|h(s)|\le n)\\ 0, & (\text{기타})\end{cases}$ 라 정의하면 $|h_n(s)|^q=(\text{sgn}\,h(s))|h_n(s)|^{q-1}h(s)$ 부터 $\|h_n\|_q^q=\int|h_n|^q d\mu=\int(\text{sgn}\,h)|h_n|^{q-1}h\,d\mu\le\gamma\left(\int|h_n|^q d\mu\right)^{1/p}$. 고로 $\|h_n\|_q\le\gamma$. $n\to\infty$ 라 하면 $\|h\|_q\le\gamma$. 일반적인 σ-유한측도인 경우는 측도가 유한인 부분집합으로 분할하여 생각한다.

9. 우선 $c(E)=0$ 이면 $E=\varnothing$ 이므로 $m(E)=0$. 고로 $c<m$. 만일 $[0,1]$상 적분가능인 f가 존재하여 모든 $E\in\mathcal{B}$ 에 대해 $m(E)=\int_E f\,dc$ 라 하자. $f(x)<0$ 인 x가 존재하면 $c(\{f<0\})>0$ 인데 $\{f<0\}=\cup_{n=1}^\infty X_n$, $X_n=\{f<-1/n\}$ 라 표시되므로 $c(X_n)>0$ 과 같은 n이 존재. 고로 $m(X_n)=\int_{X_n}f\,dc\le-\frac{1}{n}c(X_n)<0$ 이고 모순. 고로 $f\ge 0$. $E_0=\{f>0\}$ 라 하면 $E_0=\bigcup_{n=1}^\infty E_n$, $E_n=\left\{f>\frac{1}{n}\right\}$. $[0,1]\setminus E_0=\{f=0\}$ 이므로 $m([0,1]\setminus E_0)=\int_{[0,1]\setminus E_0}f\,dc=0$. 그러므로 $m(E_0)=1$ 이다. 고로 E_0는 비가산집합. 고로 적어도 하나 E_n은 무한집합이다. 이 때 $c(E_n)=\infty$ 이므로 $1\ge m(E_n)=\int_{E_n}f\,dc\ge\frac{1}{n}c(E_n)=\infty$ 로 되어 모순. 고로 $m(E)=\int_E f\,dc$ 와 같은 f는 없다.

6장의 문제

1. 상반연속일 때 $\{f<\alpha\}$는 개집합.

2. S가 compact일 때 $\|f-g_n\|_1<2^{-n}$ 와 같은 연속함수 g_n을 잡고 Egorov의 정리(3.6절 정리 15)를 적용. 일반적인 경우, 개집합 $O_1, O_2, \cdots$를 $\overline{O}_n$가 compact이고 $\overline{O}_n \subset O_{n+1}$, $S=\bigcup_{n=1}^{\infty} O_n$ 와 같이 잡고 $\overline{O}_{n+1}\setminus O_n$속에서 생각하여 F_n을 $\mu((\overline{O}_{n+1}\setminus O_n)\setminus F_n)<2^{-n}\epsilon$ 과 같이 잡고 $F=\bigcup F_n$ 라 하면 된다.

3. $f\geq 0$ 인 경우에 하면 된다. 문제 2에 의해 폐집합 F_n을 $\mu(F_n{}^c)<2^{-n}$, f는 F_n상 연속되게 잡고 $g_n(s)=\begin{cases} f(s), (s\in F_1\cup\cdots\cup F_n) \\ 0, \quad (\text{기타})\end{cases}$ 라 하면 된다. $h_n(s)=\begin{cases} g_n(s), (f(s)\leq\gamma) \\ \gamma, \quad (s\notin F_1\cup\cdots\cup F_n)\end{cases}$ 라 하면 된다. 일반적일 때 $O_1, O_2, \cdots$를 문제 2와 같이 잡고 $f_m(s)=\min\left\{1, f(s)-\sum_{k=1}^{m-1} f_k(s)\right\}$ $(s\in O_m)$, $=0$ $(s\notin O_m)$ 라 하면 $f(s)=\sum_{m=1}^{\infty} f_m(s)$. $f_m(s)$에 대해 위에 쓴 것처럼 $h_{m,n}(s)$를, 하반연속이고 $h_{m,n}(s)\leq 1+\frac{1}{n}$, O_m^c 상 $h_{m,n}(s)=0$, $\int(h_{m,n}-f_m)d\mu\leq\frac{1}{2^{n+m}}$ 와 같이 잡고 $h_n=\sum_{m=1}^{\infty} h_{m,n}$ 라 하면 된다.

4. 조건은 fg가 적분가능인 것을 뜻하고 있고, 임의의 compact집합상 f는 적분가능. compact 집합 C에 대해 $M=\{f>0\}$ 라 할 때, $g_1, g_2, \cdots\in C_c(S)$, $g_1\geq g_2\geq\cdots\geq 0$, $\int|g_n-\chi_{C\cap M}|d\mu\to 0$ 와 같이 잡으면 $\int f^+d\mu=0$ 를 안다. 똑같이 $\int f^-d\mu=0$.

5. 가정에 의해 f가 $[a,b]$에서 적분가능임을 안다. 고로 $\mathcal{M}=\left\{M\in\mathcal{L}: \int_M f(x)dx=0\right\}$ 라 하면 $\mathcal{M}$은 σ-집합대수이고 $[a,t]\in\mathcal{M}$ $(a\leq t\leq b)$.

6. 6.3절 정리 6.

7. $\frac{d}{d\xi}\hat{f}(\xi)=-i\int xf(x)e^{-ixt}dx$ 를 보인다. 이를 위해 6.3절 (18)식와 지배수렴정리를 쓴다.

8. $0<m(A)<\infty$, $0<m(B)<\infty$ 라 하면 $\chi_A(x)$, $\chi_B(x)\in L^2$. 고로 $\chi_A*\chi_B(x)$는 연속이고 $\int\chi_A*\chi_B(x)dx=m(A)m(B)$. 고로 적당한 구간 I에서 $\chi_A*\chi_B(x)\neq 0$. 이 때 $x\in I$ 이면 $x-y\in A$, $y\in B$ 와 같은 y가 존재한다. 고로 $x\in A+B$.

9. 부록 C에 볼록함수에 대해 썼다.

10. 1장 문제 7에서 구성한 Hernack집합 H를 써서 $O=((0,1)\times(0,1))\setminus(H\times[0,1/2])$ 라 한다.

11. $\mathbb{R}^d$의 compact집합은 수열compact임에 주의하면 됨.

12. Fubini정리를 씀. 만일 모든 g에 대해 $f*g=g$ 라 하면 Fourier변환을 하고 $\hat{f}(\xi)\hat{g}(\xi)=\hat{g}(\xi)$ 인데 예를 들어 $g(x)=\exp(-|x|^2)$ 라 하면 $\hat{g}(\xi)=\pi^{1/2}\exp(-|\xi|^2/4)$ 이므로 $\hat{f}(\xi)=1$. 모순.

7장의 문제

1. $f(x)=a_n\ \left(n-\frac{1}{2}<x\le n+\frac{1}{2}\right)$, $g(x)=n-1\ (n-1<x\le n)$ 라 하면 $\sum_{n=1}^{\infty}a_n=\int_0^{\infty}f(x)dg(x)$.

2. g의 불연속점 a에서 $dg^2/dg(a)=g(a+0)+g(a-0)$, $d\mu^2/d\mu(x)=\mu(\{x\})$.
m_g인 경우는 $g(x+0)-g(x-0)$, $m_{g^2}(\{a\})=g(a+0)^2-g(a-0)^2\neq(g(a+0)-g(a-0))^2$.

3. $x^2\sin\frac{1}{x}$는 유계변동이고 절대연속. 일반적으로 $x^p\sin\frac{1}{x^q}$는 $0<q<p$ 이면 절대연속. 왜냐하면 도함수가 적분가능. $0<p\le q$ 이면 0의 근방에서 유계변동이 아니다. 예를 들어

$$0,\ \left(\frac{2}{(2n+1)\pi}\right)^{1/q},\ \left(\frac{2}{2n\pi}\right)^{1/2},\ \left(\frac{2}{(2n-1)\pi}\right)^{1/q},\ \cdots,\ \left(\frac{2}{3\pi}\right)^{1/q},\ \left(\frac{2}{2\pi}\right)^{1/2},\ \left(\frac{2}{\pi}\right)^{1/q}$$

를 분점으로 한 분할을 생각하면 된다.

4. 생략

5. 유계변동이면 임의의 유계구간에서 유계이다.

6. 유계구간 I 상 $|f(x)|, |g(x)|\le\gamma$ 일 때 $A\subset I$ 에 대해 $m^*_{fg}(A)\le\gamma(m^*_f(A)+m^*_g(A))$.

7. $\epsilon>0$ 에 대해 $\delta>0$ 를 $m(M)<\delta\ \Rightarrow\ \int_M|f(x)|dx<\epsilon$ 와 같이 잡아둔다. 지금 $M_1=\{f>0\}$, $M_2=\{f<0\}$ 라 하고 compact집합 C_1, C_2를 $C_k\subset M_k$, $\mu(M_k\setminus C_k)<\frac{\delta}{2}$ $(k=1,2)$ 와 같이 택한다. $C_2{}^c$는 개집합이므로 개구간의 가산 합집합이므로 그 중의 유한개가 C_1을 덮는다. 이 구간들의 끝점을 분점으로 잡고 $a=x(0)<x(1)<\cdots<x(n)=b$ 라 한다. 이에 대해

$$\sum_{k=1}^{n}\left|\int_{x(k-1)}^{x(k)}f(x)dx\right|\ge\int_a^b|f(x)|dx-3\epsilon.$$

8. $F(x)=\int_a^x f(t)dt$, $\int_a^b F(x)dg(x)=F(c)(g(b)-g(a))\ (a\le c\le b)$ 라 하면

$$\int_a^b f(x)dg(x)=F(b)g(b)-F(a)g(a)-\int_a^b F(x)dg(x).$$

9. $\Delta(1)$의 소구간 $[x_{1,j-1}, x_{1,j}]$는 Δ의 소구간의 합집합이다. 지금 $x_{1,j-1}=x_{k(j-1)}<x_{k(j-1)+1}<\cdots<x_{k(j)}=x_{1,j}$ 라 하면

$$\begin{aligned}\textstyle\sum^+_{\Delta(1)}&=\textstyle\sum'(g(x_{1,j})-g(x_{1,j-1}))=\sum_j{}'\left(\sum_{k=k(j-1)+1}^{k(j)}(g(x_k)-g(x_{k-1}))\right)\\&\le\textstyle\sum_j{}'\sum_k{}'(g(x_k)-g(x_{k-1}))\le\sum'(g(x_k)-g(x_{k-1}))=\sum^+_{\Delta}\end{aligned}$$

와 같이 된다. 따라서

$$\begin{aligned}V(a,b)&=\textstyle\sup\sum_\Delta=\sup\left(\sum^+_\Delta+\sum^-_\Delta\right)\ge\sup\left(\sum^+_{\Delta(1)}+\sum^-_{\Delta(2)}\right)\\&=\textstyle\sup\sum^+_{\Delta(1)}+\sup\sum^-_{\Delta(2)}=V^+(a,b)+V^-(a,b).\end{aligned}$$

10. f가 적분가능이므로 임의의 $\epsilon>0$ 에 대해 $\delta>0$ 가 존재하고 $m_2(A)<\delta$ 이면 $\iint_A|f|<\epsilon$ 이다. 지금 $s_1<t_1<s_2<t_2<\cdots<s_n<t_n$, $\sum_{k=1}^{n}(t_k-s_k)<\delta$ 라 할 때 $|F(t_k)-F(s_k)|\le\iint_{A_k\cup B_k}|f|$

단 $A_k=[s_k,t_k]\times[0,1]$, $B_k=[0,1]\times[s_k,t_k]$ 이므로 $\sum_{k=1}^{n}|F(t_k)-F(s_k)|\le\iint_{\cup_{k=1}^{n}A_k}|f|+\iint_{\cup_{k=1}^{n}B_k}|f|$ $<2\epsilon$. 다음 $F'(x)=\int_0^x f(x,t)dt+\int_0^x f(s,x)ds$ a.e. 이다.

8장의 문제

1. (3) H상에서 $f'(x)=0$ 이지만 H의 점 근방에서는 $f'(x)$는 ±1사이의 임의의 값을 취한다.

2. ν는 정칙측도이므로, compact집합 $C\subset M$ 에 대해 $\nu(C)=0$ 를 보이면 된다. 또 $M\subset[a,b]$ 인 경우에 하면 된다. $\epsilon>0$ 을 준다. 각 $x\in M$ 에 대해 적당히 $\delta_x>0$ 가 존재하여 $|h|<\delta_x$ 이면 $|g(x+h)-g(x)|<\epsilon|h|$. $M\subset\bigcup_{x\in M}(x-\delta_x,x+\delta_x)$ 이므로 C를 이들 중 유한개로 덮으면 $\nu(C)<2\epsilon(b-a)$ 를 얻는다.

3. 생략

4. $c(nx)\le n$ 이고 $\sum_{n=1}^{\infty}\frac{n}{2^n}=2<\infty$ 이므로 $\varphi(x)$는 연속. 또 $x<x'$ 에 대해 $n(x'-x)>1$ 라 하면 nx와 nx'는 $[k,k+1]$와 같은 꼴의 서로 다른 구간에 속한다. 이것부터 $\varphi(x)<\varphi(x')$ 를 안다. Fubini정리(8.3절 정리7)부터 $\varphi'(x)=0$ (a.e.).

5. 문제 2를 쓰라.

6. $B_n\in\mathscr{B}$, $\nu(B_n)\ne0$ $(n=1,2,\cdots)$, $B_j\cap B_k=\varnothing$ $(j\ne k)$ 와 같은 것을 잡고, $\nu_n(B)=\nu(B\cap B_n)$ 라 한다.

7. 8.3절 보조명제 3의 증명과 같이 $B\in\mathscr{B}$ 에 대해 B에 품기는 모든 구를 잡고 그 전체를 $\mathscr{B}_0$ 라 하여 이에 Vitali의 덮개정리를 이용하여 $B_n^\circ\in\mathscr{B}_0$, $m^*(A\setminus(A\cap\cup B_n^\circ))=0$ 로 하여 $B_n^\circ\subset B_n$, $B_n\in\mathscr{B}$ 를 생각하면 된다.

8. $f_n\ge0$, $\int_0^1 f_n\le\int_{r_n-1}^{r_n+1}2^{-n}|x-r_n|^{-1/2}dx=2^{-n+2}$. 고로 $f\ge0$ 이고 $\int_0^1 f\le\sum_{n=1}^{\infty}2^{-n+1}<\infty$. r_n에서 $h>0$ 이면 $\frac{F(r_n+h)-F(r_n)}{h}=\frac{1}{h}\int_{r_n}^{r_n+h}f\ge\frac{1}{h}\int_{r_n}^{r_n+h}f_n\ge\frac{2^{-n}}{\sqrt{h}}\to\infty$ $(h\to0)$.

9장의 문제

9. (1) $\hat{f_c}(\xi)=\sqrt{\pi/c}\exp(-4\xi^2/c)$ (2) $c=1/2$ (3) $c=ab/(a+b)$, $\gamma=\sqrt{\pi/(a+b)}$

10. (1) $f_n*g(x)=0$ $(x\le-n-1)$, $x+n+1$ $(-n-1\le x\le-n+1)$, 2 $(-n+1\le x\le n-1)$, $-x+n-1$ $(n-1\le x\le n+1)$, 0 $(x\ge n+1)$

(2) $\hat{f_n}(\xi)=\frac{2\sin n\xi}{\xi}$, $\hat{g}(\xi)=\frac{2\sin\xi}{\xi}$ 이고 정리 9를 적용하고 $f_n*g=\frac{2}{\pi}\widehat{h_n}$.

참고문헌

김성기, 계승혁, 실해석학, 서울대학교출판부, 1999

하기식, 실변수함수론, 청문각, 1989

E.Hewitt and K.Stromberg, Real and Abstract Analysis, GTM 25, Springer-Verlag, 1965

H.L.Royden, Real Analysis, Maxwell McMillan, 1989

W.Rudin, Real and Complex Analysis, McGraw-Hill, 1987

G.de Barra, Measure Theory and Integration, Ellis Horwood, 1981

찾아보기

M

N

P

R

S

V

W

Y

Others

ㄱ

ㄴ

ㄷ

ㅁ

ㅂ

ㅅ

ㅇ

ㅈ

ㅊ

ㅌ

ㅍ

ㅎ

■ 변창호 약력 ■

Osaka대학 공학박사
전남대학교 자연과학대학 교수

저서

미분적분학(공저), 경문사
작용소대수, 전남대학교출판부

Lebesgue 적분

2007년 8월 20일 인쇄
2007년 8월 30일 발행

저 자 변창호
발행인 강정채
발행처 전남대학교출판부

등 록 1981. 5. 21. 제53호
TEL. (062) 530-0571~3 FAX. (062) 530-0579
http://altair.chonnam.ac.kr/~cnup
ISBN 978-89-7598-624-6 (93410)

값 13,000 원

이 도서의 국립중앙도서관 출판시도서목록(CIP)은 e-CIP홈페이지(http://www.nl.go.kr/cip.php)
에서 이용하실 수 있습니다. (CIP제어번호: CIP2007002804)